Maßstab 7

Mathematik

Hauptschule

Herausgegeben von

Max Schröder

Bernd Wurl

Alexander Wynands

Schroedel

Maßstab 7

Mathematik

Hauptschule

Herausgegeben und bearbeitet von

Kerstin Cohrs-Streloke, Klaus Frankenberg, Anette Lessmann, Hartmut Lunze, Ludwig Mayer, Jürgen Ruschitz, Dr. Max Schröder, Prof. Bernd Wurl, Prof. Dr. Alexander Wynands
sowie
Jost Baier, Erich Fischer, Jürgen Jacoby, Monika Mattern, Elisabeth Pirsch, Peter Ploszynski, Dirk Schemberg, Christa Spring, Ulrike Wiedmann

in Zusammenarbeit mit der Verlagsredaktion

Zum Schülerband erscheinen:	Lösungen:	Best.-Nr. 84337
	Materialien:	Best.-Nr. 84347
	CD Rund um ...:	Best.-Nr. 84357
	Arbeitsheft:	Best.-Nr. 84367

ISBN 978-3-507-**84327**-1
alt: 3-507-**84327**-7

Druck A [1] / Jahr 2006

Alle Drucke der Serie A sind im Unterricht parallel verwendbar.

Illustration: Hans-Jürgen Feldhaus
Zeichnungen: Michael Wojczak
Satz: More*Media* GmbH, Dortmund
Druck: klr mediapartner Druck und Medien GmbH, Lengerich

Hinweise zum Umgang mit dem Buch

Merksätze
Merksätze stehen auf einem grauen Hintergrund und sind durch rote Balken gekennzeichnet.

Beispiele
Musterbeispiele als Lösungshilfen stehen auf einem grauen Hintergrund und sind durch einen gelben Balken gekennzeichnet.

Tipp
Nützliche Tipps und Hilfen sind besonders gekennzeichnet.

TIPP

Testen, Üben, Vergleichen (TÜV)
Jedes Kapitel endet mit einer TÜV-Seite, bestehend aus den wichtigsten Ergebnissen und typischen Aufgaben dazu. Die Lösungen dieser Aufgaben sind zur Selbstkontrolle für die Schülerinnen und Schüler am Ende des Buches angegeben.

TESTEN · ÜBEN · VERGLEICHEN

Diagnosetest, Diagnosearbeit
Zur Vorbereitung auf Klassenarbeiten gibt es nach der TÜV-Seite eine Seite mit Grund- und Erweiterungsaufgaben zu Inhalten des jeweiligen Kapitels. Am Ende des Schülerbandes findet sich eine umfangreichere Diagnosearbeit zu den Inhalten des gesamten Schuljahres. Die Lösungen dieser Aufgaben sind zur Selbstkontrolle am Endes des Buches angegeben. Die Aufgaben sind so konzipiert, dass jede Aufgabe mit 2 Punkten bewertet werden kann. Bei mehreren Teilaufgaben werden die Punkte gleichmäßig aufgeteilt.

DIAGNOSETEST

Prozessbezogene Kompetenzen
Bei den mit diesem Logo versehenen Seiten oder Aufgaben steht die Schulung der prozessbezogenen Kompetenzen Argumentieren, Problemlösen, Modellieren und Verwenden von Werkzeugen besonders im Vordergrund. Aber auch bei der Bearbeitung nicht gekennzeichneter Aufgaben werden diese Kompetenzen benötigt und gefestigt, auch wenn dort das Augenmerk vorwiegend auf inhaltlichen Kompetenzen liegt.

!!!!

Bleib fit
Zum Wiederholen gibt es regelmäßig Aufgabenseiten zu Inhalten aus früheren Kapiteln.

Bleib FIT!

Differenzierung
Bei besonders schwierigen Aufgaben ist die Aufgabennummer mit einem gelben Quadrat unterlegt.

4.

Erweiterungsstoff
Inhalte, die nur für Erweiterungskurse verpflichtend sind, werden mit dem Buchstaben E gekennzeichnet.

E

INHALTSVERZEICHNIS

Bildquellenverzeichnis

Umschlagfoto: Mauritius – PVM, Mittenwald;
Dieter Rixe, Braunschweig: S. 10, 11 (3, Geld), 13, 16 (3), 28, 39, 40 (Experiment), 42 (Rasensaat), 56, 72 (2), 77, 84, 94, 105 (8), 107 (2, Erntewagen, Schwimmbecken), 129, 136 (3);
Michael Fabian, Hannover: S. 18; Sven Simon, Essen: S. 20 (Tennis); Imagine – PBY, Hamburg: S. 20 (Basketball); Mauritius – Otto; Mittenwald: S. 23 (Arminius); Mauritius –SuperStock, Inc.: S. 23 (Sokrates); dpa GmbH, Frankfurt/M.: S. 23 (2, Caesar, Augustus), 34; dpa Frankfurt: S. 31 (Altstadt von Köln, Altstadt von Köln überflutet); Hockenheim-Ring GmbH, Hockenheim: S. 32 (Streckenplan), 32/33 (Hintergrund); picture alliance GmbH/dpa/ dpaweb, Frankfurt/M.: S. 33 (Formel 1); Max Schröder, Koblenz: S. 36 (2, Denkmäler); picture alliance GmbH/akg-images, Frankfurt/M.: S. 36 (Proportionsstudie L. da Vinci); Mauritius Bildagentur GmbH – B. Wenske, Mittenwald: S. 35 (2); Zefa visual media GmbH – Leidorf, Düsseldorf: S. 40 (Luftbild); Astrofoto Bildagentur GmbH, Sörth: S. 41; Imagine Fotoagentur GmbH – Horizon, Hamburg: S. 42 (Steinofen); Helga von Graefe, Helmstedt: S. 51 (2), 55 (2), 64 (2), 107 (Kompost/Schubkarre); Technisch-Graphische Abteilung Westermann, Braunschweig: S. 57 (Karte); Tierbildarchiv Angermayer, Holzkirchen: S. 79; Ulrike Wiedmann, Aichhalden: S. 90 (2); Peter Güttler,Berlin: S. 93 (Karte), S. 132; picture alliance GmbH/dpa, Frankfurt/M.: S. 93 Containerschiff; Monika Mattern, Kobern-Gondorf: S. 100 (Wartehäuschen); Gäste-Information Möhnesee, Möhnesee: S. 102/103; DB AG, Berlin: S. 124/125 Hintergrund; picture alliance GmbH/Picture Press/Camera Press/Rota, Frankfurt/M.: S. 134 (Queen Elizabeth); Photostudio p. hadorn, Basel: S. 135 (Erdbeerschnitte); Gamma Studio X, Paris – Guy Charneau: S. 135 (Puzzle); Holiday Park GmbH, Hassloch: S. 135 (Achterbahn); The Guinness Book of Records 1991 oder 1992: S. 135 (Haare)

1 Brüche und negative Zahlen

1. Rechne im Kopf.

a)	634 + 99	b)	784 · 10
	1 357 + 99		123 · 100
	837 + 101		321 · 20
c)	520 − 99	d)	350 : 5
	2 730 − 199		3 500 : 50
	1 345 − 499		6 600 : 60

2. Überschlage das Ergebnis.

a)	386 + 427	b)	314 · 49
	102 + 47 + 983		784 · 102
c)	7 237 − 1 942	d)	609 : 29
	5 398 − 942 − 87		3 504 : 48

3. Rechne geschickt.
Was erkennst du?

4. In welchem Fass landet der Ball nach seiner Bahn?

5. Zauberei? Die Summe der Ergebnisse ist jeweils 4 000.

a) Punktrechnung vor Strichrechnung

$1\,800 \cdot 2 - 1\,800 =$

$650 + 500 + 21 \cdot 50 =$

$45\,000 : 45 - 100 \cdot 10 =$

Summe: 4 000

b) Klammern zuerst ausrechnen

$60\,000 : (24 + 6) =$

$980 - (53 + 47) =$

$(85 - 29) \cdot (17 + 3) =$

Summe: 4 000

6. Der kleinste kommt ganz nach oben.
Was ist die Botschaft, wenn alle an der Stange sind?

Bruchteile von Größen

1. Beantwortet in Partnerarbeit die Fragen in den beiden Bildern und präsentiert eure Lösungen.

2. Erarbeitet in Gruppen ein Lernplakat mit einer Regel, wie man Bruchteile von Größen berechnet. Das Lernplakat soll auch Beispiele enthalten und mindestens eine Zeichnung, die die Regel erklärt. Vergleicht die Lernplakate der Gruppen, sprecht über ihre Vor- und Nachteile. Wählt das gelungenste Plakat aus und hängt es in eurer Klasse auf.

3. Ordne den Aufgabenkärtchen (orange) die passenden Antwortkärtchen (grün) zu.

Orange: $\frac{1}{3}$ von 60 min | $\frac{1}{5}$ von 2 m | $\frac{1}{8}$ von 2 h | $\frac{1}{4}$ von 2 h | $\frac{1}{8}$ von 2 m | $\frac{1}{10}$ von 2 kg | $\frac{1}{4}$ von 3 km

Grün: 15 min | 20 min | 20 g | 25 cm | 40 cm | $\frac{1}{2}$ h | 400 m | 750 m | 200 g

TIPP
1 km = 1000 m
1 m = 100 cm
1 cm = 10 mm
1 h = 60 min

4. Bestimme die halbe Länge. Schreibe in der nächstkleineren Einheit.
a) 1 km b) 1 m c) 1 cm d) 1,2 km e) 2,6 m f) 7,4 cm g) 1,25 km h) 0,7 m i) 0,8 cm

5. Schreibe die Zeit in Minuten.
a) $\frac{1}{2}$ h b) $\frac{1}{5}$ h c) $\frac{1}{4}$ h d) $\frac{1}{3}$ h e) $\frac{3}{4}$ h f) $\frac{5}{6}$ h g) $1\frac{1}{2}$ h h) $2\frac{1}{3}$ h i) $4\frac{3}{4}$ h

6. Wie lang ist das Lattenstück? Schreibe als Kommazahl. Runde wenn nötig.
a) Lattenlänge 2 m. Davon (1) die Hälfte (2) ein Viertel (3) $\frac{4}{5}$ (4) $\frac{7}{10}$ (5) $\frac{1}{100}$ (6) $\frac{1}{20}$
b) Lattenlänge 2,50 m. Davon (1) die Hälfte (2) $\frac{3}{5}$ (3) $\frac{3}{4}$ (4) ein Drittel (5) $\frac{3}{7}$ (6) $\frac{5}{8}$

7. Wie viel Stunden sind es?
a) 1 Tag b) $\frac{1}{2}$ Tag c) $\frac{3}{4}$ Tag d) $\frac{5}{12}$ Tag e) $1\frac{1}{2}$ Tage f) $2\frac{1}{3}$ Tage g) $1\frac{5}{6}$ Tage h) $2\frac{3}{8}$ Tage

8. Tanja bekommt 30 € Taschengeld. $\frac{3}{4}$ davon hat sie schon ausgegeben. Wie viel Euro sind das?

9. Erfinde eigene Aufgaben „$\frac{3}{4}$ von …" auch mit anderen Brüchen als $\frac{3}{4}$ und stelle sie deiner Nachbarin oder deinem Nachbarn. Kontrolliere die Lösungen.

10. a) Von wie viel Euro ist ein Viertel genau so viel Geld wie die Hälfte von 30 €?
b) Von wie viel Euro ist ein Zehntel genau so viel Geld wie die Hälfte von 40 €?
c) Von wie viel Euro ist ein Sechstel genau so viel Geld wie ein Drittel von 60 €?

11. Übertrage die Tabelle in dein Heft und fülle sie aus. Beachte die Maßeinheit.

	a) 120 cm	b) 2,4 m	c) 0,6 km	d) 1,5 km	e) 3 h	f) 1 Tag
die Hälfte						
ein Drittel						

12. Ergänze die Tabelle der vorigen Aufgabe mit
a) 3 Viertel; b) 3 Achtel; c) 5 Sechstel; d) 7 Zwölftel; e) 2 Drittel.

13. Ordne den Aufgaben (orange) die passenden Antworten (grün) zu.

Aufgaben (orange): $\frac{3}{4}$ von 1,6 t; $\frac{1}{2}$ von 1,2 t; $\frac{1}{3}$ von 690 *l*; $\frac{2}{3}$ von 450 *l*; $\frac{1}{3}$ von 4,5 hl; $\frac{1}{4}$ von 1 200 kg; $\frac{1}{10}$ von 2 *l*; $\frac{1}{2}$ von 2 hl; $\frac{1}{4}$ von 1,2 kg

Antworten (grün): 300 kg; 600 kg; 150 *l*; 100 *l*; 300 *l*; 230 *l*; 200 cm^3; 300 g; 1 200 kg

TIPP
1 t = 1 000 kg
1 kg = 1 000 g
1 hl = 100 *l*
1 *l* = 1 000 cm^3

14. Markus kauft im Sonderangebot 2,5 kg Kartoffeln. Zuhause stellt er fest, dass 500 g davon verdorben sind. Welcher Bruchteil ist a) verdorben? b) nicht verdorben?

15. Rechne aus. Schreibe in der nächstkleineren Maßeinheit.
a) $\frac{1}{2}$ von 5 kg b) $\frac{1}{2}$ von 3 t c) $\frac{1}{4}$ von 1 hl d) $\frac{1}{4}$ von 6 *l* e) $\frac{1}{10}$ von 7 *l*

16. Wie viel Gramm sind es?

a) Die Hälfte von	1,4 kg	0,8 kg	0,9 kg	1,3 kg	1,05 kg
b) Ein Viertel von	1,6 kg	1,4 kg	0,6 kg	0,1 kg	2,16 kg

17. Wie viel Gramm ist ein Drittel davon? Runde ganzzahlig.
a) 1 kg b) 0,1 kg c) 1,3 kg d) 1,9 kg e) 0,5 kg f) 1,6 kg

18. Berechne in der nächstkleineren Maßeinheit. Runde wenn nötig.
a) $\frac{1}{6} \cdot 1$ *l* $\frac{5}{6} \cdot 1$ *l* b) $\frac{1}{3} \cdot 2$ hl $\frac{2}{3} \cdot 2$ hl c) $\frac{1}{5} \cdot 1{,}5$ hl $\frac{4}{5} \cdot 1{,}5$ hl

19. Benutze die Angaben für einen Flug von Frankfurt nach Athen.
a) Nach 2 h sind etwa $\frac{3}{4}$ der Strecke zurückgelegt und $\frac{2}{3}$ Kerosin verbraucht. Wie viel km und wie viel Liter sind das?
b) Der normale Charterpreis für den Flug ist 380 €. Ein Sonderpreis ist $\frac{1}{10}$ billiger.
c) Stelle zu den Angaben im Bild mindestens zwei weitere Fragen und beantworte sie.

20. Übertrage die Tabelle in dein Heft und ergänze in der nächstkleineren Maßeinheit.

	a) 1,20 €	b) 1,8 kg	c) 1,2 t	d) 0,9 *l*	e) 0,75 *l*	f) 0,6 hl
die Hälfte von						
ein Drittel von						

21. Siebenhundertdreißig Tage vor dem 1. 1. 2000 wurden in Deutschland 35 Mio. Sektflaschen geleert. (Eine Flasche enthält $\frac{3}{4}$ *l* = 0,75 *l*.) Stelle zwei Fragen und beantworte sie.

Addition und Subtraktion von Brüchen

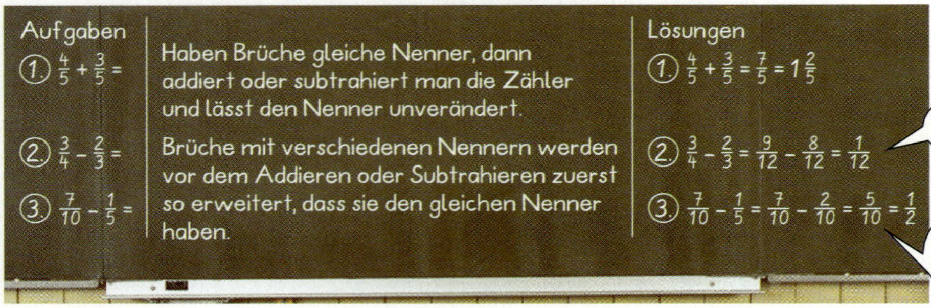

1. Claudia sagt: „Ich kann mir die Regeln viel besser merken, wenn sie an Bildern mit Kreisen oder Rechtecken erklärt werden." Versucht in 3er-Gruppen Bilder zu zeichnen, die die Regeln ohne Text erklären. Bei verschiedenen Nennern ist das schwieriger als bei gleichen, aber vielleicht schafft ihr das auch. Vergleicht die Bilder aller Gruppen.

2. a) $\frac{4}{9}+\frac{7}{9}$ b) $\frac{2}{5}+\frac{3}{5}$ c) $\frac{2}{7}+\frac{4}{7}$ d) $\frac{2}{3}-\frac{1}{3}$ e) $\frac{9}{10}-\frac{2}{10}$ f) $\frac{8}{11}-\frac{2}{11}$

3. Ordne jeder Aufgabe im Glas die richtige Lösung im Lösungskasten zu. Kürze dein Ergebnis.

$1\frac{3}{8}$—O $1\frac{1}{4}$—O $1\frac{1}{8}$—K
$1\frac{1}{2}$—H $\frac{3}{4}$—S $\frac{5}{8}$—C

4. Wandle zuerst einen Einer in Bruchteile um.
a) $1-\frac{3}{4}$ b) $1-\frac{1}{3}$ c) $2-\frac{2}{5}$ d) $4-\frac{5}{7}$ e) $5-\frac{7}{9}$

$2-\frac{3}{4}=1\frac{4}{4}-\frac{3}{4}=1\frac{1}{4}$

5. a) $3\frac{5}{9}-2\frac{1}{9}$ b) $2\frac{1}{3}+3\frac{1}{3}$ c) $5\frac{6}{7}+2\frac{3}{7}$ d) $5\frac{3}{10}+2\frac{4}{10}$
e) $5\frac{5}{6}-4\frac{2}{6}$ f) $4\frac{3}{4}-3\frac{2}{4}$ g) $7\frac{2}{6}+2\frac{1}{6}$ h) $9\frac{4}{5}-6\frac{2}{5}$
i) $8\frac{5}{20}+1\frac{11}{20}$ j) $8\frac{13}{15}-2\frac{5}{15}$ k) $2\frac{7}{10}+3\frac{2}{10}$ l) $3\frac{3}{8}+2\frac{2}{8}$

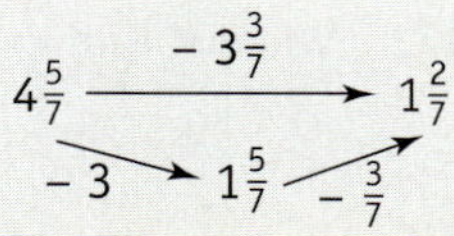

6. Der kleinste gemeinsame Nenner (Hauptnenner) ist hier das Produkt der beiden Nenner.
a) $\frac{2}{3}+\frac{1}{2}$ b) $\frac{3}{5}-\frac{1}{4}$ c) $\frac{5}{9}+\frac{1}{2}$ d) $\frac{5}{6}-\frac{2}{5}$ e) $\frac{1}{4}+\frac{2}{5}$ f) $\frac{5}{7}-\frac{2}{3}$
g) $\frac{1}{3}+\frac{3}{10}$ h) $\frac{5}{8}-\frac{2}{7}$ i) $\frac{1}{9}+\frac{2}{5}$ j) $\frac{7}{10}-\frac{2}{3}$ k) $\frac{4}{9}+\frac{3}{7}$ l) $\frac{9}{10}-\frac{2}{3}$

7. Einer der beiden Nenner ist ein Vielfaches des anderen.
a) $\frac{1}{6}+\frac{1}{2}$ b) $\frac{2}{3}-\frac{5}{9}$ c) $\frac{7}{10}+\frac{3}{5}$ d) $\frac{8}{9}-\frac{2}{3}$ e) $\frac{5}{6}+\frac{7}{12}$ f) $\frac{1}{2}-\frac{1}{4}$
g) $\frac{3}{8}+\frac{1}{2}$ h) $\frac{5}{10}-\frac{2}{5}$ i) $\frac{1}{6}+\frac{2}{3}$ j) $\frac{5}{6}-\frac{1}{2}$ k) $\frac{2}{3}+\frac{7}{12}$ l) $\frac{1}{4}-\frac{1}{8}$

8. Auch bei gemischter Schreibweise: erst erweitern.
a) $2\frac{1}{2}+\frac{3}{4}$ b) $4\frac{3}{4}-\frac{1}{3}$ c) $2\frac{3}{5}-\frac{1}{2}$ d) $4\frac{7}{10}-\frac{2}{5}$
e) $5\frac{2}{3}-2\frac{1}{4}$ f) $6\frac{3}{8}+2\frac{1}{4}$ g) $5\frac{8}{9}-2\frac{2}{3}$ h) $3\frac{2}{5}+1\frac{2}{3}$

$4\frac{1}{2}+5\frac{2}{3}=4\frac{3}{6}+5\frac{4}{6}$
$=9\frac{7}{6}=10\frac{1}{6}$

9. Manchmal musst du für das Subtrahieren auch noch einen Einer in Bruchteile umwandeln.
a) $9\frac{1}{2}-\frac{3}{4}$ b) $4\frac{3}{10}-\frac{4}{5}$ c) $2\frac{2}{3}-\frac{5}{6}$ d) $6\frac{3}{8}-\frac{1}{2}$
e) $5\frac{3}{5}-1\frac{7}{10}$ f) $7\frac{2}{3}-1\frac{4}{5}$ g) $8\frac{1}{2}-4\frac{2}{3}$ h) $7\frac{1}{4}-2\frac{3}{10}$

$4\frac{1}{6}-1\frac{1}{3}=4\frac{1}{6}-1\frac{2}{6}$
$=3\frac{7}{6}-1\frac{2}{6}$
$=2\frac{5}{6}$

Umgewandelt $1=\frac{6}{6}$

Addition und Subtraktion von Dezimalbrüchen

1. a) Was haben Kerstin und Jürgen falsch gemacht? Wie hat Alex den Fehler entdeckt?

b) Formuliere eine Regel für die Addition und Subtraktion von Dezimalbrüchen und verdeutliche sie an Beispielen. Stelle dein Arbeitsergebnis in der Klasse vor.

2. Familie Mattern hat in drei Geschäften eingekauft.

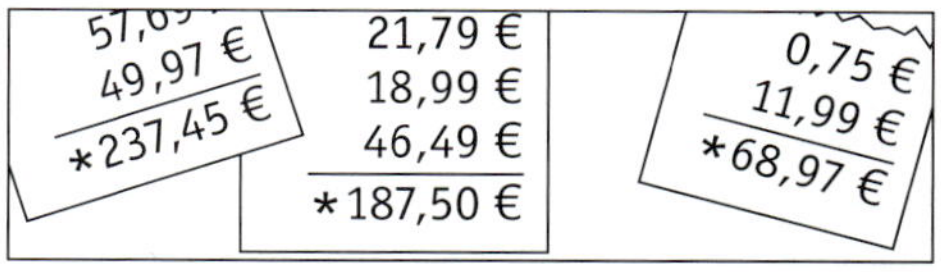

a) Zahlte sie mehr als 300 €, 400 € oder 500 €? Entscheide durch Überschlag.

b) Wie viel blieb genau von 1 000 € übrig?

3. Was bleibt übrig? Überschlage, dann rechne genau.

a)

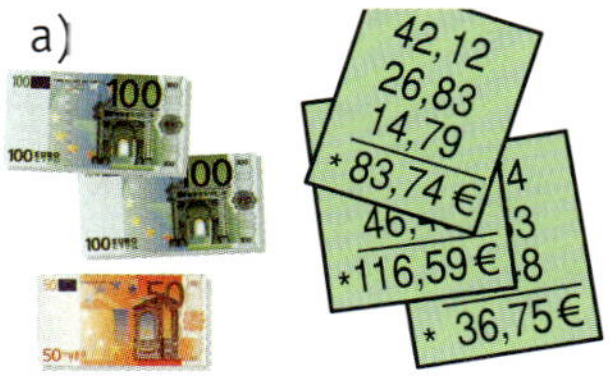

b)

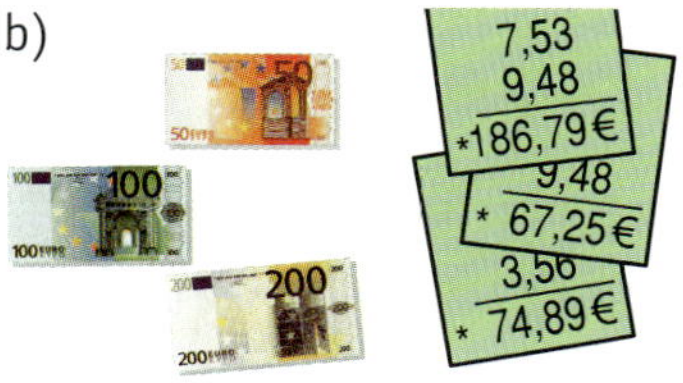

c)

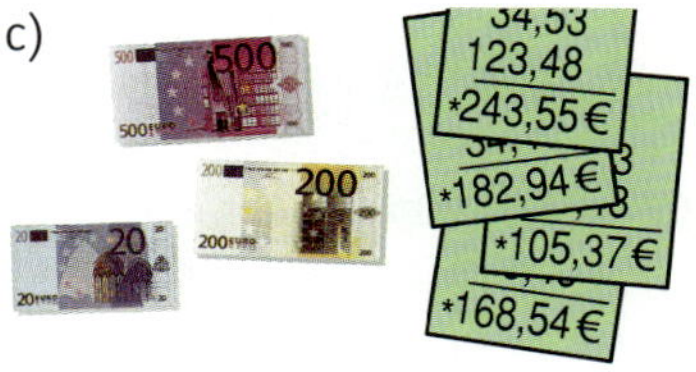

4. Die Klasse 7b hat eine Patenschaft mit einer Klasse in Peru. Zu Weihnachten soll ein Paket abgeschickt werden, das höchstens 10 kg wiegen darf. Die Geschenke wiegen so viel: 2,437 kg, 1,852 kg, 3,186 kg und 1,488 kg. Können alle Geschenke eingepackt werden? Überschlage zuerst, dann rechne genau.

5. In der Baustoffhandlung Glenk wird der Lastwagen beladen. Er kann höchstens mit 4,5 t beladen werden. Auf den Wiegezetteln sind folgende Massen angegeben: 1,8 t, 570 kg und 2,05 t. Können alle Waren aufgeladen werden? Überschlage, rechne dann genau.

6. Überschlage zuerst, dann rechne genau.

a) 3,83 + 1,4	b) 5,75 + 2,87	c) 23,76 + 74,87	d) 36,416 + 51,6
9,24 – 5,7	7,78 – 3,125	84,68 – 38,46	93,775 – 51,45
3,75 + 4,35	1,93 – 0,99	70,35 + 25,35	17,381 – 10,18

7.

Erdnuss-Cola-Muffins

Zubereitung: Mehl mit Backpulver und Kakao sieben und mit Zucker mischen. Eier, Butter, Cola und Erdnusskerne darunter geben. Teig in Förmchen geben und im vorgeheizten Ofen bei 180° ca. 25 – 30 Minuten backen.

Zutaten:
150 g Weizenmehl
3 Tl Backpulver
3 Essl. Kakaopulver
150 g feinster Zucker
2 Eier
100 g zerlassene Butter
125 ml Cola
50 g gehackte ungesalzene Erdnusskerne

a) Wiegt der Teig mehr oder weniger als ein Kilogramm? Überschlage.

b) Berechne die Teigmasse möglichst genau. Besorge dir fehlende Informationen selbst.

Vervielfachen und Teilen von Brüchen

Multiplikation – Bruch mit natürlicher Zahl:
Der Zähler wird mit der Zahl multipliziert.
Der Nenner bleibt unverändert.

$\frac{3}{7} \cdot 2 = \frac{3 \cdot 2}{7} = \frac{6}{7}$ $\quad 4 \cdot \frac{1}{3} = \frac{4 \cdot 1}{3} = \frac{4}{3} = 1\frac{1}{3}$

Division – Bruch durch natürliche Zahl:
Der Nenner wird mit der Zahl multipliziert.
Der Zähler bleibt unverändert.

$\frac{6}{5} : 4 = \frac{6}{5 \cdot 4} = \frac{6}{20} = \frac{3}{10}$ $\quad \frac{6}{7} : 3 = \frac{\cancel{6}^{2}}{7 \cdot \cancel{3}_{1}} = \frac{2}{7}$

1. Entwerft in 3er-Gruppen Zeichnungen, die die oben genannten Regeln verdeutlichen. Betrachtet und vergleicht die Zeichnungen der verschiedenen Gruppen.

2. a) $\frac{1}{5} \cdot 4$ b) $\frac{4}{9} \cdot 2$ c) $\frac{3}{10} \cdot 3$ d) $\frac{5}{12} \cdot 2$ e) $\frac{9}{100} \cdot 7$ f) $\frac{7}{20} \cdot 7$ g) $\frac{8}{15} \cdot 6$

3. a) $\frac{3}{5} : 2$ b) $\frac{2}{7} : 5$ c) $\frac{1}{2} : 2$ d) $\frac{5}{6} : 8$ e) $\frac{2}{3} : 9$ f) $\frac{3}{10} : 10$ g) $\frac{1}{3} : 4$

4. Schreibe das Ergebnis als gemischte Zahl.
a) $\frac{2}{3} \cdot 4$ b) $3 \cdot \frac{3}{8}$ c) $\frac{3}{5} \cdot 7$ d) $5 \cdot \frac{1}{2}$ e) $\frac{5}{7} \cdot 3$ f) $9 \cdot \frac{7}{10}$ g) $\frac{7}{11} \cdot 10$

5. a) $1\frac{1}{5} \cdot 4$ b) $3 \cdot 2\frac{1}{3}$ c) $1\frac{3}{5} \cdot 5$ d) $4 \cdot 2\frac{2}{3}$
e) $6\frac{1}{2} \cdot 2$ f) $8 \cdot 1\frac{1}{4}$ g) $2\frac{2}{3} \cdot 6$ h) $7 \cdot 2\frac{1}{3}$

$1\frac{1}{4} \cdot 3 = \frac{5}{4} \cdot 3 = \frac{15}{4} = 3\frac{3}{4}$

6. Schreibe Ergebnisse größer als 1 auch als gemischte Zahl.
a) $1\frac{3}{4} : 2$ b) $4\frac{2}{5} : 4$ c) $2\frac{1}{5} : 3$ d) $3\frac{5}{6} : 3$ e) $2\frac{1}{2} : 4$
f) $4\frac{1}{2} : 6$ g) $5\frac{2}{3} : 3$ h) $6\frac{9}{10} : 5$ i) $2\frac{2}{3} : 4$ j) $1\frac{2}{5} : 8$

TIPP
Gemischte Zahlen erst umwandeln.

7. Achte auf das Rechenzeichen. Schreibe das Ergebnis als gekürzten Bruch oder gemischte Zahl.
a) $\frac{3}{4} \cdot 4$ b) $5 \cdot \frac{7}{10}$ c) $\frac{7}{10} : 14$ d) $4\frac{3}{4} \cdot 2$ e) $6 \cdot 2\frac{1}{2}$ f) $5\frac{1}{3} : 4$
$\frac{3}{4} : 3$ $\quad \frac{7}{10} : 5$ $\quad 14 \cdot \frac{7}{10}$ $\quad 4\frac{3}{4} : 2$ $\quad 2\frac{1}{2} : 6$ $\quad 4 \cdot 5\frac{1}{3}$

8. Stelle Fragen. Schreibe Aufgaben mit Lösungen dazu.

a)

b)

9. Stelle eine Frage und berechne die Lösung.
a) Armin hat eine Schrittlänge von $\frac{3}{4}$ m. Für ein Spielfeld schreitet er 25 Schritte ab.
b) Ein Fleischer zerteilt $2\frac{1}{4}$ kg Fleisch in 3 gleiche Teile.
c) Eine Teekanne enthält $1\frac{1}{2}$ *l* Tee. Aus ihr lassen sich genau 6 Tassen Tee abfüllen.
d) Die Zwillinge der Familie Wilk trinken zusammen täglich $1\frac{3}{4}$ *l* Milch.
e) Der Pkw von Sinas Mutter erhält alle 10 000 km einen Motorölwechsel. Für einen Ölwechsel sind $3\frac{1}{4}$ *l* Öl notwendig. Der Kilometerzähler zeigt 81 203 km an.

10. Von welcher Zahl ist das Vierfache die Hälfte von Eins?

Vervielfachen und Teilen von Dezimalbrüchen

1. Schreibe zu den beiden Aufgaben im Tafelbild je eine Textaufgabe. Kontrolliere die Rechnung und überlege, ob du ebenso gerechnet hättest.

2. Welche Packung würdest du deinen Eltern zum Kauf empfehlen?

a)
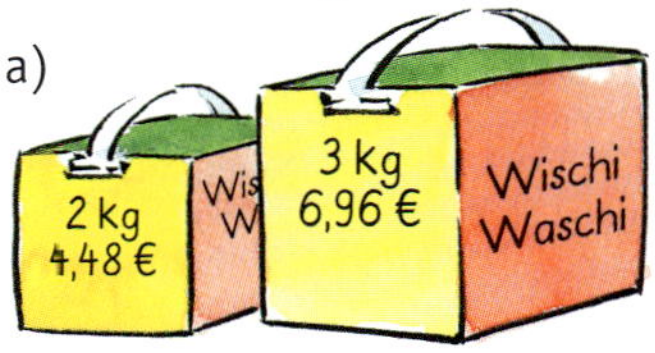

b)
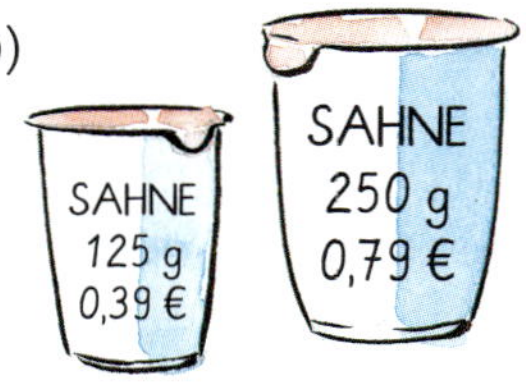

c)

3. Wie viel Euro kostet ein Kilogramm?

a)

b)

c)

d)

e)
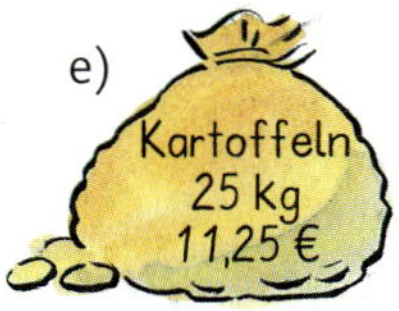

f)

g)

h)

4. a) Ordne der Aufgabe (orange) die Überschlagsrechnung (grün) zu.
b) Berechne den genauen Wert.

3 kg zu je 2,45 € | 8 · 20 € | 15 € : 3
3 kg kosten 15,75 € | 8 kg kosten 19,60 €
3 · 2 € | 8 kg zu je 19,99 € | 16 € : 8

5. Einkauf auf dem Wochenmarkt.
a) 5 kg Kartoffeln, 1 kg kostet 0,75 €
b) 3 kg Tomaten, 1 kg kostet 1,35 €
c) 4 kg Bananen, 1 kg kostet 1,45 €
d) 6 kg Orangen, 1 kg kostet 1,70 €

6. Die Klasse 7a kalkuliert die Kosten für eine Klassenfahrt. Der Busunternehmer verlangt 1,20 € je Kilometer. Die Rundfahrt wird 245 km lang. Mit welchem Preis muss die Klasse rechnen?

7. Eine Wanderstrecke von 17,5 km wurde von den Schülerinnen und Schülern ausgewählt. Es ist vorgesehen, dass je Stunde 5 km gelaufen werden. Berechne die Wanderzeit ohne Pausen.

8. Eine Schule kauft 29 Mathematikbücher für die Klasse 7a. Dafür müssen 517,65 € bezahlt werden. Wie teuer ist ein Mathematikbuch?

Multiplikation von Brüchen

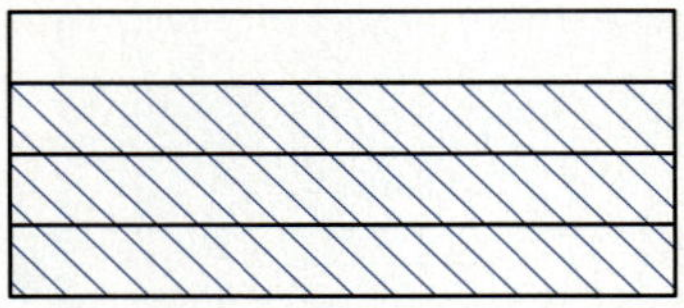

$\frac{3}{4}$

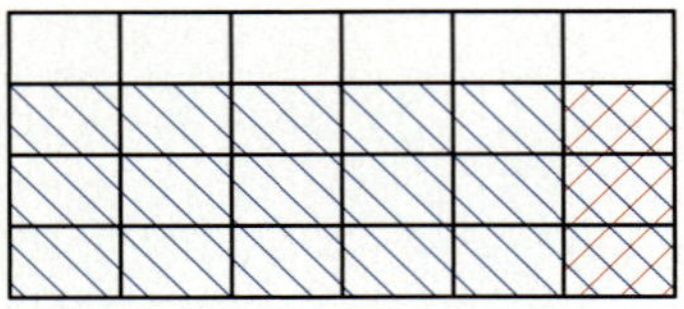

$\frac{1}{6}$ von $\frac{3}{4} = \frac{3}{24}$

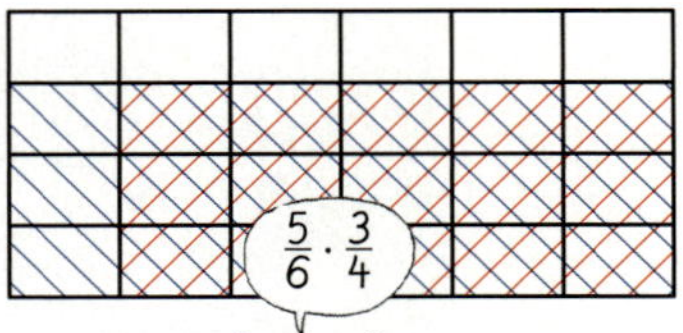

$\frac{5}{6}$ von $\frac{3}{4} =$ ■

1. Erstelle mit einer Mitschülerin oder einem Mitschüler eine Zeichnung für die Aufgabe $\frac{2}{5} \cdot \frac{3}{4}$. Die Zeichnung soll so groß sein, dass sie für alle erkennbar ist, wenn du sie vor der Klasse erklärst.

Man **multipliziert zwei Brüche** miteinander, indem man **Zähler mit Zähler** und **Nenner mit Nenner** multipliziert. (Kurz: Zähler mal Zähler, Nenner mal Nenner.)

$\frac{2}{5} \cdot \frac{3}{7} = \frac{2 \cdot 3}{5 \cdot 7} = \frac{6}{35}$ $\qquad \frac{3}{8} \cdot \frac{4}{9} = \frac{12}{72} = \frac{1}{6}$ $\qquad \frac{9}{7} \cdot \frac{4}{5} = \frac{36}{35} = 1\frac{1}{35}$

2. Zu welcher Aufgabe gehört das Bild?

a) 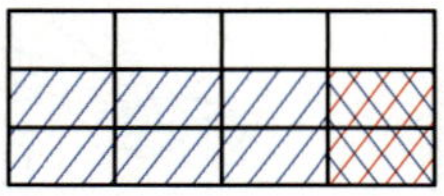 b)  c) 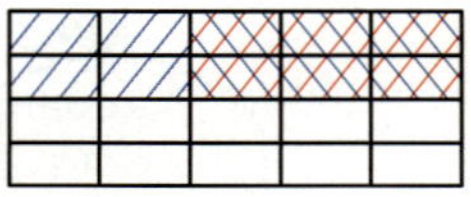

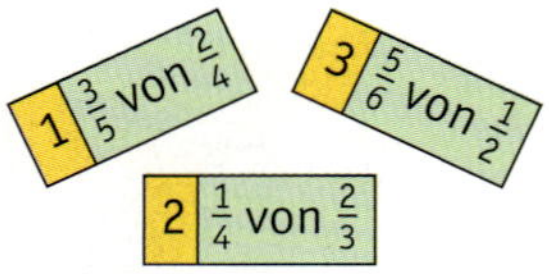

3. Löse die Aufgabe zeichnerisch und rechnerisch. a) $\frac{2}{3} \cdot \frac{2}{5}$ b) $\frac{3}{8} \cdot \frac{2}{3}$ c) $\frac{3}{4} \cdot \frac{5}{6}$

4. a) $\frac{7}{9} \cdot \frac{2}{3}$ b) $\frac{3}{8} \cdot \frac{1}{4}$ c) $\frac{5}{9} \cdot \frac{7}{8}$ d) $\frac{3}{4} \cdot \frac{3}{5}$ e) $\frac{5}{6} \cdot \frac{7}{12}$ f) $\frac{6}{7} \cdot \frac{4}{5}$

5. a) $\frac{1}{4}$ von $\frac{5}{8}$ b) $\frac{3}{8}$ von $\frac{1}{8}$ c) $\frac{1}{3}$ von $\frac{2}{5}$ d) $\frac{1}{2}$ von $\frac{5}{7}$ e) $\frac{2}{3}$ von $\frac{4}{5}$ f) $\frac{5}{6}$ von $\frac{1}{4}$

6. a) Die Tonne war halb mit Regenwasser gefüllt. Ein Fünftel ist verdunstet.
Welcher Bruchteil der Tonne ist noch mit Wasser gefüllt?
Wie viel Liter sind das?

b) Erfinde selbst eine Textaufgabe zu $\frac{1}{3} \cdot \frac{3}{4}$.

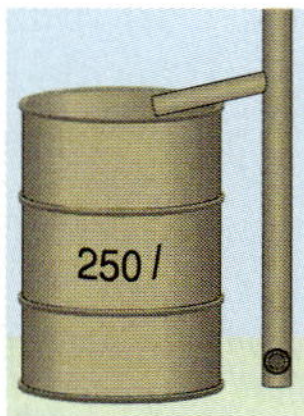

7. Kürze das Ergebnis.

a) $\frac{2}{7} \cdot \frac{3}{10}$ b) $\frac{3}{5} \cdot \frac{5}{6}$ c) $\frac{1}{2} \cdot \frac{2}{3}$ d) $\frac{3}{4} \cdot \frac{2}{3}$ e) $\frac{8}{9} \cdot \frac{3}{4}$

8. Wandle zuerst die gemischte Zahl in einen Bruch um.

a) $1\frac{1}{3} \cdot 1\frac{1}{4}$ b) $2\frac{1}{2} \cdot \frac{3}{5}$ c) $4\frac{2}{3} \cdot 1\frac{1}{2}$ d) $2\frac{3}{4} \cdot 2\frac{1}{2}$

$2\frac{3}{8} \cdot 1\frac{1}{5} = \frac{19}{8} \cdot \frac{6}{5} = \frac{19 \cdot 6}{8 \cdot 5} = \ldots$

9. Kürze schon vor dem Ausrechnen.

a) $\frac{5}{12} \cdot \frac{7}{10}$ b) $\frac{8}{15} \cdot \frac{9}{16}$ c) $\frac{16}{25} \cdot \frac{5}{12}$ d) $\frac{4}{15} \cdot \frac{5}{8}$

$\frac{5}{8} \cdot \frac{9}{20} = \frac{^{1}\cancel{5} \cdot 9}{8 \cdot \cancel{20}_{4}} = \frac{9}{32}$

e) $\frac{5}{9} \cdot \frac{27}{35}$ f) $\frac{5}{8} \cdot \frac{16}{45}$ g) $2\frac{2}{5} \cdot 5\frac{5}{6}$ h) $3\frac{1}{3} \cdot 3\frac{3}{4}$ i) $3\frac{3}{7} \cdot 4\frac{3}{8}$ j) $2\frac{2}{9} \cdot 1\frac{7}{8}$

Ein Test wird korrigiert

!!!!

TEST

Name: Gundula Schulz 19. Mai

1. $\frac{8}{9} : \frac{4}{3} =$ $\frac{2}{3}$
2. $\frac{4}{5} : \frac{2}{3} =$ $1\frac{1}{5}$
3. $\frac{3}{8} : \frac{5}{8} =$ $\frac{5}{3}$
4. $1\frac{1}{7} : \frac{4}{7} =$ 2
5. $1\frac{1}{5} : \frac{3}{4} =$ $1\frac{2}{5}$
6. $\frac{5}{6} : 1\frac{2}{3} =$ 2
7. $1\frac{4}{5} : \frac{3}{10} =$ 6
8. $\frac{5}{7} : \frac{2}{3} =$ $1\frac{1}{3}$

Du hast ▢ von 8 Punkten erreicht.

Ingos Idee

Prüfung Aufgabe 1

Wir machen die Probe mit $\frac{2}{3}$.

$\frac{2}{3} \cdot \frac{4}{3} = \frac{8}{9}$

Das Ergebnis $\frac{2}{3}$ stimmt.

Prüfung Aufgabe 5

Wir machen die Probe mit $1\frac{2}{5}$.

$1\frac{2}{5} \cdot \frac{3}{4} = \frac{7}{5} \cdot \frac{3}{4}$

$= \frac{21}{20}$

$= 1\frac{1}{20}$

Das Ergebnis $1\frac{2}{5}$ ist falsch.

Kerstins Idee

Prüfung Aufgabe 3

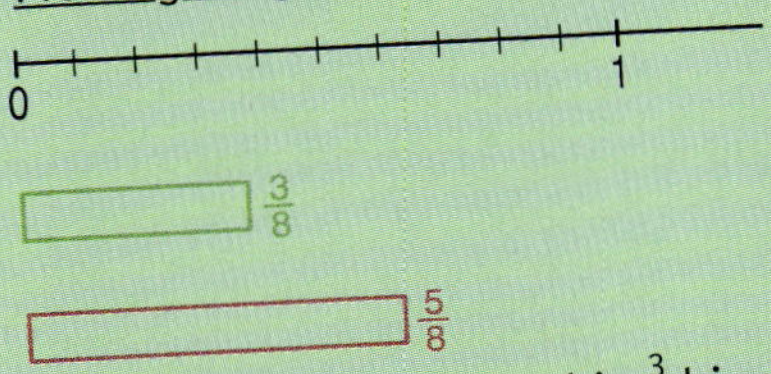

$\frac{5}{8}$ passt weniger als 1-mal in $\frac{3}{8}$ hinein.
Das Ergebnis $\frac{5}{3}$ ist größer als 1 und muss falsch sein.

Prüfung Aufgabe 7

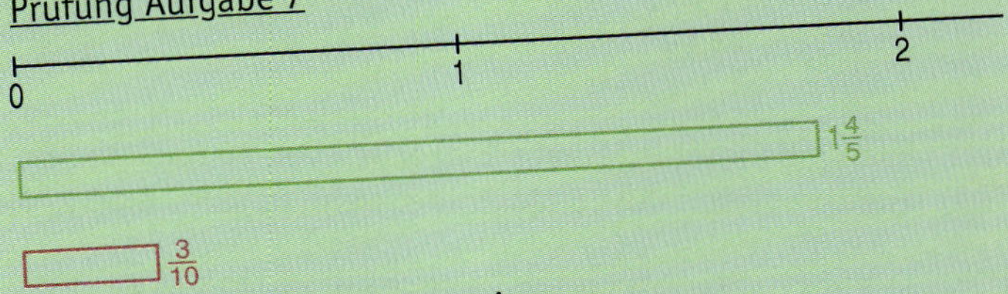

Hier könnte das Ergebnis 6 stimmen.

Division durch einen Bruch

Man **dividiert durch einen Bruch**, indem man mit seinem **Kehrbruch** multipliziert.

$\frac{2}{5} : \frac{8}{11} = \frac{2}{5} \cdot \frac{11}{8} = \frac{\overset{1}{\cancel{2}} \cdot 11}{5 \cdot \underset{4}{\cancel{8}}} = \frac{11}{20}$ (Kehrbruch)

Bruch $\frac{8}{11}$ —Zähler und Nenner vertauschen→ Kehrbruch $\frac{11}{8}$

1. a) $\frac{7}{12} : \frac{2}{7}$ b) $\frac{3}{5} : \frac{7}{9}$ c) $\frac{2}{7} : \frac{1}{4}$ d) $\frac{3}{4} : \frac{2}{7}$ e) $\frac{2}{7} : \frac{3}{4}$ f) $\frac{5}{8} : \frac{2}{3}$
g) $\frac{13}{7} : \frac{4}{5}$ h) $\frac{22}{5} : \frac{5}{7}$ i) $\frac{11}{7} : \frac{5}{6}$ j) $\frac{13}{8} : \frac{2}{7}$ k) $\frac{3}{5} : \frac{2}{17}$ l) $\frac{5}{9} : \frac{2}{31}$

2. Multipliziere mit dem Kehrbruch. Kürze, wenn möglich, vor dem Ausrechnen.
a) $\frac{3}{4} : \frac{3}{12}$ b) $\frac{3}{4} : \frac{3}{8}$ c) $\frac{4}{5} : \frac{2}{15}$ d) $\frac{3}{8} : \frac{6}{16}$ e) $\frac{3}{5} : \frac{9}{10}$ f) $\frac{7}{8} : \frac{21}{12}$
g) $\frac{3}{8} : \frac{21}{3}$ h) $\frac{3}{14} : \frac{2}{7}$ i) $\frac{4}{9} : \frac{2}{3}$ j) $\frac{6}{21} : \frac{3}{14}$ k) $\frac{35}{14} : \frac{2}{3}$ l) $\frac{3}{15} : \frac{5}{6}$

3. Schreibe vor dem Rechnen die natürliche Zahl als Bruch.
a) $\frac{3}{4} : 5$ b) $\frac{7}{8} : 6$ c) $\frac{4}{7} : 14$ d) $\frac{6}{8} : 4$
e) $6 : \frac{3}{9}$ f) $7 : \frac{7}{9}$ g) $9 : \frac{3}{6}$ h) $7 : \frac{14}{17}$

$\frac{4}{5} : 10 = \frac{4}{5} : \frac{10}{1} = \frac{4 \cdot 1}{5 \cdot 10} = \frac{2}{25}$

$8 : \frac{3}{4} = \frac{8}{1} \cdot \frac{4}{3} = \frac{32}{3} = 10\frac{2}{3}$

4. Wandle die gemischte Zahl in einen Bruch um, dann rechne.
a) $3\frac{1}{7} : \frac{5}{7}$ b) $2\frac{1}{5} : \frac{1}{5}$ c) $2\frac{2}{3} : \frac{3}{7}$ d) $4\frac{2}{3} : \frac{5}{9}$
e) $6\frac{1}{2} : 3\frac{4}{7}$ f) $2\frac{3}{4} : 3\frac{1}{3}$ g) $4\frac{2}{3} : 3\frac{1}{3}$ h) $3\frac{3}{4} : 2\frac{1}{12}$

$1\frac{3}{4} : \frac{2}{3} = \frac{7}{4} : \frac{2}{3} = \frac{7 \cdot 3}{4 \cdot 2} = \frac{21}{8} = 2\frac{5}{8}$

$2\frac{1}{2} : 1\frac{2}{3} = \frac{5}{2} : \frac{5}{3} = \frac{\overset{1}{\cancel{5}} \cdot 3}{2 \cdot \underset{1}{\cancel{5}}} = \frac{3}{2} = 1\frac{1}{2}$

5. Berechne, wie oft eine Größe in der anderen enthalten ist.
a) $\frac{1}{4}$ m in $2\frac{3}{4}$ m b) $\frac{3}{4}$ km in $4\frac{1}{2}$ km
c) $\frac{2}{3}$ kg in $3\frac{1}{3}$ kg d) $\frac{1}{8}$ l in $4\frac{1}{2}$ l

Wie oft sind $\frac{3}{4}$ m in $6\frac{3}{4}$ m enthalten?
Rechnung:
$6\frac{3}{4} : \frac{3}{4} = \frac{27}{4} : \frac{3}{4} = \frac{27 \cdot 4}{4 \cdot 3} = 9$

6. Ellen hilft ihrer Oma beim Einkochen von Marmelade. Im Kochtopf sind $3\frac{1}{2}$ l Marmelade. Wie viele Einmachgläser muss Ellen holen, wenn in jedes Glas $\frac{1}{4}$ l Marmelade gefüllt werden kann?

7. a) Ein Krug fasst $1\frac{1}{2}$ l. Wie viel Gläser, die $\frac{1}{4}$ l fassen, kann man damit füllen?
b) Gib mit der Lösung von a) sofort an, wie viel $\frac{1}{8}$-l-Gläser mit dem Krug gefüllt werden können.

Multiplikation und Division eines Dezimalbruches mit 10, 100, 1000

1000	100	10	1	$\frac{1}{10}$	$\frac{1}{100}$	Dezimalbruch
			5	0	9	5,09
		5	0	9	0	■
	5	0	9	0	0	509

(Operatoren: · ■ ; · ■)

10	1	$\frac{1}{10}$	$\frac{1}{100}$	$\frac{1}{1000}$	Dezimalbruch
6	2	7	0	0	62,7
	6	2	7	0	6,27
	0	6	2	7	■

(Operatoren: : ■ ; : ■)

1. a) Übertrage die Stellenwerttafeln ins Heft, ergänze die fehlenden Dezimalbrüche und Operatoren.
b) Formuliere zusammen mit einer Mitschülerin oder einem Mitschüler eine Regel und illustriere sie mit eigenen Beispielen auf einem Lernplakat, das ihr der ganzen Klasse vorstellt.

2. Was ist im abgebildeten Heft falsch gemacht worden? Erkläre den anderen die Fehler – vielleicht weißt du auch, welche Regel falsch angewendet wurde. Rechne anschließend die Aufgaben richtig.

0,8 · 10 = 0,80	f	*1,7 : 10 = 01,7*	f
0,8 · 100 = 0,800	f	*1,7 : 100 = 001,7*	f
0,8 · 1000 = 0,8000	f	*1,7 : 1000 = 0001,7*	f

3. a) 5,38 · 10 b) 0,731 · 100 c) 15,4 : 10 d) 512,4 : 100 e) 0,537 · 1000
f) 8 422,9 : 1000 g) 1,32 · 10 h) 182,34 : 100 i) 0,0043 · 100 j) 0,8745 · 1000

4. Rechne wie in den Beispielen. Füge Nullen hinzu, um das Komma verschieben zu können.

5,72 · 1000 = 5,720 · 1000 = 5 720
5,72 : 1000 = 0005,72 : 1000 = 0,00572

a) 2,4 · 100 b) 0,347 : 10 c) 5,28 · 1000 d) 244,3 · 100 e) 4,107 : 1000
f) 0,7 : 100 g) 5,104 : 1000 h) 0,19 · 1000 i) 0,087 : 100 j) 0,02 · 10 000

5. a) 100 g Salami kosten 1,97 €. Wie teuer ist ein Kilogramm der gleichen Sorte?
b) Ein Hektoliter Essig kostet 75,00 €. Wie viel kostet ein Liter?

6. Ein Stapel von 1000 Blatt Kopierpapier ist 10,6 cm hoch. Wie dick ist ein einzelnes Blatt?

7. Ein menschliches Haar normaler Dicke ist 0,05 bis 0,07 mm dick. Wie dick erscheint es auf einem Foto durch ein Mikroskop mit 1000-facher Vergrößerung?

8. a) 2,34 · ■ = 2 340 b) 0,04 : ■ = 0,0004 c) 12,4 : ■ = 0,0124
d) 75 : ■ = 0,0075 e) 0,07 · ■ = 7,0 f) 0,031 · ■ = 31

9. In einer Brausetablette gegen Kopfschmerzen sind 0,4 g Acetylsalicylsäure. Wie viel Kilogramm dieses Wirkstoffs braucht man zur Herstellung von 100 000 Brausetabletten?

10. Ein Liter (= 1 dm^3) Wasserstoff hat bei 20° C eine Masse von 0,0899 g. Berechne die Masse von 1 m^3 Wasserstoff.

11. Mit welcher Zahl wurde multipliziert bzw. durch welche Zahl wurde dividiert?
a) 15,84 —■→ 15 840 b) 276,32 —■→ 2,7632 c) 0,05 —■→ 500
d) 137,2 —■→ 13,72 e) 54 800 —■→ 5,48 f) 73,8 —■→ 0,00738

12. „Eine Null mehr oder weniger bei einem Dezimalbruch ist doch egal" behauptet Sven. Was meinst du dazu, stimmt das immer, manchmal oder nie? Begründe deine Meinung.

Multiplikation von Dezimalbrüchen

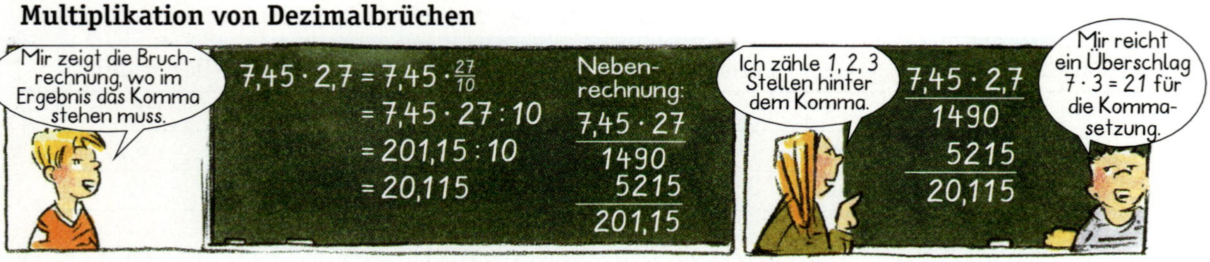

1. Versuche zusammen mit anderen im Team zu erklären, was die beiden Schüler und die Schülerin in der obigen Bildleiste ausdrücken wollen.

2. Ergänze die richtige Stufenzahl (10, 100, ...)

a) 6,7 · ■ = 67 b) 2,56 · ■ = 25,6 c) 12,35 · ■ = 1235 d) 8,6 · ■ = 8600

e) 531 : ■ = 5,31 f) 21,2 : ■ = 2,12 g) 4,6 : ■ = 0,46 h) 357,9 : ■ = 3,579

Zwei Dezimalbrüche multipliziert man so miteinander:
Man rechnet zunächst, ohne die Kommas zu beachten.
Anschließend setzt man das Komma so, dass das Ergebnis genauso viele Stellen hinter dem Komma hat wie beide Faktoren zusammen.

23,1 · 4,53
924
1155
693
104,643

Überschlag:
20 · 5 = 100

TIPP
Stellen nach den Kommas zählen!

3. Im Ergebnis fehlt noch das Komma. Schreibe die Aufgabe ins Heft und setze es richtig ein. Manchmal musst du noch Nullen vor die Ziffern des Ergebnisses setzen.

a) 2,34 · 18,6 = 43524 b) 9,2 · 8,8 = 8096 c) 3,62 · 2,43 = 87966

d) 0,164 · 0,018 = 2952 e) 2,7 · 0,00968 = 26136 f) 0,468 · 321,09 = 15027012

4. a) 0,4 · 0,5 b) 1,1 · 0,6 c) 0,9 · 0,4 d) 0,08 · 0,7 e) 2,2 · 0,3

5. Berechne schriftlich. Mache vor der Rechnung einen Überschlag.

a) 8,9 · 4,2 b) 4,8 · 7,1 c) 13,2 ·10,3 d) 24,8 · 7,1 e) 3,884 · 6,2

f) 0,982 · 12,8 g) 11,1· 9,9 h) 7,8 · 15,23 i) 1,23 · 0,96 j) 0,97 · 5,8

6. Stelle zwei Fragen und beantworte sie.

a) Ein Spielzimmer, das 9,2 m lang und 7,8 m breit ist, soll einen neuen Teppichboden bekommen.
Der Quadratmeterpreis beträgt 46,35 €.

b) Familie Hug kauft ein Baugrundstück von 41,20 m Länge und 26,30 m Breite zum Preis von 195,50 € pro m^2.

7. Ein Schiff legt in einer Stunde 22,5 Seemeilen zurück. Eine Seemeile beträgt 1,852 km. Wie viel km fährt das Schiff in einer Stunde?

8. Beim „Großen Preis von Monaco" ist jede Runde 3,378 km lang. Welche Strecke ist zurückgelegt

a) nach 78 Runden; b) nach 5,5 Runden; c) nach $20\frac{1}{4}$ Runden; d) nach $40\frac{1}{2}$ Runden?

Division durch einen Dezimalbruch

1. Versuche zusammen mit anderen im Team zu erklären, was die beiden Schüler ausdrücken wollen.

2. Die Aufgabe 12 : 4 hat 3 als Ergebnis. Prüfe, ob sich das Ergebnis ändert, wenn du 12 und 4 mit irgendeiner, aber beide mit derselben Zahl multiplizierst und dann die neuen Zahlen dividierst. Formuliere eine Regel und stelle sie der Klasse vor.

Eine Zahl wird durch einen Dezimalbruch so dividiert:
Zuerst multipliziert man beide Zahlen so mit 10, 100, 1000, ..., dass bei der zweiten Zahl kein Komma mehr steht. Dann wird geteilt.

24,7 : 2,6 = 247 : 26 = 9,5 10,8 : 0,25 = 1080 : 25 = 43,2

TIPP
Komma um gleich viele Stellen nach rechts!

3. Multipliziere zuerst beide Zahlen mit 10: a) 14,4 : 7,2 b) 18 : 3,6 c) 20,9 : 1,9

4. Multipliziere zuerst beide Zahlen mit 100: a) 24,9 : 4,15 b) 66,6 : 5,55 c) 0,882 : 0,63

5. a) 2,5 : 0,5 b) 4,8 : 0,3 c) 0,6 : 0,02 d) 0,9 : 0,05 e) 0,44 : 0,11
f) 0,72 : 0,003 g) 0,35 : 0,005 h) 3 : 0,5 i) 7 : 0,07 j) 8 : 0,004

6. a) 492,8 : 0,7 b) 364,5 : 0,9 c) 34,25 : 0,25 d) 22,456 : 0,08
e) 42,72 : 1,2 f) 1243,9 : 0,07 g) 7,452 : 6,9 h) 5,4 : 1,35

7. Im Supermarkt werden verschiedene Waschpulversorten angeboten. Überlege mit anderen, welches Angebot das günstigste ist.

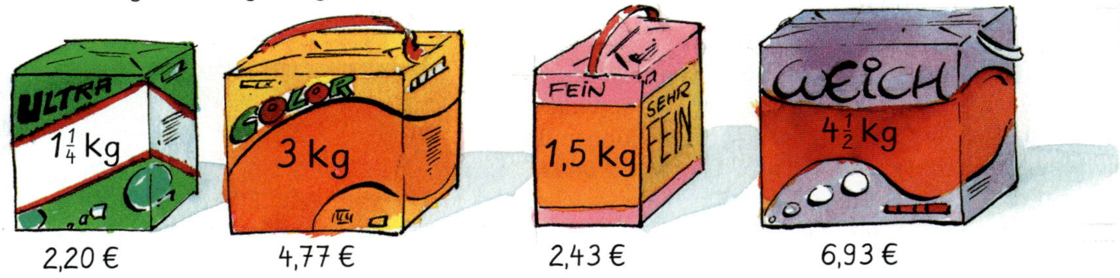

8. Auf einem Schulfest bietet die Klasse 7b Saftcocktails zu jeweils 0,90 € an. Die Gesamteinnahmen betragen 118,80 €.

9. Frau Kramer verkauft auf dem Volksfest Zuckerwatte für jeweils 1,60 €. Am Abend hat sie insgesamt 377,60 € eingenommen.

10. Frau Sieber zahlt für einen Stoff, der pro Meter 3,75 € kostet, insgesamt 6,75 €.

Sport

1. Bei den 4 Grand-Slam-Turnieren (Australian-Open, French-Open, Wimbledon, US-Open) starten jeweils 128 Tennisspielerinnen und -spieler im Einzel. Wer verliert, scheidet aus.

a) Wie viele Begegnungen sind jeweils nötig, bis der Sieger und die Siegerin des Turniers feststehen?

b) Wie viele Begegnungen gibt es bei einem Turnier mit 64 Spielerinnen?

c) Wie kannst du die Anzahl der Begegnungen bei 32, 16 und 8 Spielern bestimmen, ohne lange zu rechnen?

2. 2002 wurde Brasilien Fußballweltmeister. An der Weltmeisterschaft in Südkorea und Japan nahmen 32 Mannschaften teil. In der Vorrunde wurde in 8 Gruppen zu je 4 Ländern gespielt, jedes gegen jedes. Danach ging es für die besten 16 Mannschaften nach dem K.o.-System weiter; jeweils der Verlierer schied aus, bis der Weltmeister feststand. Zusätzlich fand ein Spiel um den 3. Platz statt. Stelle Fragen und beantworte sie.

3. Im Eiskunstlauf gibt es sechs verschiedene Sprünge: Axel, Flip, Lutz, Rittberger, Salchow und Toeloop. Sie werden nicht nur einzeln gesprungen, sondern auch in Sprungfolgen mit nur wenigen Zwischenschritten. Wie viele verschiedene Sprungfolgen bestehend aus zwei Sprüngen sind möglich? Überlegt in 3er-Gruppen und vergleicht eure Lösung mit denen anderer Gruppen.

4.

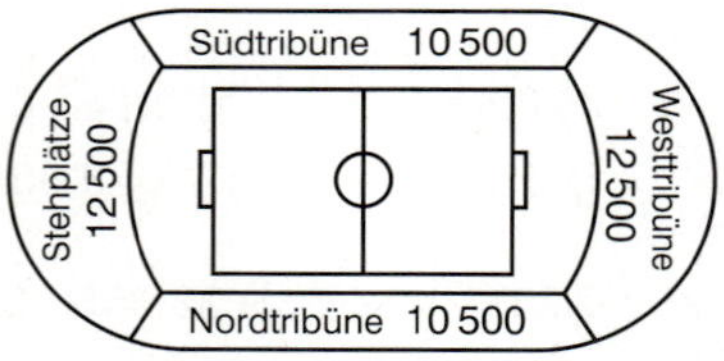

Südtribüne:	45 €
Nordtribüne:	35 €
Westtribüne:	25 €
Stehplatz:	15 €
Stehplatz ermäßigt:	8 €

a) Angenommen, das Stadion ist ausverkauft. Stelle Fragen und berechne die Lösungen.

b) 20 000 zahlende Besucher sahen ein Spiel in dem oben abgebildeten Stadion.
Wie hoch kann der Durchschnittspreis für eine Karte mit Sicherheit *nicht* gewesen sein:
8 €, 15 €, 30 €, 40 €?

5. Ein Top-Verdiener des Sports war der Basketballstar Michael Jordan von den Chicago Bulls (USA). Im Jahr 1995 verdiente er 43,9 Millionen Dollar. Nach damaligem Wechselkurs hatte 1 Dollar den Wert von 0,77 €.
Ein anderer Großverdiener ist Michael Schumacher. 2002 verdiente er 50 Millionen Euro. Stelle Fragen und beantworte sie.

6. Kareem Abdul Jabbar (USA) bestritt in seiner 20-jährigen Karriere insgesamt 1 797 Spiele in der NBA (National Basketball Association). Dabei erzielte er 44 119 Punkte. Stelle Fragen und beantworte sie.

Temperaturen

Anders Celsius (ein Schwede) führte 1742 die nach ihm benannte Temperaturskala ein.
Bei 0 °C friert Wasser, bei 100 °C kocht Wasser.

Thermometer zeigen Temperaturen über und unter Null Grad Celsius (°C) an.
Beispiele: 5 °C für 5 Grad Celsius (über Null), −3 °C für **minus** 3 Grad Celsius (unter Null)

1. Ordne die Temperaturen und notiere zu jeder den richtigen Sachverhalt.

Gefrierfleisch | 1063 °C | Körpertemperatur | 42 °C | Flüssiges Gold | −8 °C | 37 °C | Badewasser | −213 °C | Eiswürfel | −15 °C | Flüssige Luft

2.

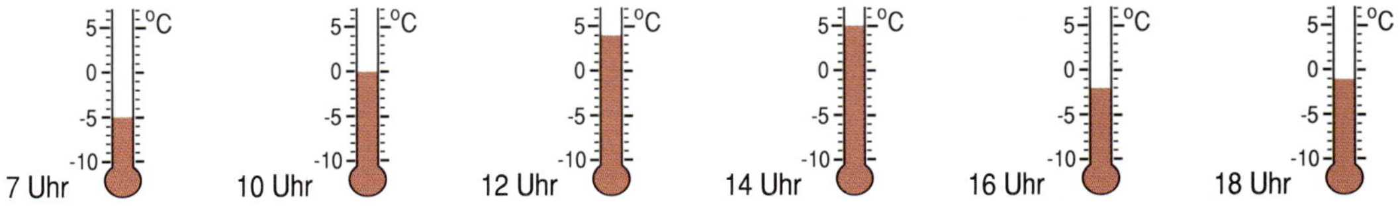

a) Lies die Temperaturen ab und schreibe sie auf.
b) Um wie viel Grad ist die Temperatur gestiegen oder gefallen?
(1) von 7 bis 10 Uhr (2) von 7 bis 12 Uhr (3) von 14 bis 18 Uhr (4) von 7 bis 18 Uhr

3. Berechne den Anstieg der Temperatur.
a) von −5 °C bis 3 °C
von −5 °C bis 5 °C
b) von −12 °C bis 8 °C
von −22 °C bis 13 °C
c) von −3 °C bis 2 °C
von −4 °C bis 3 °C

Anstieg: −4 °C → 3 °C: +7 °C; −4 °C → 0 °C: +4 °C; 0 °C → 3 °C: +3 °C

4. Berechne die Absenkung der Temperatur.
a) von 14 °C auf −8 °C
von 17 °C auf −3 °C
b) von 17 °C auf −17 °C
von 28 °C auf −24 °C
c) von 8 °C auf −12 °C
von 13 °C auf −7 °C

Absenkung: 13 °C → −6 °C: −19 °C; 13 °C → 0 °C: −13 °C; 0 °C → −6 °C: −6 °C

5. Berechne den gemessenen sensationellen Temperaturunterschied.
a) Spearfish (USA), 22. Januar 1943: von −20 °C um 7.30 Uhr auf 7 °C um 7.32 Uhr
b) Browning (USA), von 7 °C am 23. Januar 1916 auf −49 °C am 24. Januar 1916.

6. Informiere dich im Internet über die höchste und die tiefste Temperatur, die bislang auf der Erde gemessen wurden, und berechne ihren Unterschied.

7.

Berechne den fehlenden Wert.	a)	b)	c)	d)	e)	f)	g)
höchste Temperatur in °C	17	37	22	5	7		
niedrigste Temperatur in °C	−13	15	−3			−3	−4
Temperaturunterschied in °C				8	10	15	12

Kontostände

Kontostände größer als 0 € sind Guthaben (Haben).
Kontostände kleiner als 0 € sind Schulden (Soll).
In der Mathematik schreibt man statt „Soll" das **Vorzeichen „–" (minus).**

Alter Kontostand	130 €	170 €	– 80 €
Buchung	Einzahlung 50 €	Abbuchung 230 €	Einzahlung 140 €
Neuer Kontostand	180 €	– 60 €	60 €

1. Erfinde zu jedem der drei obigen Beispiele eine passende Sachgeschichte.

2. Berechne den Unterschied. Notiere, ob eingezahlt oder abgebucht wurde.

Alter Kontostand	a) 150 €	b) – 100 €	c) – 80 €	d) 30 €	e) 40 €
Neuer Kontostand	70 €	– 250 €	20 €	– 60 €	– 40 €

3. Der alte Kontostand zeigt ein Guthaben von 500 €. Berechne den neuen Kontostand.

a) 370 € Einzahlung b) 485 € Abbuchung c) 550 € Abbuchung d) 830 € Abbuchung

4. Auf welchen Wert erhöht sich der Kontostand?

a) –65 €, Einzahlung 100 € b) –122 €, Einzahlung 150 €
c) –137 €, Einzahlung 287 € d) –12 €, Einzahlung 120 €

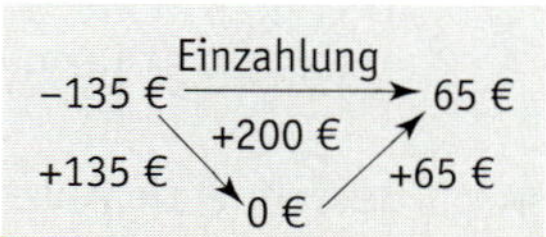

5. Auf welchen Wert fällt der Kontostand?

a) 75 €, Abbuchung 110 € b) 130 €, Abbuchung 235 €
c) 312 €, Abbuchung 417 € d) 97 €, Abbuchung 147 €

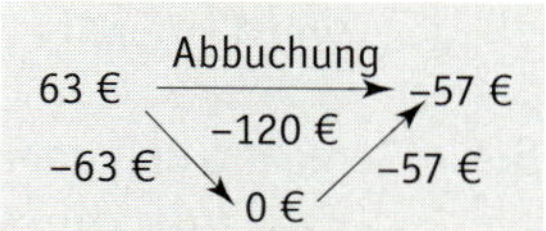

6. Berechne den fehlenden Wert.

Alter Kontostand	a) – 135 €	b) – 250 €	c) 17 €	d)
Einzahlung/Abbuchung	Einzahlg. 37 €	Abbuchg. 367 €		Abbuchg. 32 €
Neuer Kontostand			– 8 €	– 12 €

7. Julia hat 30 €. Sie leiht sich einen doppelt so großen Betrag beim Vater. Jetzt kann Julia genau ihre neuen Schlittschuhe bezahlen.

a) Wie viel Schulden hat Julia? b) Wie teuer sind die Schlittschuhe?

Vermischte Aufgaben

1. a) In welchem Stockwerk hält der Aufzug gerade?

b) Herr Meier hat seinen Wagen im Parkdeck U3 geparkt. Wie viele Stockwerke muss er hinunterfahren?

c) Frau Müller steigt im Erdgeschoss ein. Sie fährt zuerst 3 Stockwerke abwärts, dann sieben Stockwerke aufwärts. Wo steigt Frau Müller aus?

2. Ein Taucher steht auf der Kaimauer, deren Oberkante 3 m über der Wasseroberfläche liegt. Er soll zu einem Wrack hinuntertauchen, das 9 m tief unter der Wasseroberfläche liegt. Welchen Höhenunterschied muss er insgesamt überwinden?

3. Der Wasserstandsmesser (Pegel) einer Talsperre zeigte am 1. August einen Wasserstand von 50 cm über „Normal“. Wegen großer Trockenheit fiel der Wasserstand im August um 120 cm. Was war der neue Pegelstand?

4. Die Schülerinnen und Schüler der Klasse 7a haben im Januar eine Woche lang um 12 Uhr die Temperaturen auf dem Schulhof gemessen.

Tag	Mo	Di	Mi	Do	Fr
Temp.	4 °C	3 °C	-2 °C	-6 °C	-5 °C

a) An welchem Tag war es am kältesten?

b) Um wie viel Grad ist das Thermometer von Dienstag auf Mittwoch gefallen?

c) Um wie viel Grad ist es am Donnerstag kälter als am Freitag?

d) Berechne den Temperaturunterschied zwischen dem kältesten und dem wärmsten Tag der Woche.

5. a) Für den Kauf einer Eigentumswohnung hat sich Frau Neumann 45 000 Euro von ihrer Bank und 20 000 Euro von ihrem Vater geliehen. Wie viel Schulden hat sie insgesamt?

b) Beim Kauf seines neuen Autos hatte Herr Otto einen Kredit von 15 000 Euro aufgenommen. Die Hälfte seiner Schulden hat er bereits zurückgezahlt. Wie viel Schulden hat er noch?

c) Timo hat im letzten Monat bei drei Freunden jeweils 2 Euro Schulden gemacht. Wie viel Euro muss er insgesamt zurückzahlen?

6. a) Der griechische Philosoph Aristoteles wurde im Jahre 384 v. Chr. geboren. Er wurde 62 Jahre alt. Wann ist er gestorben?

b) Wie alt wurden diese berühmten Persönlichkeiten?

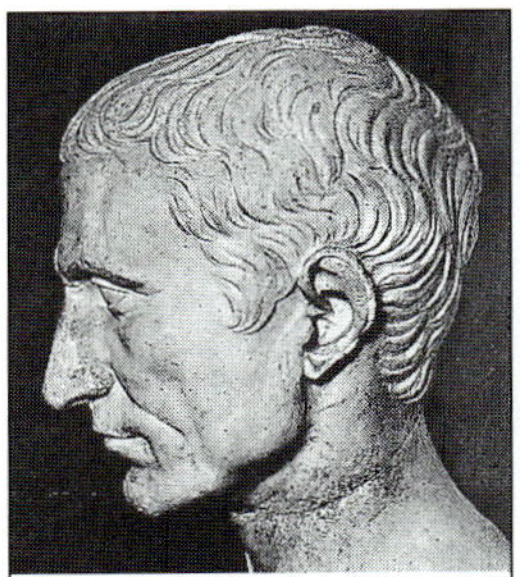
Caesar (römischer Feldherr) 100 v. Chr. – 44 v. Chr.

Arminius (Cheruskerfürst) 18 v. Chr. – 19 n. Chr.

Sokrates (griech. Philosoph) 469 v. Chr. – 399 v. Chr.

Augustus (römischer Kaiser) 63 v. Chr. – 14 n. Chr.

Positive und negative Zahlen – Zahlengerade

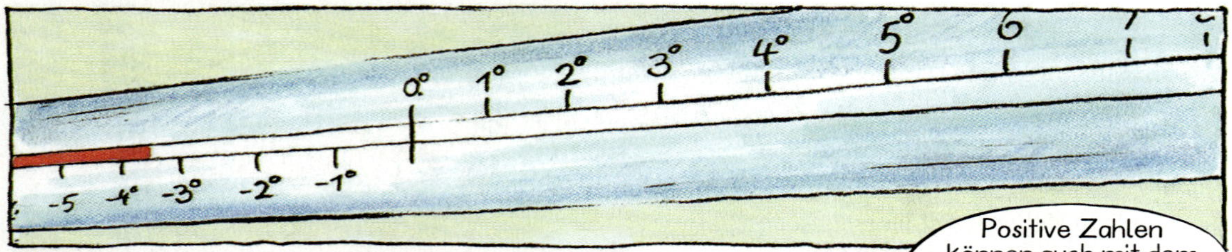

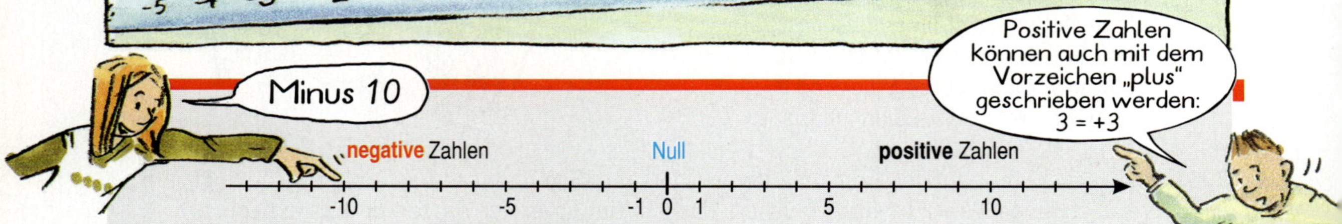

Negative Zahlen haben „–“ als Vorzeichen.

ganze Zahlen: 0, 1, −1, 2, −2, 3, −3, ...

1. Lies die ganzen Zahlen von der Zahlengeraden ab und schreibe sie auf.

a) b)

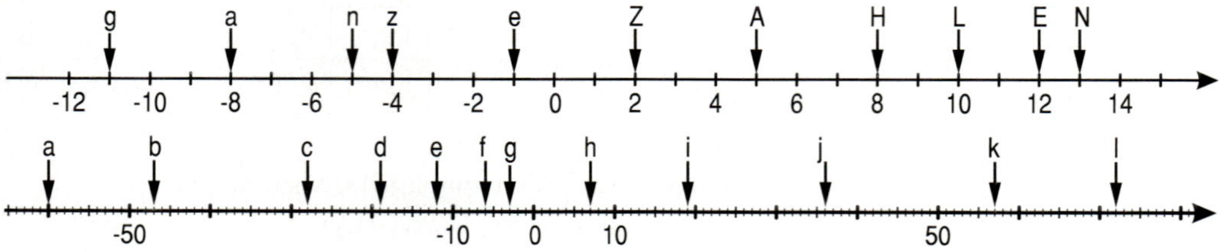

2. „plusminus“ ist der Name einer Fernsehsendung der ARD. Informiere dich und erkläre den Titel.

3. Gib drei ganze Zahlen an: a) zwischen −1 und 5 b) zwischen −6 und −2 c) zwischen −10 und 10

4. Wie viele ganze Zahlen liegen dazwischen?
a) zwischen 2 und 8 b) zwischen −2 und 2 c) zwischen −2 und 8

Zwischen −3 und 4 liegen 6 ganze Zahlen

5. Zeichne eine Zahlengerade und trage diese Zahlen ein: 3, 8, 9, 13, −2, −5, −10 und −13

6. Zeichne eine Zahlengerade (1 cm für 10) und trage ein: 15, 80, 120, 105, 75, −25, −35, −50, −5

7. Um wie viele ganze Zahlen musst du vorwärts zählen?
a) von −7 bis 0 b) von −8 bis 8 c) von −20 bis −8 d) von −2 bis 10 e) von −17 bis −9

8. Um wie viele ganze Zahlen musst du rückwärts zählen?
a) von 10 bis 2 b) von 12 bis −2 c) von 19 bis −19 d) von −8 bis −18 e) von −3 bis −30

9. Gib zwei Zahlen an.
a) zwischen −4 und −3 b) zwischen −1 und 0
c) zwischen −2,9 und −2 d) zwischen −0,5 und −0,1

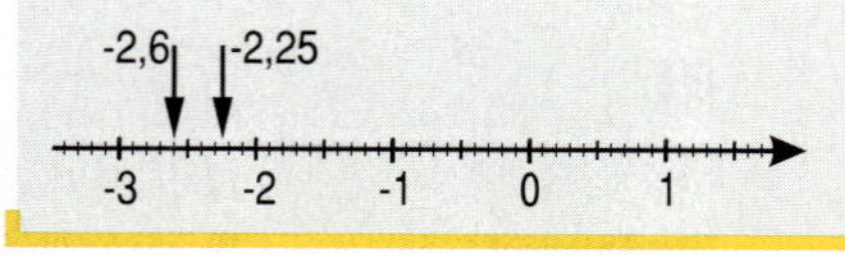

10. Zwischen welchen benachbarten ganzen Zahlen liegt die Zahl?
a) −3,4 b) −0,123 c) 0,456 d) −3,7 e) $-\frac{1}{2}$ f) $-1\frac{2}{3}$ g) $7\frac{3}{8}$ h) $\frac{1}{3}$

Vergleichen und Ordnen

Von zwei Zahlen liegt die kleinere Zahl links von der größeren.

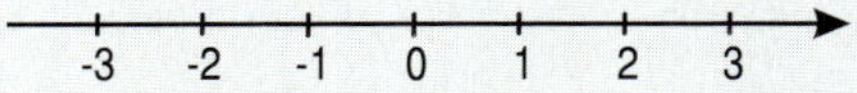

Beispiele: $-2 < -1$; $1 > -3$; $-2{,}9 < -0{,}5$

Der Abstand vom Nullpunkt gibt den **Betrag** einer Zahl an.

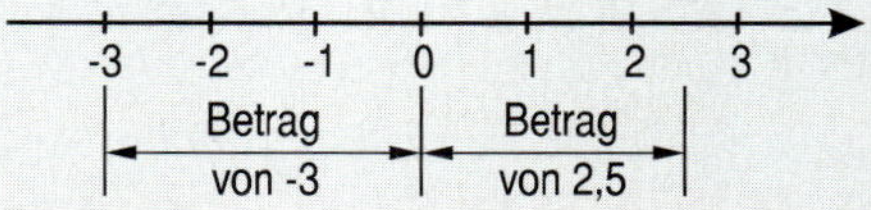

TIPP
Zahl: – 3
Vorzeichen
Betrag

1. Zeichne eine Zahlengerade und markiere an ihr alle Zahlen mit dem Betrag: a) 5 b) 3,5

2. Ordne die Zahlen. Schreibe eine Kette mit dem Kleinerzeichen (<).

a) – 10 3 – 8 – 5 6
b) 2 3 – 2 0 – 3
c) 1,3 – 3,1 3,1 – 1,3 – 31
d) – 0,12 12 – 1,2 1,2 – 2,1

3. Kleiner oder größer? Setze ein < oder >.

a) – 2 ▪ 3
5 ▪ – 5

b) – 2,3 ▪ – 3,2
23 ▪ – 32

c) – 0,9 ▪ – 1,9
9,1 ▪ – 91

d) 12,34 ▪ 13,24
– 14,23 ▪ – 12,34

4. Gib den Betrag der Zahl an. a) – 7 b) 17,3 c) – 4,5 d) – 0,2 e) 0

5. Welche zwei Zahlen haben diesen Betrag? a) 5 b) 125 c) 1,89 d) 0,01

6. Wie heißt die a) größte ganze Zahl mit 3 Ziffern? b) kleinste ganze Zahl mit 2 Ziffern?

7. Der Betrag eines Kontostandes ist 1 250,90 €. Was kann das bedeuten?

8. Wie groß ist der Unterschied zwischen a) A und B; b) B und C; c) C und D; d) A und D?

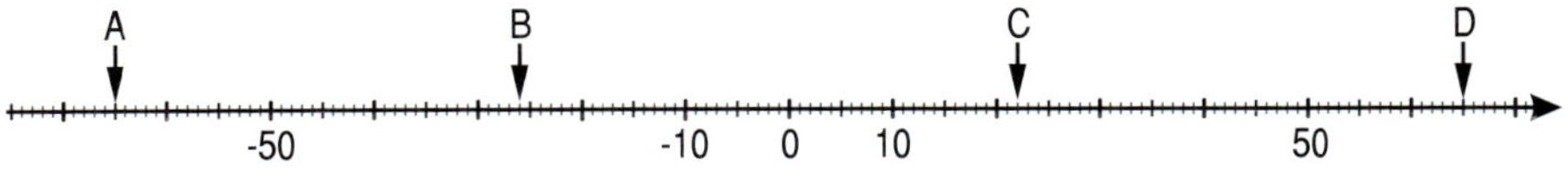

9. Berechne den Unterschied. Rechne zuerst bis zur Null.

1. Zahl	a) 15	b) 18	c) – 42	d) – 27	e) 105	f) 208	g) – 199
2. Zahl	– 25	– 32	22	27	– 99	– 182	302

10. Zwei Zahlen unterscheiden sich um 12. Die erste ist – 8. Wie kann die zweite Zahl heißen?

Addition und Subtraktion

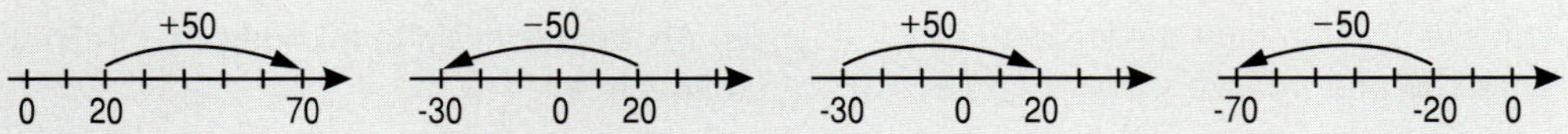

$20 + 50 = 70$ $\quad$ $20 - 50 = -30$ $\quad$ $-30 + 50 = 20$ $\quad$ $-20 - 50 = -70$

1. Schreibe die Aufgabe und das Ergebnis dazu auf. Erfinde auch eine passende Sachgeschichte.

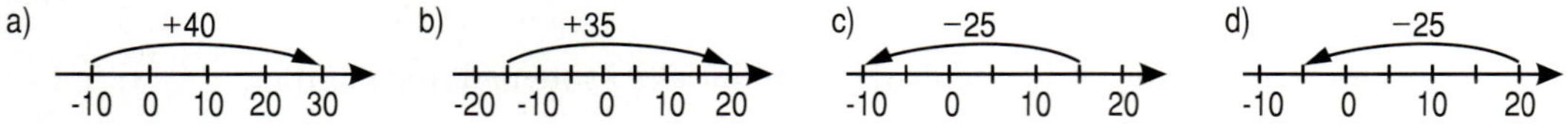

2. Rechne aus. Vielleicht hilft dir ein Operatorbild (Pfeilbild).

a) 15 − 18; 38 − 40
b) 20 − 27; 100 − 120
c) 25 − 36; 137 − 150

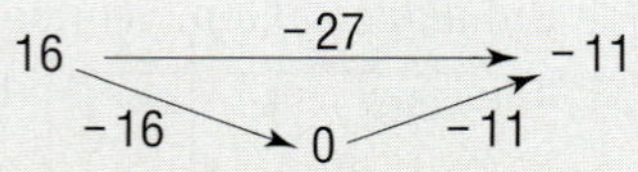

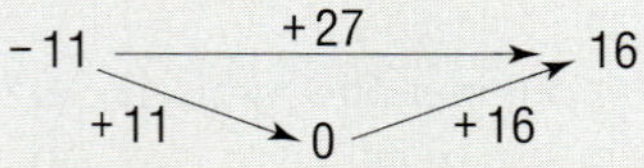

3. a) −11 + 15; −16 + 26
b) −17 + 27; −39 + 50
c) −34 + 60; −147 + 188

4. a) 53 + 60; −53 − 60
b) −28 − 40; 40 + 28
c) 50 + 67; −67 − 50
d) 120 + 75; −75 − 120
e) 47 + 33; −33 − 47

5. a) 6 − 14; −6 + 14
b) −15 + 30; 15 − 30
c) 37 − 77; −37 + 77
d) −180 + 230; 180 − 230
e) 45 − 96; −45 + 96

6. a) −30 − 45; −45 + 30
b) 27 − 37; −27 − 37
c) 4 − 3,5; −4 − 3,5
d) −8 + 9,5; −2,5 + 5
e) −3 + 6,5; −3,2 − 2,9

7. Gib die nächsten 4 Zahlen an.

a) −20; −16; −12 …
b) −20; −13; −6 …
c) 15; 10; 5 …
d) 110; 60; 10 …

8. a) 30 − ■ = −11
b) −130 + ■ = 13
c) −70 − ■ = −230
d) ■ −17 = −10

9. Welche Zahlen können es sein? Überlege zusammen mit anderen, begründe.

a) Wenn du zur Zahl ihren Betrag addierst, erhältst du Null.
b) Wenn du zur Zahl ihren Betrag addierst, dann erhältst du das Doppelte der Zahl.
c) Wenn du 5 addierst, dann 17 subtrahierst und noch 12 addierst, erhältst du wieder die Zahl.

10. Wie lange brauchst du, um die Summe aller ganzen Zahlen von −100 bis 100 zu berechnen? Vergleiche, wie lange deine Mitschülerinnen und Mitschüler brauchen.

Vervielfachen und Teilen

$3 \cdot (-15) = -45$

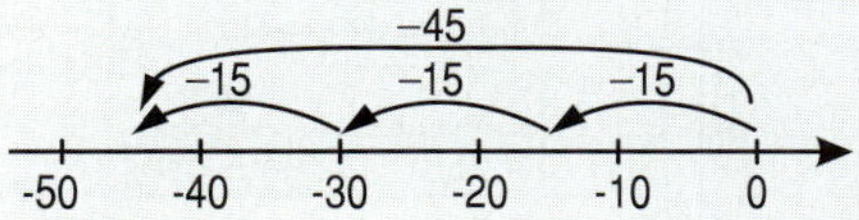

$(-20) : 4 = -5$, weil $4 \cdot (-5) = -20$

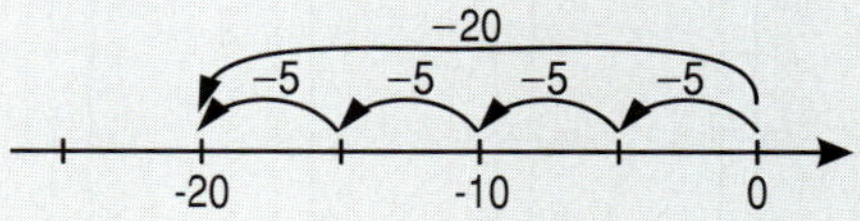

1. Jedes der obigen Beispiele besteht aus drei Teilen: Textaufgabe, Multiplikation oder Division, Darstellung an der Zahlengeraden. Arbeitet mit einer Mitschülerin oder einem Mitschüler zusammen und stellt euch gegenseitig Textaufgaben, die mit einer Rechnung und Darstellung an der Zahlengeraden zu lösen sind.

2.

a)	b)	c)	d)	e)
$5 \cdot (-4)$	$3 \cdot (-50)$	$30 \cdot (-6)$	$20 \cdot (-30)$	$25 \cdot (-8)$
$8 \cdot (-5)$	$4 \cdot (-25)$	$40 \cdot (-7)$	$60 \cdot (-80)$	$125 \cdot (-6)$

3.

a)	b)	c)	d)	e)
$(-28) : 4$	$(-400) : 5$	$(-120) : 30$	$(-270) : 90$	$(-369) : 3$
$(-64) : 8$	$(-660) : 3$	$(-490) : 70$	$(-540) : 60$	$(-246) : 6$

4. Schreibe eine Aufgabe mit negativen Zahlen und berechne die Lösung.

a) Kati macht bei ihrem Vater 5 Wochen lang jeweils 3,50 € Schulden.

b) Martin will seine Schulden von 30 € in 6 Monatsraten zurückzahlen.

5.

a)	b)	c)	d)	e)
$4 \cdot 5$	$11 \cdot 7$	$3 \cdot 8$	$7 \cdot 6$	$8 \cdot 9$
$40 \cdot (-5)$	$7 \cdot (-11)$	$8 \cdot (-30)$	$70 \cdot (-60)$	$80 \cdot (-0{,}9)$
$4 \cdot (-0{,}5)$	$7 \cdot (-1{,}1)$	$30 \cdot (-0{,}8)$	$7 \cdot (-0{,}6)$	$90 \cdot (-0{,}8)$

6.

a)	b)	c)	d)	e)
$24 : 6$	$72 : 9$	$56 : 7$	$81 : 9$	$490 : 70$
$(-240) : 6$	$(-720) : 90$	$(-5{,}6) : 7$	$(-810) : 9$	$(-4{,}9) : 7$
$(-2{,}4) : 6$	$(-7{,}2) : 9$	$(-560) : 70$	$(-8{,}1) : 9$	$(-4\,900) : 7$

7. Berechne a) das Doppelte von -12; $4{,}8$; $-0{,}96$; b) ein Drittel von 12; -21; $-18{,}6$.

8. Patrik hat bei seinem Vater 80 € Schulden. Jeden Monat will er 15 € zurückzahlen. Stelle zwei Fragen und berechne die Antworten.

9. Mona hat zu Beginn ihres 14-tägigen Urlaubs 50 €. Danach hat sie 26 € Schulden. Stelle zwei Fragen und berechne die Antworten.

10. a) $3 \cdot \blacksquare = -333$ b) $\blacksquare : 4 = 111$ c) $\blacksquare : 4 = -222$ d) $(-1{,}2) : \blacksquare = -1{,}2$ e) $\blacksquare : 1 = -1$

Vermischte Aufgaben

1. Ein Wasserstandsanzeiger (Pegelstands-Messlatte) gibt den Wasserstand „über und unter Null“ (Normalstand) an.
Gib drei Wasserstände über und drei unter −1 m an.

2. Bei Niedrigwasser ist der Pegelstand −2 m. Wie hoch steht das Wasser bei einem Anstieg um
a) 3 m b) 2 m c) 4,45 m d) 4,78 m?

3. Welche Rechenaufgabe gehört zu der Änderung des Pegelstands? Ordne zu und ergänze den fehlenden Wert.

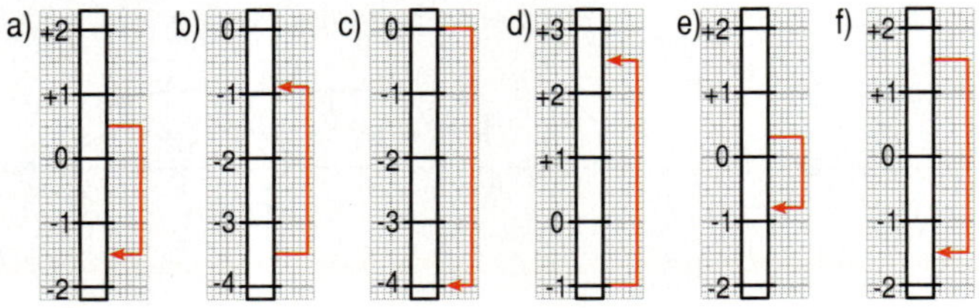

- −1 + ■ = 2,5
- 0,3 − 1,1 = ■
- ■ − 4 = −4
- 0,5 − 2 = ■
- 1,5 − ■ = −1,5
- −3,5 + ■ = −0,9

4. Berechne den fehlenden Wert.

	a)	b)	c)	d)	e)	f)
Höchster Wert in °C	8	5	3	2,5		−2,1
Niedrigster Wert in °C	−3	2	−4		−3,4	
Unterschied in °C				6	8,6	6,8

5. Wenn du richtig gerechnet hast, erhältst du im letzten Feld wieder die Null.

a)

b)
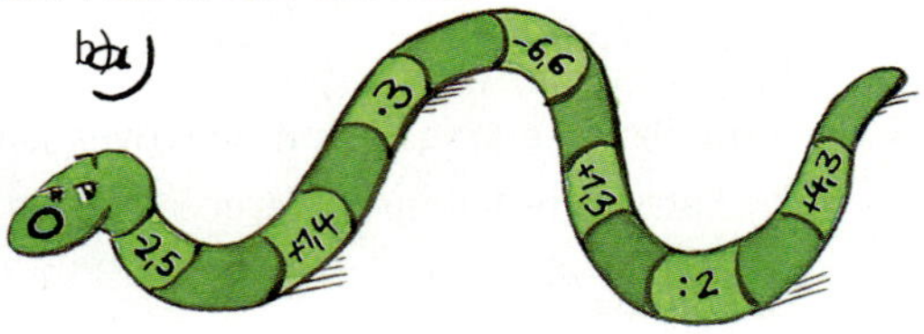

6. Vergleiche. Setze ein: <, = oder >.
a) −3 ■ −2,5 b) 3 ■ 2,5 c) 0,3 ■ −1,3 d) (−1) : 1 ■ 0 · 1

7. Am 1. Januar hatte Frau Baum weder Guthaben noch Schulden auf ihrem Konto. Im Januar wurden folgende Beträge eingezahlt: 120 €, 360 €, 50 € und 80 €. Abgebucht wurden vom Konto: 30 €, 510 € und 200 €. Wie hoch war danach der Kontostand?

8.
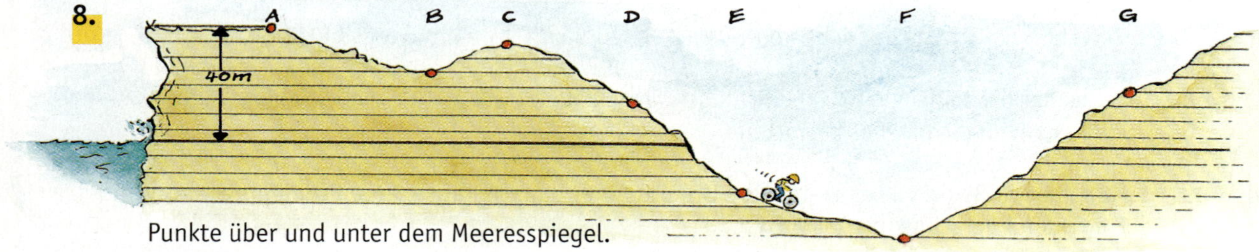

Punkte über und unter dem Meeresspiegel.
a) Ordne die Punkte, beginne mit dem höchsten.
b) Berechne die Höhenunterschiede zwischen den Punkten A und B, B und C, D und E, F und G.

1. a) $\frac{1}{5} + \frac{3}{5}$ b) $\frac{7}{12} + \frac{9}{12}$ c) $\frac{7}{8} - \frac{5}{8}$

2. a) $\frac{1}{2} + \frac{2}{3}$ b) $\frac{5}{6} - \frac{1}{4}$ c) $\frac{3}{5} - \frac{1}{2}$

3. a) $2\frac{2}{5} + 4\frac{1}{2}$ b) $6\frac{3}{4} - 4\frac{2}{5}$ c) $3\frac{1}{3} + 1\frac{2}{7}$

4. a) $\frac{3}{5} \cdot \frac{1}{4}$ b) $\frac{4}{7} \cdot \frac{3}{12}$ c) $\frac{5}{16} \cdot \frac{4}{15}$

5. a) $\frac{7}{10} : 3$ b) $\frac{2}{5} : 6$ c) $\frac{5}{24} : 5$

6. a) $2\frac{2}{5} \cdot 3\frac{1}{3}$ b) $4\frac{1}{2} \cdot 2\frac{2}{3}$ c) $5\frac{1}{4} \cdot 1\frac{5}{7}$
d) $\frac{5}{7} : \frac{1}{5}$ e) $\frac{7}{10} : \frac{3}{15}$ f) $\frac{3}{16} : \frac{3}{8}$

7. a) 1,2 + 0,7 b) 3,7 – 0,9 c) 1,3 + 4,8

8. a) 1,39 + 4,13 b) 9,08 – 1,9 c) 12,093 + 8,2

9. a) 133,75 + 209,84 + 91,39 b) 79,82 + 317,09 + 3,18 c) 573,26 + 89,15 + 6,99

10. a) 45,132 · 100 b) 0,0832 · 1 000
c) 0,00915 · 10 d) 63,04 : 100
e) 17,83 : 1 000 f) 0,419 : 10

11. a) 3,685 · 2,6 b) 29,04 · 1,49
c) 41,03 · 32,7 d) 583,2 · 0,721
e) 0,408 · 9,39 f) 0,505 · 0,707

12. a) 48,06 : 1,8 b) 11,802 : 2,1
c) 4,2198 : 3,9 d) 0,1792 : 3,2
e) 0,23004 : 0,27 f) 0,01566 : 0,29

13. Gib 4 ganze Zahlen an:
a) zwischen –3 und 4 b) zwischen –9 und –2

14. Kleiner oder größer? Setze ein: < oder >
a) –5 ■ 2 b) –7 ■ –9 c) 6 ■ –1,5

15. a) 4 – 7 b) –3 + 8 c) 2,5 – 6
d) 14 – 29 e) –12 + 26 f) –1,3 + 9

16. Ergänze 3 weitere Zahlen:
a) –5; –10; –15, … b) 10; 6; 2, …

17. Berechne von 18, –24, –4,2 und –0,6
a) das Doppelte, b) die Hälfte, c) ein Drittel.

Addition und Subtraktion bei gleichem Nenner: Zähler addieren bzw. subtrahieren, Nenner beibehalten.
Bei verschiedenen Nennern: Erst auf einen gemeinsamen Nenner erweitern.

$\frac{1}{7} + \frac{3}{7} = \frac{1+3}{7} = \frac{4}{7}$ $\frac{5}{6} - \frac{2}{3} = \frac{5}{6} - \frac{4}{6} = \frac{5-4}{6} = \frac{1}{6}$

Multiplikation: Man multipliziert Zähler mit Zähler und Nenner mit Nenner.

Division: Man dividiert durch einen Bruch, indem man mit seinem Kehrbruch (Zähler und Nenner vertauschen) multipliziert.

$\frac{2}{5} \cdot \frac{3}{13} = \frac{2 \cdot 3}{5 \cdot 13} = \frac{6}{65}$ $\frac{4}{3} : \frac{5}{2} = \frac{4}{3} \cdot \frac{2}{5} = \frac{8}{15}$

Dezimalbrüche können **addiert** und **subtrahiert** werden als Brüche mit gleichem Nenner *oder* in der Stellenwerttafel.

4,6 + 7,9

$= \frac{46}{10} + \frac{79}{10} = \frac{125}{10} = 12,5$

	10	1	$\frac{1}{10}$	$\frac{1}{100}$
		4	6	
+	1	7_1	9	
	1	2	5	

Multiplikation (Division) mit 10, 100, …: Komma um 1, 2, … Stellen nach rechts (links) verschieben.

3,251 · 100 = 325,1 2,74 : 10 = 0,274

Multiplikation: Rechnen ohne Kommas. Komma so setzen, dass das Ergebnis so viele Stellen hinter dem Komma hat, wie beide Faktoren zusammen.

49 · 325 = 15 925 0,49 · 32,5 = 15,925

Division: Beide Zahlen so mit 10, 100, …, multiplizieren, dass bei der zweiten Zahl kein Komma mehr steht.

1,1339 : 0,29 = 113,39 : 29 = 3,51

Positive und negative Zahlen

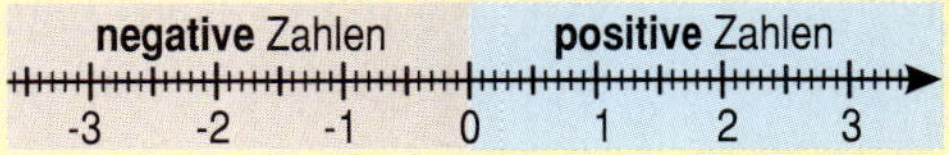

ganze Zahlen: 0, 1, –1, 2, –2, 3, –3, …

Ordnen: Die kleinere Zahl liegt auf der Zahlengeraden links von der größeren

–2,6 < – 1 0 > –1 1,5 > –1

Addieren und Subtrahieren

–30 + 50 = 20 20 – 50 = –30

Vervielfachen und Teilen

3 · (–15) = –45 (–45) : 3 = –15

DIAGNOSETEST

1. a) $\frac{7}{9} - \frac{3}{9}$ b) $\frac{5}{8} + \frac{2}{5}$ c) 5,71 + 3,92 d) 17,05 – 9,83

2. a) $\frac{4}{5} \cdot \frac{7}{12}$ b) $\frac{5}{16} \cdot \frac{8}{9}$ c) $\frac{3}{16} : 9$ d) $\frac{5}{6} : \frac{4}{9}$

3. a) 0,0062 · 1 000 b) 62,59 : 100 c) 0,037 · 56,3 d) 9,044 : 0,17

4. a) –5 + 7 b) 8 – 19 c) 2,5 – 4 d) –22 – 31

5. a) (–48) : 6 b) 5 · (–0,9) c) (–6,6) : 6 d) (–1,6) : 4

Wähle weitere 5 Aufgaben aus

1. a) $3\frac{1}{3} + 4\frac{1}{2}$ b) $5\frac{4}{5} - 1\frac{1}{6}$ c) $3\frac{1}{6} \cdot 2\frac{2}{3}$ d) $2\frac{1}{4} : 1\frac{1}{2}$

2. Volker, Nora und Nihal teilen sich eine ganze Pizza. Volker bekommt $\frac{1}{4}$, Nora $\frac{1}{3}$ der Pizza. Wie viel bleibt für Nihal übrig?

3. Von den Schülerinnen und Schülern der Klasse 7b sind $\frac{3}{4}$ in einem Sportverein. Ein Drittel davon spielt Handball. Welcher Anteil der ganzen Klasse ist das?

4. Von 5,5 m Stoff werden 0,75 m lange Stücke abgeschnitten. Wie viel Stücke erhält man? Welcher Rest bleibt?

5. Udo möchte sich einen Fußball für 39,95 € kaufen. Er hat 16,75 € gespart. Von seinem Opa erhält er 10 €. Wie viel Euro fehlen ihm noch?

6. Von einer Baustelle müssen 63 m^3 Schutt abgefahren werden. Der LKW kann 4,2 m^3 laden. Wie viele Fahrten sind notwendig?

7. Eine Seemeile beträgt 1,852 km. Ein Schiff legt in einer Stunde 21,5 Seemeilen zurück.

8. Ein Schwimmbecken fasst 504,2 m^3 Wasser. Durch 4 Rohre laufen pro Stunde je 3,5 m^3 in das Becken. Nach wie viel Stunden ist es ganz gefüllt?

9. Der Fußboden eines rechteckigen Raumes (6 m lang, 4,50 m breit) soll mit Parkett ausgelegt werden. Die Angebote zweier Firmen liegen bei 810 € und 877,50 €. Berechne, wie hoch die beiden Firmen den Preis für 1 m^2 angesetzt haben.

10. Ingrid hat 21 €. Die Hälfte davon braucht sie, um Schulden an Mitschülerinnen zurückzuzahlen. Vom Rest gibt sie ein Drittel für Süßigkeiten aus. Welchen Betrag behält Ingrid noch übrig?

11. Beginne bei –11. Zähle immer 3 dazu. Gib die nächsten fünf Zahlen an.

12. Bestimme die fehlende Zahl.

a) 40 – ■ = –12 b) –3 + ■ = –0,5 c) ■ – 9 = –6 d) ■ + 7 = –2,5
e) 5 · ■ = –100 f) ■ · (–6) = –4,2 g) (–1,5) : ■ = –0,3 h) ■ : 3 = –111

13. Marco hat zu Beginn seines Urlaubs 40 €. Nach 14 Tagen hat er 44 € Schulden bei seinen Eltern. Wie viel Euro hat er durchschnittlich an einem Tag ausgegeben?

2 Zuordnungen

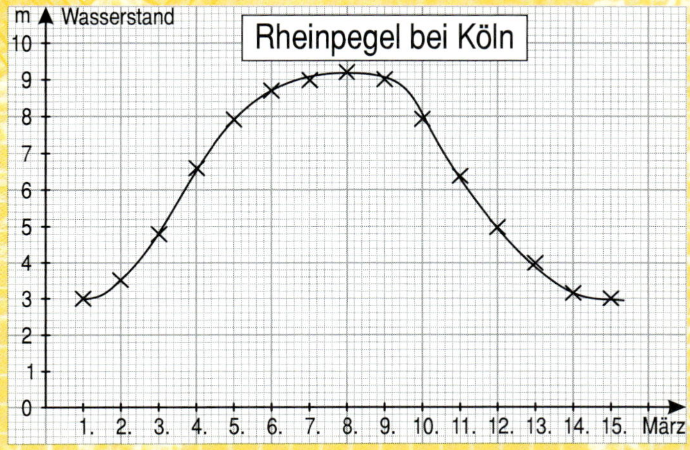

Formel 1 auf dem Hockenheimring

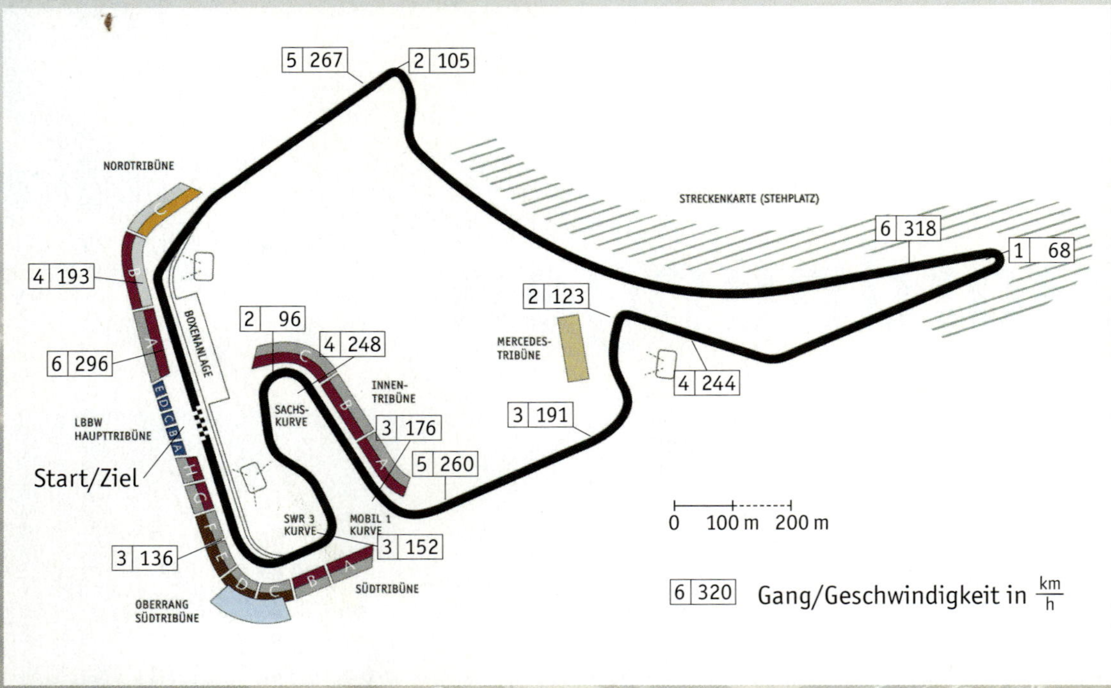

1. a) Lies dir den Auszug aus der Streckenbeschreibung des Hockenheimrings durch und verfolge den Streckenverlauf in der Abbildung oben.

b) Setze die Streckenbeschreibung selbst bis zum Erreichen der Start-Ziel-Linie fort. Vergleiche deine Beschreibung mit der von Mitschülerinnen und Mitschülern.

Streckenbeschreibung

Kurs: 67 Runden à 4,574 km, 17 Kurven

Nach der Start- und Zielgeraden biegen die Fahrer in eine 500 m lange Gerade. Dann folgt eine Rechts-/Linkskurvenkombination, an die sich eine langgezogene parabolische Kurve anschließt (1 047 m). Hier wird die Spitzengeschwindigkeit erreicht. Dann folgt eine enge Rechtskurve. Anschließend noch eine anspruchsvolle Kurvenkombination, …

2. Über wie viele Kilometer geht das Formel-1-Rennen auf dem Hockenheimring?

3. Wo erreichen die Fahrer ihre Höchstgeschwindigkeit, wo müssen sie besonders stark abbremsen? Begründe deine Antwort.

4. Im Jahr 2004 fuhr Michael Schumacher im Ferrari in der Qualifikation den Rundenrekord in der Zeit von 1:13,306 min. Versuche gemeinsam mit anderen, die Durchschnittsgeschwindigkeit in Meter pro Sekunde ($\frac{m}{s}$) und in Kilometer pro Stunde ($\frac{km}{h}$) zu berechnen.

5. Du fährst selbst als Formel-1-Pilot am Hockenheimring mit und lieferst dir mit einem anderen Fahrer ein packendes Rennen. Er fährt vor dir, weil sein Auto eine etwas größere Höchstgeschwindigkeit erreicht. Dein Auto kann dagegen schneller beschleunigen.

a) Bei welchen Streckenabschnitten könntest du einen Überholversuch starten? Begründe deine Überlegung.

b) Schildere deinen Mitschülerinnen und Mitschülern den Rennverlauf einer ganzen Runde zwischen dir und dem anderen Fahrer: Du willst überholen, aber wo es nicht geht, willst du im Windschatten bleiben.

6. In der Abbildung vom Hockenheimring auf der Nebenseite sind 15 Geschwindigkeitsangaben zu sehen.
Berechne den Durchschnitt und vergleiche mit dem Ergebnis von Aufgabe 4.
Besprich mit anderen, womit der Unterschied begründet werden könnte.

7. Herr Lehmann fährt ein Auto, das eine Höchstgeschwindigkeit von 140 $\frac{km}{h}$ erreicht. Außerdem ist Herr Lehmann ein recht vorsichtiger Fahrer.
Wie lange würde Herr Lehmann deiner Meinung nach für eine Runde auf dem Hockenheimring mit seinem Pkw brauchen?
Vergleiche und diskutiere dein Ergebnis mit Mitschülerinnen und Mitschülern.

8. Klebe zwei DIN-A-4 Blätter aneinander und übertrage das Achsenkreuz. Zeichne dann zusammen mit anderen den Graphen für die Fahrt eines Formel-1-Autos ein für eine Runde ohne Start oder Boxenstopp. Wählt einen Streckenpunkt, an dem die Darstellung anfängt. Berücksichtigt dabei die Geschwindigkeitsangaben aus der Abbildung des Hockenheimrings auf der Nebenseite oben.

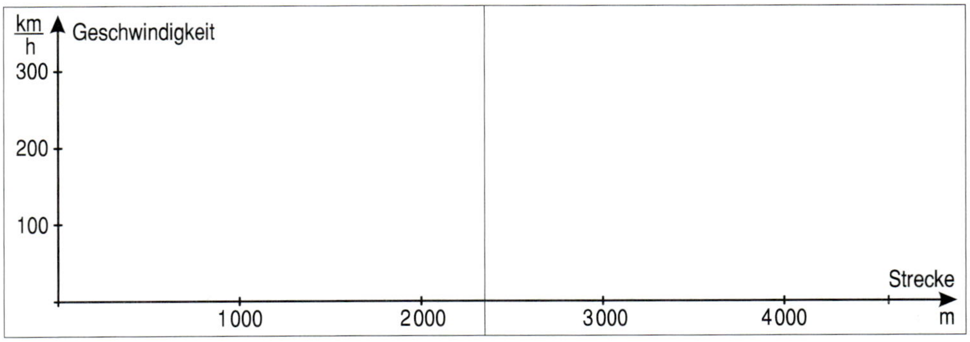

Tabellen und grafische Darstellungen

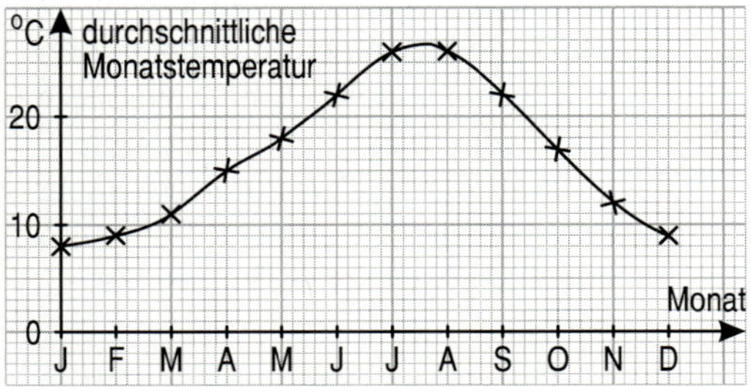

1. Partnerarbeit: Das Bild stand in einem Reisekatalog. Dort fand man auch die Temperaturkurve von Athen.

a) Sprecht über den Verlauf der mittleren Temperaturen. Warum sollte man bei der Urlaubsplanung etwas über die Temperaturen am Urlaubsort wissen?

b) Übertragt die angefangene Tabelle in eure Hefte und ergänzt sie.

c) Was könnt ihr besser aus der Tabelle ablesen, was besser aus der Grafik?

Athen	
Monat	Temp.
Jan.	8 °C
Febr.	9 °C
März	

Zuordnungen zwischen zwei Größenbereichen können in einer **Tabelle** oder **grafisch** dargestellt werden.
In der *Tabelle* steht die Ausgangsgröße in der ersten Spalte (oder Zeile), die jeweils zugeordnete Größe in der zweiten Spalte (oder Zeile).
In der *grafischen Darstellung* wird die Ausgangsgröße auf der Rechtsachse, die zugeordnete Größe auf der Hochachse abgetragen.

Zuordnung Menge → Preis

Menge (kg)	Preis (€)
0,5	6
1	12
2	24
3	36
4	48

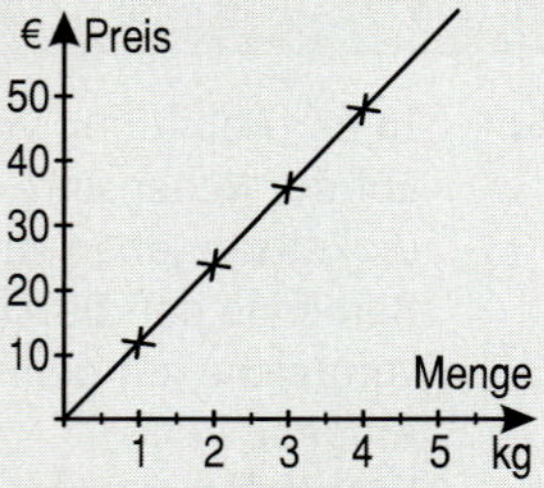

2. Hier ist Heikes heutiger Schulweg dargestellt.

a) Wann geht Heike zu Hause los, wann kommt sie in der Schule an?

b) Wann wartet sie an einer Fußgängerampel?

c) Wie lang ist der Schulweg?

d) Wann blickt Heike auf ihre Uhr und sagt: „Jetzt muss ich mich aber beeilen?"

e) Erfinde eine eigene Geschichte zu dem Graphen.

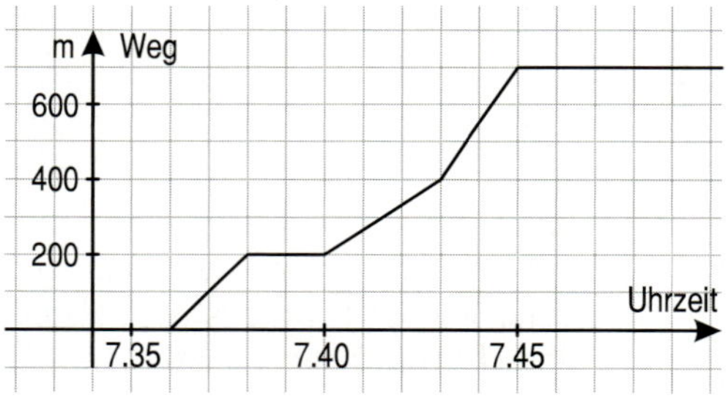

3. a) Michael nimmt ein Bad in der Badewanne. Vom Füllen der Wanne bis zum Ablaufen des Wassers stellt die Grafik den „Badeverlauf" dar. Erzähle eine passende Badegeschichte.

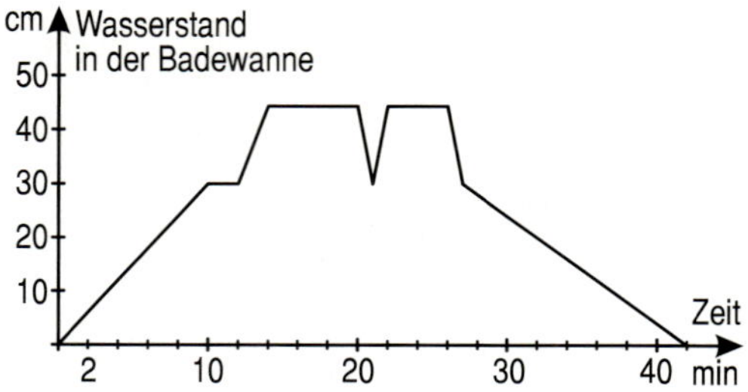

b) Marita erzählt: „Heute bin ich um 08.30 Uhr zu Hause los gelaufen. Nach 200 m musste ich am Zebrastreifen anhalten. Dabei war ich spät dran. Die restlichen 300 m zur Bushaltestelle schaffte ich in 2 min. Leider zu spät. Ich musste 15 min auf den nächsten Bus warten. Die Fahrt (2 500 m) dauerte 8 min. So ein Pech! Ich kam erst um 9.05 Uhr verspätet in der Klasse an." Zeichne einen Graphen zu dieser Geschichte.

4.

PARKHAUS CENTRAL
Parkgebühren pro Tag

	bis 1 Stunde	1,50 €
über 1 Stunde	bis 2 Stunden	2,00 €
über 2 Stunden	bis 3 Stunden	2,50 €
über 3 Stunden	bis 4 Stunden	3,00 €
über 4 Stunden	bis 5 Stunden	3,50 €
über 5 Stunden		4,00 €

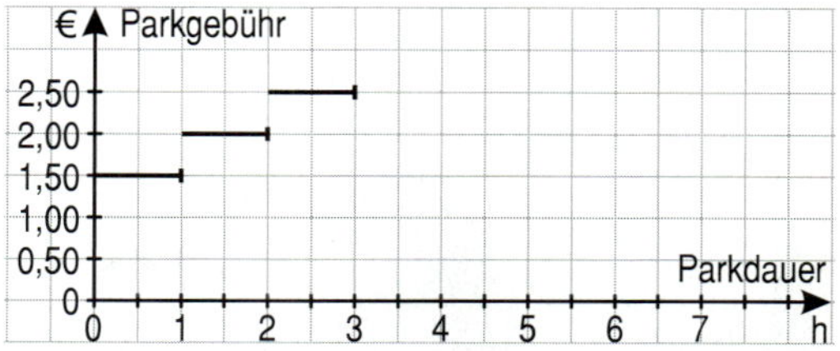

a) Wie viel muss man für eine Parkzeit von 45 min (2 h, $3\frac{1}{2}$ h, $7\frac{3}{4}$ h, 9 h) bezahlen?

b) Übertrage die grafische Darstellung der Zuordnung in dein Heft und ergänze sie.

5. In den ersten Monaten nach Tims Geburt wurde in einem Somatogramm dargestellt, wie groß und wie schwer er bei den Untersuchungsterminen war.

a) Vervollständige die Tabelle in deinem Heft mit Hilfe des Somatogramms für Tim.

Körpergewicht in kg	3,8	5		
Körpergröße in cm	52		65	

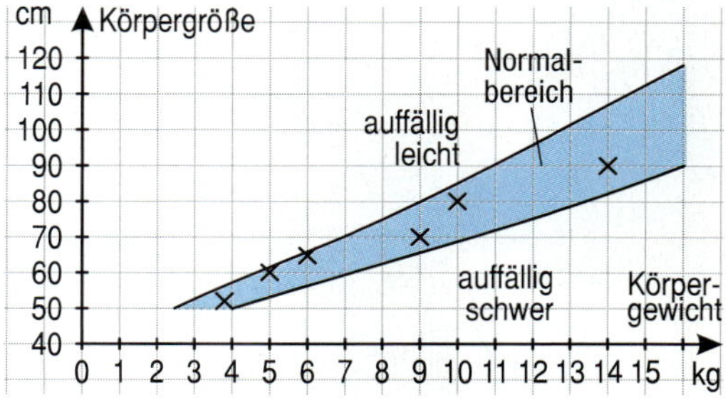

b) Wie groß sollte ein normalgewichtiges Kind mit 14 kg sein?

c) Wie schwer darf normalerweise ein 90 cm großes Kind sein?

d) Stelle drei weitere Fragen und beantworte sie.

6. 60 Apfelsinen sollen so in Netze verpackt werden, dass in jedem Netz gleich viele Apfelsinen sind.

a) Übertrage die Tabelle und ergänze sie.

Anzahl der Netze	2	3	4	5	6	10	12	15	20	30	60
Apfelsinen pro Netz											

b) Übertrage die Zeichnung in dein Heft und ergänze die fehlenden Punkte.

c) Zeichne durch die Punkte eine Kurve.

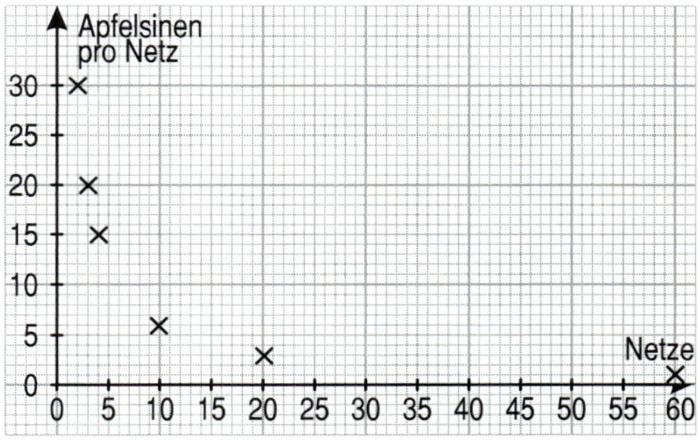

7.

In der Tabelle sind die Wasserstände eines Fischereihafens an der Nordseeküste für die 24 Stunden eines Tages notiert. Zeichne den Graphen der Zuordnung Uhrzeit ⟶ Wasserstand (Rechtsachse: 1 cm für 2 Stunden; Hochachse: 1 cm für 1 m). Stelle Fragen und beantworte sie.

Uhrzeit	0	1	2	3	4	5	6	7	8	9	10	11	12	13	14	15	16	17	18	19	20	21	22	23	24
Wasserstand in m	3,0	2,0	1,2	0,6	0,4	0,6	1,2	2,0	2,8	3,4	3,6	3,4	2,8	2,0	1,4	0,8	0,6	0,8	1,4	2,2	2,8	3,2	3,4	3,2	2,8

!!!!

Denkmäler

César: Le Pouce (der Daumen)
Ludwig Museum im Deutschherrenhaus Koblenz

von Pilgrim: Adenauer Kopf
Bundeskanzlerplatz, Bonn

1. Schätze die Höhe des Daumens.

2. Schätze die Höhe des Kopfes.

3. Passen Daumen und Kopf größenmäßig zusammen, könnten sie also beide gemeinsam zu einem Denkmal gehören?

4. Wie groß müsste ein Denkmal eines Menschen sein, zu dem dieser Daumen passen würde?

5. Wie groß müsste ein Denkmal des ganzen Adenauer sein, zu dem dieser Kopf passen würde?

Leonardo da Vinci: Proportionsstudie (1490)
Da Vinci setzt die ideale menschliche Gestalt in Beziehung zu den Formen von Quadrat und Kreis. Die Arme des Menschen entsprechen in der gesamten Breite exakt dessen Größe. Seine Größe beträgt $6\frac{1}{2}$ Köpfe. Die Breite der Brust beträgt 2 Köpfe, und die Schulterbreite beträgt 3 Köpfe. Der Mensch ist mit gespreizten Armen und Beinen abgebildet; wenn man mit einer Zirkelspitze im Bauchnabel einen Kreis schlägt, dann werden die Finger- und Fußspitzen berührt.

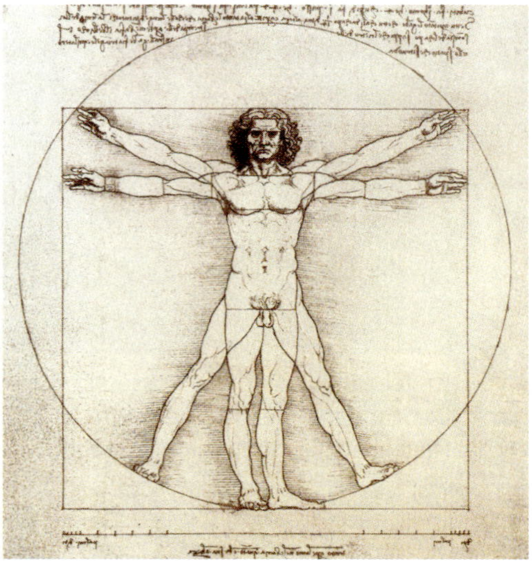

Proportionale Zuordnungen

1. a) Partnerarbeit: Im rechten Teil des Bildes rechnet eine Person 14,40 € · 2, eine andere am gleichen Tisch 4,80 € · 6. Was berechnen die beiden? Vergleicht ihre Rechenwege. Welcher Rechenweg ist der „pfiffigere“?

b) Eine Gruppe von 30 Personen bestellt im abgebildeten Café pro Person eine Portion Kaffee und Kuchen. Wie könnt ihr den Betrag der Gesamtrechnung möglichst leicht berechnen?

c) Mit dem Angebot auf dem Preisschild wurden an einem schönen Sommertag 960 € eingenommen. An einem Regentag war es weniger als die Hälfte. Was könnt ihr mit diesen Informationen berechnen?

Eine Zuordnung heißt **proportional,** wenn zum Doppelten, Dreifachen ... einer Ausgangsgröße das Doppelte, Dreifache ... der zugeordneten Größe gehört.

	Portionen	Preis (€)	
· 2	3	14,40	· 2
	6	28,80	

	Portionen	Preis (€)	
: 5	10	48,00	: 5
	2	9,60	

Der Graph einer proportionalen Zuordnung ist ein vom Nullpunkt ausgehender Strahl.

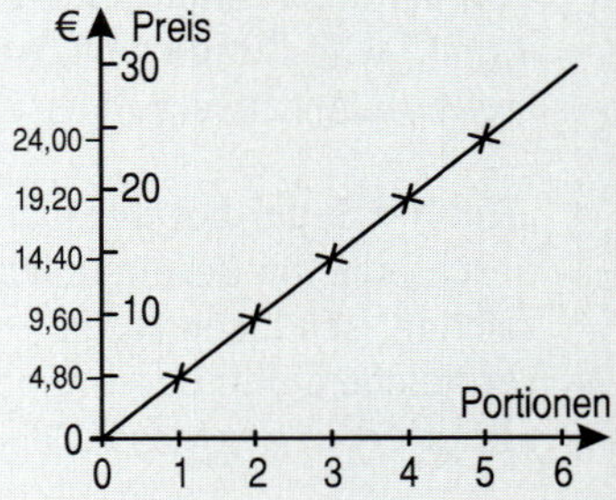

2. Berechne die fehlenden Größen der proportionalen Zuordnung.

a)

Glühlampen	Preis (€)
6	3
12	■
18	■
30	■

b)

Paar Socken	Preis (€)
4	12
8	■
20	■
40	■

c)

Farbe (ml)	Fläche (m^2)
500	6
1 000	■
2 000	■
200	■

d)

Flaschen Limo	Preis (€)
3	2,10
12	■
60	■
2	■

3. a) Lies aus dem abgebildeten Graphen die zugehörigen Preise ab für: 4 kg; 2 kg; 1,5 kg; 4,2 kg.

b) Wie viel Kilogramm bekommt man für 2,50 €?

c) Wie teuer ist 1 kg?

d) Wie viel Kilogramm bekommt man für 1 €?

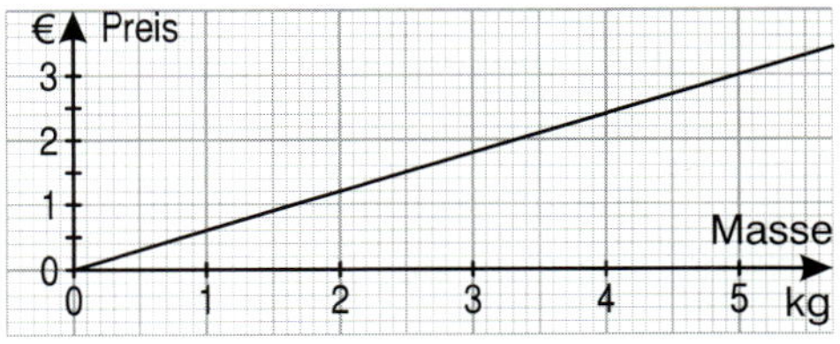

4. 21 *l* Super kosten 25,39 €. Wie viel zahlt Frau Bode für 63 *l* Super?

Grafische Darstellungen bei proportionalen Zuordnungen

1. Stellt der Graph eine proportionale Zuordnung dar? Begründe.

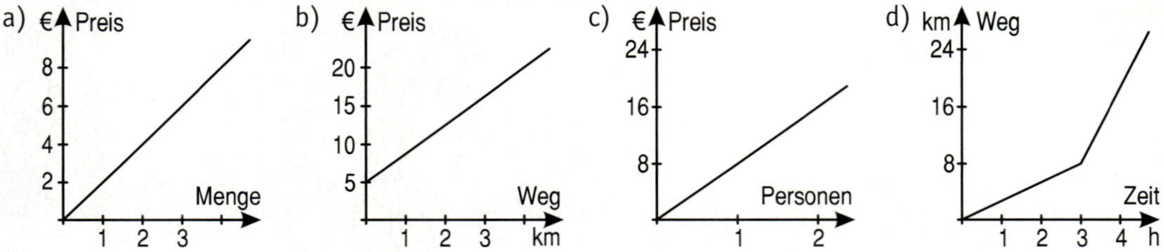

2.

Frau Müller befürchtet für ihren Urlaub in England Probleme mit den mph-Angaben. Arbeitet in Gruppen und erstellt eine Zeichnung, aus der Frau Müller schnell ablesen kann, wie viel sie nach ihrem Tacho fahren darf, wenn sie ein Schild mit einer mph-Angabe in England sieht.
Stellt die Arbeitsergebnisse in der Klasse vor und erläutert sie.

3. „Für 40 *l* Super bezahlt man 50,30 €. Wie teuer sind 25 *l* Super?"
Beschreibe am Beispiel dieser Aufgabe, wie man eine Aufgabe mit proportionalen Größen zeichnerisch lösen kann.
Vergleiche deine Beschreibung mit den Beschreibungen von Mitschülerinnen und Mitschülern.
Diskutiert in der Klasse, welche Vor- und Nachteile eine solche zeichnerische Lösung hat.

4. Für 65 € bekommt man 100 sfr (Schweizer Franken). Zeichne den Graphen der Zuordnung € ⟶ sfr, sodass man bis 250 € den Gegenwert in sfr ablesen kann.

a) Wie viel sfr bekommt man ungefähr für folgende €-Beträge: 50 €; 70 €; 240 €; 65 €; 215 €?

b) Wie viel € bekommt man ungefähr für folgende sfr-Beträge: 60 sfr; 130 sfr; 40 sfr; 265 sfr?

5. Abgebildet ist die Zuordnung Menge ⟶ Preis für Kartoffeln. Lies vier Größenpaare ab und schreibe Texte dazu.

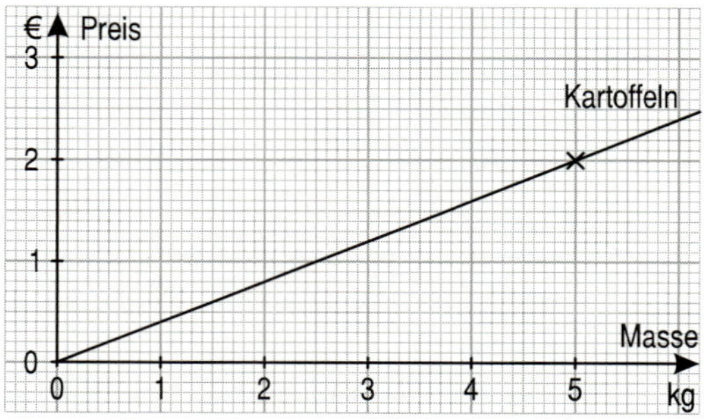

6. 4 kg Mehl kosten 2,40 €, 3 kg Reis 2,50 € und 3,5 kg Zucker 3 €. Zeichne die Preisgraphen auf Millimeterpapier und lies ab:

① Wie teuer sind 3 kg Mehl?

② Wie viel kg Zucker erhält man für 2 €?

③ Wie teuer sind $2\frac{1}{2}$ kg Reis?

7. Partnerarbeit: Jeder zeichnet zu einer proportionalen Menge-Preis-Zuordnung ein Koordinatensystem, beschriftet die Achsen und trägt den zugehörigen Strahl ein. Die Partnerin oder der Partner liest zwei Größenpaare ab und schreibt einen Text dazu.

Dreisatz bei proportionalen Zuordnungen

1. Partnerarbeit: Was ist in den Bildern gegeben, wonach kann man fragen? Diskutiert und notiert Lösungswege.

Aufgabe
4 kg einer Ware kosten 20 €. Wie teuer sind 7 kg einer Ware?

Beurteilung der Zuordnung
Die Zuordnung Masse ⟶ Preis ist proportional, denn: doppelte Masse ⟶ doppelter Preis …

Dreisatz

	Masse (kg)	Preis (€)	
	4	20	
: 4	1	5	: 4
· 7	7	**35**	· 7

Antwort:
7 kg kosten 35 €.

„Dreisatz", weil jede Zeile als Satz geschrieben werden kann.

2. Bestimme die fehlenden Größen der proportionalen Zuordnung in der Tabelle. Rechne im Kopf.

a)

Anz.	g
8	24
1	■
10	■

b)

Anz.	€
12	96
1	■
20	■

c)

Pers.	€
3	21
1	■
5	■

d)

Pakete	Stücke
7	840
1	■
3	■

e)

Anz.	kg
15	60
1	■
5	■

f)

Anz.	€
10	170
1	■
6	■

g)

Pers.	€
6	54
1	■
4	■

h)

Pakete	Stücke
25	500
1	■
10	■

3. Nach einem Unwetter stehen viele Keller unter Wasser. Die Feuerwehr setzt eine Pumpe ein, die 4 m^3 Wasser in 10 Minuten abpumpen kann.

a) Wie lange dauert es, bis 72 m^3 Wasser aus einem Keller abgepumpt sind?

b) Wie viel m^3 Wasser waren in einem Keller, der in 43 Minuten leer gepumpt wurde?

4. 5 Taschenbücher für die Klassenlektüre kosten 28 €. Wie viel kostet ein Klassensatz von 26 Büchern, wenn es keine Ermäßigung gibt?

5. Helmut benötigt für eine 20 km lange Radtour 80 Minuten. Wie lange braucht er bei gleicher Durchschnittsgeschwindigkeit für 30 km?

6. In einem Hotel in der Karibik kosten 12 Tage Vollpension „all inclusive" 984 €. Was bedeutet „all inclusive" und wie teuer ist ein solcher Aufenthalt für 20 Tage?

7. Bestimme die fehlende Größe der proportionalen Zuordnung mit dem Dreisatz. Erfinde zu der Tabelle eine Rechensituation aus dem Alltag und schreibe dazu eine Textaufgabe auf.

a)

kg	€
2,5	4,80
1	■
3	■

b)

km	min
5	62
1	■
8	■

c)

l	kg
3	40,65
1	■
7	■

d)

Anzahl	€
7	9,24
1	■
15	■

8. Fünf Kinokarten kosten 27 €. Wie viel ist für acht Karten zu zahlen?

9. Zwei Mädchen und zwei Jungen führen ein Experiment durch. Sie füllen 19 °C warmes Wasser in ein Gefäß und erhitzen es. Alle 3 Minuten erwärmt sich das Wasser um 27°.

a) Um wie viel Grad erwärmt es sich bei gleicher Wärmezufuhr in 8 Minuten? Welche Temperatur hat das Wasser dann?

b) Wie lange dauert es vom Beginn des Erhitzens an, bis das Wasser 100 °C warm ist?

10. Eine Maschine fertigt in 20 Minuten 1 800 Schrauben an.

a) Wie viele Schrauben fertigt sie in 45 Minuten (65 Minuten, $3\frac{1}{2}$ Stunden) an?

b) Wie lange braucht sie für 900 Schrauben (2 070 Schrauben, 6 570 Schrauben)?

11. Tobias liest eine Anzeige: „Es gibt Autos, die verbrauchen heute schon weniger Kraftstoff als ein Motorroller und kommen mit 10 l rund 340 km weit."

a) Berechne den Durchschnittsverbrauch auf 100 km. Vergleiche mit eurem Auto.

b) Informiere dich über den Verbrauch von Motorrollern und stelle deine Ergebnisse vor.

12. Familie Bauer möchte einen neuen Scherenzaun um ihr Grundstück errichten. Es gibt zwei Längen: 6 m kosten 33 €, 8 m kosten 42 €. Es werden 4 von der kürzeren und 7 von der längeren Sorte benötigt. Wie viel kostet die neue Umzäunung insgesamt?

13. In einem Neubaugebiet verkauft die Gemeinde Grundstücke. Der Preis für 1 m² ist für alle Grundstücke gleich. Es sind folgende Grundstücke vorhanden: 422 m², 498 m², 565 m², 605 m², 688 m², 712 m². Das kleinste kostet 73 850 €. Berechne zunächst, wie viel Euro in diesem Gebiet 1 m² Bauland kostet. Bestimme dann die Preise für die einzelnen Grundstücke.

14. Der Mietpreis der Wohnung von 60 m² beträgt im Haus Badstraße 10 ohne Nebenkosten 360 €. Wie hoch ist der Mietpreis für die Wohnung mit 40 m² und die von 90 m², wenn der Preis für einen Quadratmeter immer gleich ist?

15. Im Fahrzeugschein wird die Leistung eines Autos mit 60 PS oder 44,1 kW (Kilowatt) angegeben.

a) Berechne mit dem Dreisatz die Leistung in Kilowatt bei 75 PS, 90 PS und 130 PS.

b) Berechne mit dem Dreisatz die Leistung in PS bei 45 kW, 81 kW und 110 kW.

c) Zeichne die Zuordnung PS ⟶ kW und prüfe die Rechenergebnisse von a) und b) am Graphen.

Vermischte Aufgaben

1. Mit seinem Rasenmäher schafft Karl 240 m^2 in 30 Minuten.

a) Welche Fläche schafft er in einer Stunde, wenn er gleichmäßig weiterarbeitet?

b) Welche Fläche schafft er bei gleicher Leistung in 50 Minuten?

2. Ein Fahrer tankt 30 Liter für 28,50 €. Wie viel kosten 50 Liter an derselben Tankstelle?

3. Ein Lkw verbraucht für eine Strecke von 200 km 42 *l* Diesel. Wie viel Kraftstoff benötigt er für 600 km (450 km) bei gleichem Verbrauch?

4. Elf Gallonen (gallons) in England sind etwa 50 Liter. Stelle die Zuordnung Gallonen ⟶ Liter grafisch dar (1 cm für 1 Gallone und 1 cm für 5 Liter).

a) Wie viel Gallonen sind 5 *l* (30 *l*, 43 *l*)? b) Wie viel Liter sind 4 Gallonen (9 Gallonen)?

5. Die sechs abgebildeten Personen bewegen sich mit gleichmäßiger Geschwindigkeit. Fertige eine grafische Darstellung an (Rechtsachse 1 cm für 1 km, Hochachse 1 cm für 4 min). Zeichne die „Bewegungsstrahlen“ der sechs Personen ein und lies die fehlenden Angaben der Tabelle ab. Vergleiche mit anderen die abgelesenen Werte.

Spaziergänger				
km	1	2	3	4
min		24		

Jogger				
km	1	2	3	4
min			18	

Leistungssportlerin				
km	1	2	3	4
min				16

Radfahrer				
km	1	2	3	4
min	2,5			

Mopedfahrer				
km	1	2	3	4
min		4		

Motorradfahrerin				
km	1	2	3	4
min			3	

6. Kann man die gestellte Frage mit dem Dreisatz für proportionale Zuordnungen lösen? Begründe deine Meinung. Rechne, wenn es sinnvoll ist.

a) Beim Schwimmtraining schwimmt Emily 4 Bahnen in 2 min 16 s. Welche Zeit wird sie für 10 Bahnen benötigen?

b) Martin läuft 400 m in 60,2 s, Sebastian 100 m in 14,5 s. Wer ist der bessere Sportler?

c) Mit $2\frac{1}{2}$ *l* Farbe können 15 m^2 gestrichen werden. Die Wandfläche ist 35 m^2 groß, wie viel Farbe wird benötigt?

d) 3 Gärtner brauchen für ihre Arbeit 4 h. Wie lange hätten 2 Gärtner gebraucht?

7. Eine Raumstation umkreist die Erde 2-mal in 3 Stunden.

a) Wie viele Umkreisungen schafft sie an einem Tag (24 Stunden)?

b) Welche Zeit benötigt sie für 1 Umrundung?

c) Nach welcher Zeit wird die 10 000ste Umrundung gefeiert?

8. Aus 210 kg Äpfeln gewinnt man 60 Liter Most. Wie viel Kilogramm benötigt man für 25 *l* und für 1 000 *l*?

9. Diskutiere mit anderen die Aussage: „Wenn mit der einen Größe auch die zugeordnete Größe wächst, dann ist die Zuordnung immer proportional.“

10. In einer neu gebauten Wohnanlage soll eine Wohnung von 60 m² Fläche für 96 000 € verkauft werden. Eine andere Wohnung hat eine Größe von 70 m². Der Preis für einen Quadratmeter ist derselbe. Wie viel kostet der Quadratmeter, wie viel kostet die andere Wohnung?

11. Die Klasse 7d will für ein Schulfest mit dem angegebenen Rezept 20 Brote backen. Berechne die benötigten Zutaten, runde dabei sinnvoll. Ermittelt zusammen mit anderen einen sinnvollen Verkaufspreis für die Brote und präsentiert euren Vorschlag der Klasse.

Aus einem italienischen Kochbuch:
Pane con pomodori e cipolle (Brot mit Tomaten und Zwiebeln)
Zutaten für 8 Brote: 2 000 g Weizen, 8 Päckchen Frischhefe, 250 ml Olivenöl, 50 g Salz, 4 Teelöffel Honig, ca. 1 *l* lauwarmes Wasser, 8 mittelgroße Zwiebeln, 18 reife Tomaten (ca. 2 000 g), 1 Tasse Olivenöl, 10 zerdrückte Peperoni, 5 Prisen getrockneter Oregano, Salz und Pfeffer aus der Mühle.

12. Auf dem Schulfest hat die Klasse 7c einen Kuchenverkauf organisiert. Sie hat 6 Obstkuchen zu je 12 Stück und 8 Marmorkuchen zu je 20 Stück vorrätig. Nach einer Stunde hat die Klasse mit dem Verkauf von 8 Stück Obstkuchen 6,40 € und dem Verkauf von 5 Stück Marmorkuchen 3 € eingenommen. Am Ende des Schulfestes ist aller Kuchen verkauft. Berechne die Einnahmen.

13. Der Schall legt in der Luft in 5 s rund 1,7 km zurück. Stelle die Zuordnung Zeit ⟶ Weg für den Schall grafisch dar (1 cm für 1 s, 1 cm für 1 km).

a) Welchen Weg legt der Schall in 6 s (3 s; 9 s; 10 s; 7 s) zurück?

b) Wie lange braucht der Schall für 3 km (1 km; 2,5 km)?

14. Ein 12 m langes Seil lässt sich 38-mal um eine Trommel wickeln. Wie oft kann ein 36 m langes Seil in gleicher Weise um diese Trommel gewickelt werden?

15. Soeben reist das Ehepaar Krause aus der Pension „Zum Löwen“ ab (siehe nebenstehendes Bild). Nach ihnen verbringen Frau Niemitz und ihr Lebensgefährte 18 Tage in der Pension, und zwar auch im Zimmer 25. Mit welchem Rechnungsbetrag müssen sie am Abreisetag rechnen?

16. Für ein Einzelzimmer in der Pension „Zum Löwen“ zahlt man für 7 Tage 203 €. Wie teuer ist der Aufenthalt von 11 Tagen im Einzelzimmer?

17. Grand Prix von Monaco: Der Kurs von Monte Carlo muss 78-mal durchfahren werden, das sind 260,520 km. Wie viel Kilometer wären bei einem Rennabbruch nach 52 Runden zurückgelegt? Überschlage zuerst.

18. a) Familie Schmitz will eine 793 m² große Fläche mit Sportrasen einsäen. Sie hat die Wahl zwischen drei Verpackungsgrößen mit gleichwertigem Inhalt und überlegt, wie sie möglichst kostengünstig einkauft. Welchen Rat würdest du geben?

b) Ein Fußballfeld ist 6 076 m² groß und soll Sportrasen erhalten. Wie kauft man zweckmäßig ein?

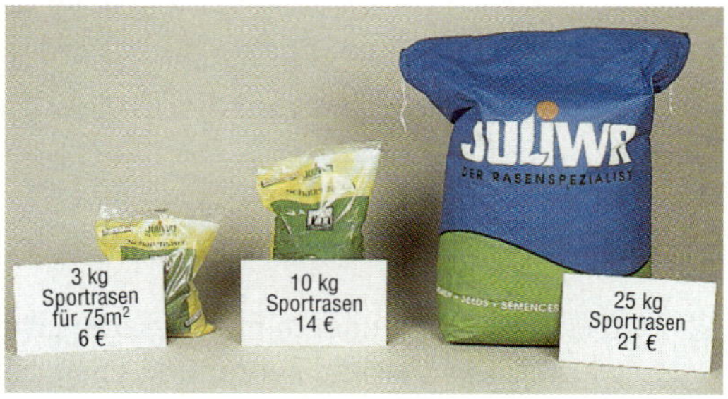

Bleib FIT!

Die Ergebnisse der Aufgaben 1 bis 9 ergeben leckere Speisen aus Frankreich und Spanien.

1. Berechne
a) (72 + 178) : 25 b) 98 · 86 : 14
c) (82 507 – 480 · 5) – 540 : 6

2. a) 37 607 · 14 b) 43 545 : 15

3. Bestimme den größten gemeinsamen Teiler
a) von 48 und 72, b) von 28 und 98.

4. Herr Wolter kauft ein Notebook zu einem Teilzahlungspreis von 996 €. Ein Fünftel des Preises zahlt er an, den Rest in 12 gleichen Monatsraten.
a) Wie viel Euro zahlt Herr Wolter an?
b) Wie viel Euro zahlt er im Monat?

5. Im Ergebnis fehlt ein Komma. Überschlage erst, bevor du ein Komma setzt!
a) 14,6 · 43 = 62780 b) 2,1 · 623 = 13083
c) 8,3 · 3,47 = 288010

6. Zeichne zwei Kreise mit r = 2,5 cm und d = 3,4 cm um einen gemeinsamen Mittelpunkt M. Wie viel cm ist der Ring zwischen den beiden Kreisen breit?

7. a) $\frac{1}{8}$ von 1 kg = ▪ g b) $\frac{3}{5}$ von 2 t = ▪ kg
c) $\frac{1}{2}$ von 1 *l* = ▪ ml

8. Welche Aussagen sind richtig?
(1) $\frac{3}{4} < 0{,}7$ (2) $\frac{1}{3} > 0{,}3$ (3) $\frac{7}{16} > 0{,}5$
(4) $1\frac{1}{4} < 1{,}4$ (5) $\frac{7}{5} > 0{,}75$ (6) $1\frac{1}{5} = 1{,}2$

9. Welches Netz gehört zu demselben Würfel wie das erste Netz?

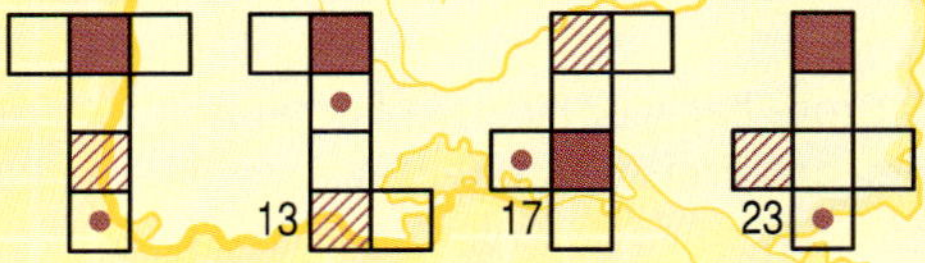

0,3 B · 0,8 C · 1 Z · 2 S · 3 W · 4 S · 5 A · 6 N · 8 A · 10 C · 11 N · 13 B · 14 P · 17 T · 23 G · 24 S · 28,801 A · 62,780 V · 125 R · 66,40 E · 130,83 Z · 500 I · 199,20 A · 602 R · 627,8 L · 1200 O · 1 308,3 L · 2 903 E · 80 017 E · 526 498 P

Antiproportionale Zuordnungen

1. Partnerarbeit: Wie würdet ihr auf die Frage von Sarah antworten? Gelingen euch grafische Lösungen wie bei proportionalen Zuordnungen?

Eine Zuordnung heißt **antiproportional** (*umgekehrt proportional*), wenn zum Doppelten, Dreifachen ... einer Ausgangsgröße die Hälfte, ein Drittel, ... der zugeordneten Größe gehört.
Beispiel: Rechtecke mit 12 cm² Flächeninhalt.

Zum Doppelten die Hälfte ...

Länge (cm)	Breite (cm)
4	3
8	1,5

$\cdot 2$ (Länge) ; $: 2$ (Breite)

Länge (cm)	Breite (cm)
12	1
4	3

$: 3$ (Länge) ; $\cdot 3$ (Breite)

... und zum dritten Teil das Dreifache.

2. Schreibe zur antiproportionalen Zuordnung eine Textaufgabe mit Lösungen auf.

a)

1. Größe	2. Größe
3	24
6	■
2	■

b)

1. Größe	2. Größe
8	12
2	■
10	■

c)

1. Größe	2. Größe
20	28
80	■
8	■

d)

1. Größe	2. Größe
18	48
3	■
24	■

3. In einer Weberei kann ein Auftrag mit 8 Webstühlen in 4 Stunden erledigt werden. Die Websachen sollen aber schon in 2 Stunden lieferbar sein. Wie viele Webstühle müssen eingesetzt werden?

4. Ein Metallband wurde in einer Werkstatt zerschnitten. Es reicht für 16 Stücke zu je 25 cm. Wie lang wären die Streifen, wenn man das Band in 4 gleiche Teile zerschnitten hätte?

5. In den USA ernten 24 Mähdrescher ein großes Weizenfeld in 12 Tagen. Wie viel Tage benötigen 8 Fahrzeuge bei gleicher Tagesleistung?

6. Der City-Hopper-Jet Jumbolino legt mit einer durchschnittlichen Reisegeschwindigkeit von 480 $\frac{km}{h}$ eine bestimmte Strecke in 1 Stunde und 12 Minuten zurück. Berechne die Zeiten, die ein ICE (240 $\frac{km}{h}$) und ein Regionalexpress (120 $\frac{km}{h}$) für dieselbe Strecke benötigen.

7. Ein Beet soll mit Blumen eingefasst werden. Wenn die Blumen mit 60 cm Abstand gepflanzt werden, benötigt der Gärtner 32 Blumen. Er entscheidet sich für einen Abstand von 20 cm.

8. Bäcker Ambs kann aus der üblichen Teigmenge 80 Brote backen. Für sein Firmenjubiläum möchte er die Brote doppelt so schwer backen und zum gleichen Preis verkaufen. Wie viele Brote kann Herr Ambs mit der üblichen Teigmenge herstellen?

Dreisatz bei antiproportionalen Zuordnungen

Aufgabe
Bei einem Verbrauch von 6 *l* Wasser täglich reicht ein Vorrat 24 Tage. Er soll aber 36 Tage reichen.
Wie viel Liter dürfen täglich durchschnittlich verbraucht werden?

Beurteilung der Zuordnung
Die Zuordnung
Anzahl der Tage ⟶ Liter pro Tag
ist umgekehrt proportional.
Doppelte Zeit ⟶ halber Verbrauch ...

Dreisatz

	Tage	Liter pro Tag	
: 24	24	6	· 24
· 36	1	144	: 36
	36	**4**	

Antwort: Es dürfen täglich 4 *l* verbraucht werden.

1. Kann der Vorrat im obigen Beispiel auch 36 Tage reichen, wenn am 1. Tag und am 2. Tag jeweils 15 Liter verbraucht werden? Begründe deine Antwort.

2. Die Zuordnung Anzahl ⟶ Zeit ist antiproportional. Bestimme die fehlenden Größen.

a)

Anzahl	Zeit
4	12
1	■
3	■

b)

Anzahl	Zeit
10	2,5
1	■
5	■

c)

Anzahl	Zeit
7	25
1	■
5	■

d)

Anzahl	Zeit
14	9
■	1
■	7

e)

Anzahl	Zeit
16	100
■	1
■	80

3. Ein Schulhof wird gepflastert. Sind die Pflastersteine 25 cm breit, benötigt man 80 in einer Reihe. Wie viele braucht man pro Reihe, wenn die Steine nur 20 cm breit sind?

4. Ein Hüttenvorrat reicht bei einer Belegung mit 32 Personen 15 Tage lang. Wie lange reicht der Vorrat bei 40 Personen in der Hütte?

5. Zehn Arbeiter vollenden ein Projekt normalerweise in 24 Tagen. Gleich zu Beginn fallen 2 Arbeiter wegen Krankheit aus. Wie viele Tage später wird nun das Projekt fertig?

6. Mit fünf Automaten wird die Tagesproduktion an Schrauben in 12 Stunden geschafft. Dieselbe Tagesproduktion soll zukünftig bereits in 10 Stunden geschafft werden. Wie viele Automaten müssen eingesetzt werden?

7. Mit 3 C-Rohren pumpt die Feuerwehr einen überschwemmten Keller in 48 Minuten leer. Wie lange hätte die Aktion beim Einsatz von 4 C-Rohren gedauert?

8. Das Schwimmbecken einer Badeanstalt wird durch 4 Ablaufröhren in $2\frac{1}{2}$ Stunden geleert. Bei der letzten Leerung war eine Ablaufröhre total verstopft. Wie lange hat die Leerung gedauert?

9. Acht Maurer erstellen einen Rohbau in 24 Tagen. Rechne, wenn dir die Frage sinnvoll erscheint.

a) Wie lange brauchen 12 Maurer für den Rohbau?

b) Wie viele Maurer müssen eingesetzt werden, damit der Rohbau in 2 Stunden fertig ist?

c) Wie lange braucht ein halber Maurer allein für den ganzen Rohbau?

d) Wie viele Maurer braucht man, um den Rohbau in 48 Tagen zu erstellen?

!!!!

Achtung – aufgepasst

Lies genau und überlege, bevor du losrechnest.
Einige Aufgaben enthalten proportionale oder antiproportionale Zuordnungen und können mit dem Dreisatz gelöst werden.
Viele Aufgaben müssen mit anderen Überlegungen gelöst werden oder sind gar nicht lösbar. Formuliere einen Antwortsatz, wenn du eine Lösung gefunden hast.

1. An einer Kreuzung werden zwischen 12.00 Uhr und 12.15 Uhr 312 Fahrzeuge gezählt.
Wie viele Fahrzeuge werden diese Kreuzung ungefähr zwischen 12.00 Uhr und 13.00 Uhr befahren?

2. 4 Personen waren mit einem Kleinbus von Köln nach München 6 Stunden unterwegs.
Wie lange hätte die Fahrt gedauert, wenn 8 Personen im Kleinbus gesessen hätten?

3. Der 12-jährige Peter ist 1,40 m groß.
a) Wie groß war er als Sechsjähriger?
b) Wie groß wird er mit 18 Jahren sein?

4. Der VfB hat nach einer Viertelstunde Spielzeit 2 Tore erzielt.
Wie viele Tore werden es am Ende des Spiels sein (2 x 45 min)?

5. Ein Quadrat mit einer Seitenlänge von 3,5 cm hat einen Flächeninhalt von 12,25 cm^2.
Wie groß ist der Flächeninhalt eines Quadrates mit einer 7 cm großen Seitenlänge?

6. Bei einem Verbrauch von 5 *l* auf 100 km kommt ein Pkw mit einer Tankfüllung rund 1 200 km weit.
Welche Strecke schafft er mit einer Tankfüllung bei einem Verbrauch von 8 *l* auf 100 km?

7. Andrea hat Lieblingssendungen im Fernsehen mit einem Videorekorder aufgenommen. Sie verfügt über 24 Kassetten von 2 Stunden Spieldauer. Diesen Bestand will sie auf 3-Stunden-Bänder überspielen.
Wie viele dieser Bänder braucht sie?

8. Ein Taschenrechner multipliziert eine 5-stellige Zahl mit 8 in einer Hundertstelsekunde.
Wie lange braucht er, um eine 5-stellige Zahl mit 800 zu multiplizieren?

9. Ein Rechteck hat einen Umfang von 1 m und eine Fläche von 625 cm^2.
Welche Länge hat ein Rechteck mit gleicher Fläche, das 50 cm breit ist?

!!!!

10. Ein Buch mit 160 Seiten ist ohne Einband 12 mm dick. Wie dick ist ungefähr ein Buch mit 560 Seiten ohne Einband?

11. Ein Rechteck mit einem Umfang von 20 cm hat einen Flächeninhalt von 21 cm^2. Welchen Flächeninhalt hat ein Rechteck mit einem Umfang von 60 cm?

12. Ina hat Perlen von 3 mm Durchmesser; Jens' Perlen haben 5 mm Durchmesser. Beide wollen jeweils gleich lange Ketten herstellen. Ina brauchte für ihre Kette 120 Perlen. Wie viele Perlen braucht Jens?

13. Herr Mahnke muss 3 Kartoffeln 20 Minuten kochen lassen, bis sie gar sind. Wie lange hätte er 12 Kartoffeln kochen lassen müssen?

14. 5 cm^3 Aluminium wiegen 14 g.

a) Wie viel cm^3 Aluminium wiegen 42 g?

b) Wie viel g wiegen 60 cm^3 Aluminium?

15. Nach 10 s anstrengendem Pusten hat Michaels Luftballon einen Durchmesser von 25 cm. Welchen Durchmesser hat der Ballon, wenn Michael ihn mit gleicher Stärke 3 min lang aufpustet?

16. Durch gewaltige Regenfälle sind von einem 100 Hektar großen Gebiet 20 ha überschwemmt worden, 80 ha blieben verschont. Wie viel Hektar wären verschont geblieben, wenn eine doppelt so große Fläche überschwemmt worden wäre?

17. Ilona gibt ihren Fischen täglich 4 g Trockenfutter. Die Packung reicht ungefähr 120 Tage. Durch den Zukauf weiterer Fische muss sie täglich 6 g Trockenfutter geben. Wie lange reicht nun eine Packung?

18. Angelika schafft am PC 60 Anschläge pro Minute, Jessica 80 Anschläge. Beide tippen denselben Brief ab. Jessica braucht 12 Minuten. In welcher Zeit schafft Angelika den Brief?

19. An Miriams Schule gibt es 40 Lehrerinnen und Lehrer. Miriam schafft ihren Schulabschluss nach 10 Jahren. Wie lange hätte sie für ihren Schulabschluss gebraucht, wenn an ihrer Schule 80 Lehrerinnen und Lehrer tätig wären?

20. Ein 9 dm^2 großes Bild kostet 280 €. Wie teuer ist ein anderes Bild vom gleichen Künstler, das 180 dm^2 groß ist?

Vermischte Aufgaben

1. Eine Zahnradbahn überwindet bei gleichmäßiger Steigung einen Höhenunterschied von 1 800 m auf einer Länge von 7 200 m.

a) Welchen Höhenunterschied hat sie nach der Hälfte der Länge überwunden?

b) Die Mittelstation erreicht die Bahn nach 2 200 m. Welcher Höhenunterschied ist es bis dahin?

> **TIPP**
> Prüfe zuerst: proportional … oder antiproportional … oder keins von beiden.

2. Bei den Bundesjugendspielen werden die Schüler in Riegen eingeteilt. Die Sportlehrer können 35 Riegen zu je 12 Schülern bilden. Da der Zeitplan so nicht erfüllt werden kann, werden 30 Riegen gebildet.

3. Ist die Zuordnung proportional oder antiproportional oder keines von beiden? Begründe.

a)
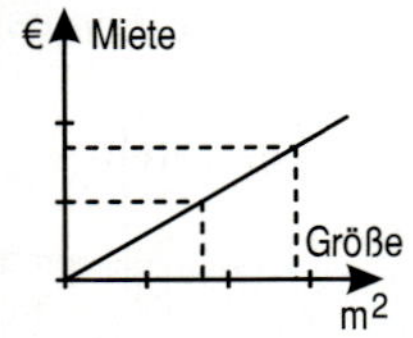

b)
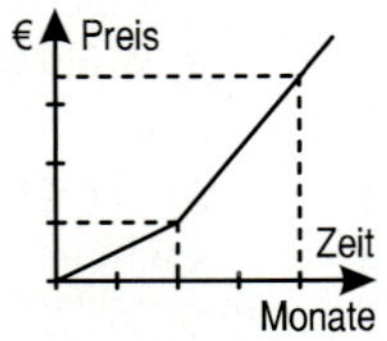

c)
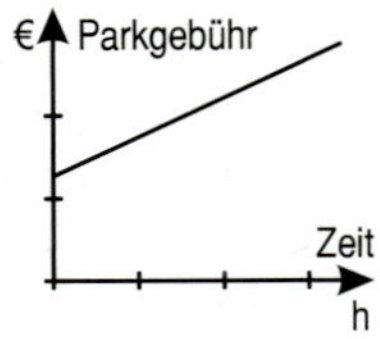

d)
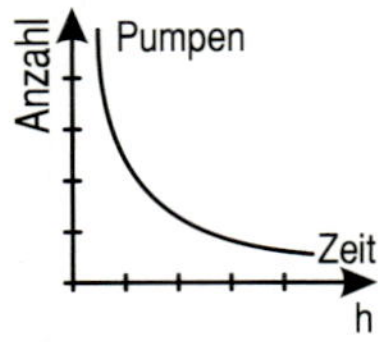

4. Prüfe, ob die Aufgabe lösbar ist. Löse sie oder begründe, warum sie nicht lösbar ist.

a) Neun Brötchen kosten 2,70 €. Wie teuer sind dann 15 Brötchen?

b) Ein Talkmaster überzieht seine erste Sendung um 12 Minuten. Wie lange überzieht er die dritte Sendung?

c) Maria bekommt mit 14 Punkten im Test die Note 3. Welche Note bekommt sie mit 5 Punkten?

d) Ein Radfahrer braucht für 20 km 1 Stunde. Wie viele km fährt er dann in 15 Minuten?

5. Ein Lottogewinn von 120 000 € soll gleichmäßig verteilt werden.

a) Notiere in einer Tabelle, wie viel € jede Person bei einem, zwei … zwölf Gewinnern erhält.

b) Zeichne den Graphen der Zuordnung Anzahl Personen ⟶ Gewinn.

c) Bestimme aus dem Graphen der Zuordnung den ungefähren Gewinn für 7 und 11 Personen.

6. Tobias muss wegen des Verdachts auf Scharlach für einige Tage zu Hause bleiben. Die Tabelle zeigt die Zuordnung Zeit ⟶ Körpertemperatur.

a) Beschreibe mithilfe der Tabelle den Krankheitsverlauf.

b) Zeichne den Graphen der Zuordnung in dein Heft.

c) Überlege und begründe: Kannst du die Temperatur für Mittwoch um 14 Uhr angeben?

	Zeit	°C
Mo	06.00	39,2
	14.00	40,3
	22.00	39,5
Di	06.00	38,9
	14.00	39,4
	22.00	39,0
Mi	06.00	38,1
	14.00	
	22.00	

7. Eine Raumstation umkreist die Erde in 90 Minuten in 300 km Höhe auf einer etwa 42 000 km langen Umlaufbahn. Wie viel Kilometer legt die Raumstation in 1 Stunde zurück?

8. In einem alten Buch finden wir unter dem Kapitel „Dreisatz" Tabellen, die kaum noch lesbar sind. Kannst du erkennen, welche Zuordnung jeweils vorliegt, und die Tabellen vervollständigen?

a)

1. Größe	2. Größe
40	25
1	[redacted]
120	75

b)

1. Größe	2. Größe
4	27
1	108
3	[redacted]

c)

1. Größe	2. Größe
60	120
1	[redacted]
40	180

d)

1. Größe	2. Größe
[redacted]	180
1	[redacted]
30	60

1. Berechne die fehlende Größe der proportionalen Zuordnung.

a)

€	kg
6	31
12	■

b)

h	km
5	13
25	■

c)

m	g
40	88
5	■

d)

h	€
6	39
2	■

e)

kg	m
4	10
■	5

f)

g	€
12	7
■	21

2. Für 5 $ (US-Dollar) bekommt man 4 €. Stelle die Zuordnung Dollar ⟶ Euro grafisch dar (je 1 cm für € und $).

a) Wie viel € bekommt man für 12 $ (3 $, 8 $)?

b) Wie viel $ bekommt man für 20 € (13 €, 6 €)?

3. In der Seefahrt wird die Geschwindigkeit in Knoten (Kn) gemessen. 24 Kn sind ca. 45 $\frac{km}{h}$. Stelle die Zuordnung Knoten ⟶ $\frac{km}{h}$ grafisch dar (1 cm für 5 Knoten und 1 cm für 10 $\frac{km}{h}$).

a) Wie viel $\frac{km}{h}$ sind 35 Knoten ungefähr?

b) Wie viel Knoten sind 40 $\frac{km}{h}$ ungefähr?

4. Sieben Vollkornbrötchen kosten 3,50 €. Wie teuer sind 12 Vollkornbrötchen?

5. Drei Flaschen Ketchup kosten 7,50 €. Wie viele Flaschen erhält man für 20 €?

6. Berechne die fehlende Größe der antiproportionalen Zuordnung.

a)

Anz.	cm
7	44
14	■

b)

$\frac{km}{h}$	h
20	36
80	■

c)

Anz.	h
12	21
4	■

d)

l	km
15	150
3	■

e)

Anz.	m
12	5
■	15

f)

Tage	Anz.
50	3
■	30

7. Ein Bericht der Klassenfahrt hat einen Umfang von 80 Seiten, wenn auf jede Seite 32 Zeilen passen. Welchen Umfang hat der Bericht, wenn auf jede Seite 40 Zeilen passen?

8. Herr Krause erhielt seinen Lottogewinn mit 400 Scheinen zu 100 € ausgezahlt. Wie viele Scheine zu 20 € hätte er bekommen müssen?

9. Prüfe erst: proportional oder …

a) Eine Kiste Orangen ergibt 75 4er-Beutel. Wie viele 6er-Beutel wären es?

b) Für 7 Theaterkarten zahlt Gisela 45,50 €. Wie viel kosten 5 Karten?

Eine Zuordnung heißt **proportional,** wenn zum Vielfachen einer Ausgangsgröße das entsprechende Vielfache der zugeordneten Größe gehört. (Zum Doppelten gehört das Doppelte …).

	1. Größe	2. Größe	
· 3	5	12	· 3
	15	36	

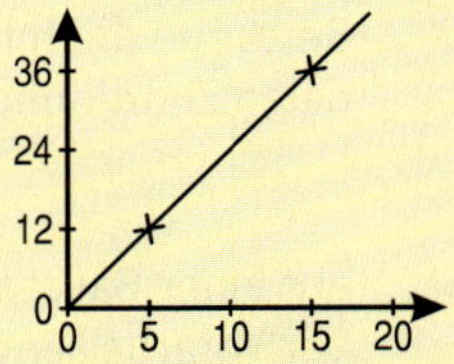

Der Graph einer proportionalen Zuordnung ist ein vom Nullpunkt ausgehender Strahl.

Beim **Dreisatz** schließt man zunächst von dem gegebenen Vielfachen einer Größe auf die Einheit und anschließend auf ein anderes Vielfaches der Größe.

Beispiel

7 kg kosten 35 €. Wie teuer sind 9 kg?

Die Zuordnung Masse ⟶ Preis ist proportional.

Dreisatz

	kg	€	
: 7	7	35	: 7
· 9	1	5	· 9
	9	45	

Antwort: 9 kg kosten 45 €.

Eine Zuordnung heißt **antiproportional,** wenn zum Vielfachen einer Ausgangsgröße der entsprechende Teil der zugeordneten Größe gehört. (Zum Doppelten gehört die Hälfte …).

	1. Größe	2. Größe	
: 4	12	10	· 4
	3	40	

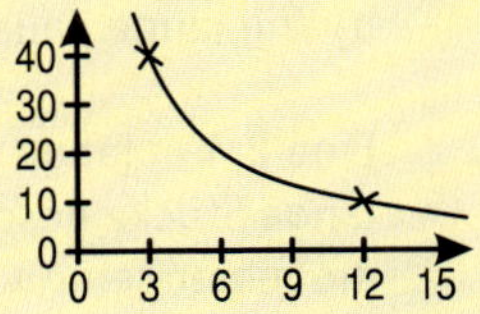

Beispiel

5 Arbeiter brauchen 12 Tage für eine bestimmte Arbeit. Wie lange brauchen 3 Arbeiter dafür?

Die Zuordnung Zahl der Arbeiter ⟶ Zeit ist antiproportional.

Dreisatz

	Anz.	Tage	
: 5	5	12	· 5
· 3	1	60	: 3
	3	20	

Antwort: 3 Arbeiter brauchen 20 Tage.

DIAGNOSETEST

1. a) Die Miete für 4 Monate beträgt 1 880 €. Wie viel Euro kostet eine Jahresmiete?

b) Für das Ausheben eines Grabens benötigen 2 Gärtner 3 h. Wie viele Stunden würde ein Gärtner brauchen, der den Graben alleine ausheben soll?

2. Berechne die fehlenden Größen der proportionalen Zuordnung.

Strecke (km)	7	4	
Zeit (min)	28		84

3. Auf einer Baustelle sind 7 Lkw im Einsatz, die jeweils 8 Transportfahrten unternehmen müssen. Der Vorarbeiter überlegt: Wie viele Fahrten sind wohl bei 4 Lkw für jedes Fahrzeug notwendig?

4. Christina hat für 3 h Nachhilfe 15 € erhalten. Wie viel hat sie diesen Monat für 14 h Nachhilfe verdient?

5. Lottogewinn. 180 000 € werden gleichmäßig verteilt. Notiere in einer Tabelle, wie viel Euro Gewinn jeder erhält, wenn 2, 3, 4 oder 6 Personen beteiligt sind.

Wähle weitere 5 Aufgaben aus

1. Ein Mensch braucht täglich 1,5 g Zucker pro kg Körpergewicht. Zeichne den Graphen der Zuordnung Körpergewicht ⟶ Zuckerbedarf. Lies aus dem Graphen den täglichen Zuckerbedarf bei einem Körpergewicht von 40 kg bzw. 50 kg ab.

2. Stellt der Graph eine proportionale, eine antiproportionale oder eine sonstige Zuordnung dar?

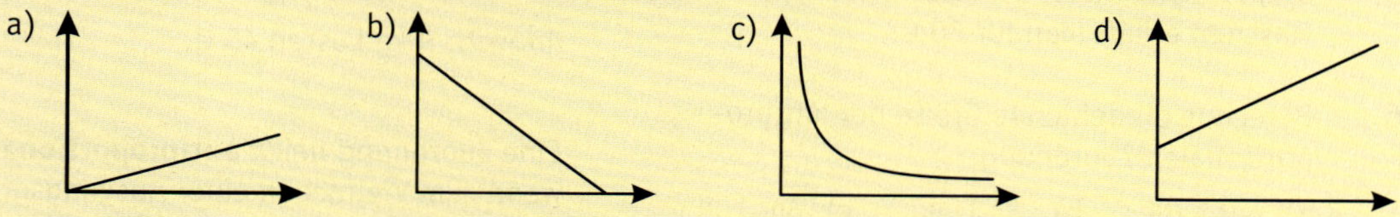

3. Durch den Wasserhahn über einer Badewanne laufen bei voller Öffnung 36 *l* in 4 min.

a) Wie viel Liter fließen in 7 min durch den geöffneten Wasserhahn?

b) Wie lange dauert es, bis die Badewanne mit 270 *l* Fassungsvermögen gefüllt ist?

4. Eine 2,4 m lange Schnur soll in gleich lange Stücke geschnitten werden. Ergänze die fehlenden Angaben in der Tabelle.

Länge eines Stückes (cm)	120	30	5	0,5
Anzahl der Stücke				

5. Die Tabelle gibt an, wie viele Tage man mit einem Satz Batterien im Walkman auskommt, wenn man ihn die genannte Zeit von Stunden pro Tag benutzt. Berechne die fehlenden Angaben.

a)

Std. pro Tag	Tage
6	16
12	■

b)

Std. pro Tag	Tage
2	48
■	6

6. Die Decke eines Partykellers soll mit 30 Brettern von jeweils 18 cm Breite verkleidet werden. Im Baumarkt sind nur Bretter mit 20 cm Breite vorrätig. Wie viele solcher Bretter werden benötigt?

7. Die Transportgebühr bei der Post für ein Paket bis 5 kg beträgt in Deutschland 6,70 €.

a) Emily rechnet: „Mein Paket wiegt nur $2\frac{1}{2}$ kg, kostet also 3,35 € Porto." Was sagst du dazu?

b) Es sollen 27,5 kg mit Postpaketen versendet werden. Portokosten?

Zeichnen und Konstruieren

3

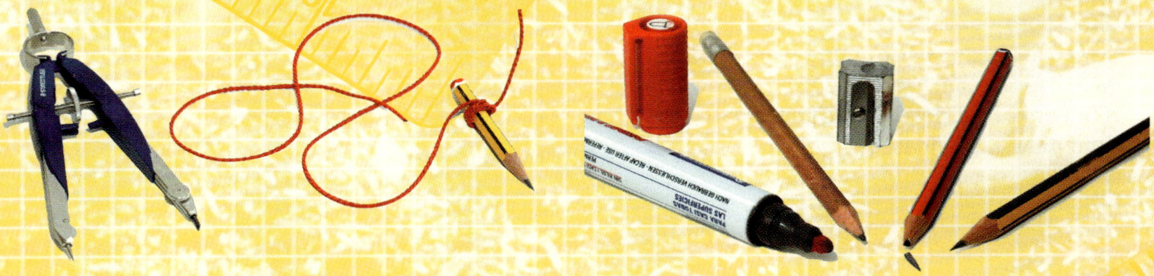

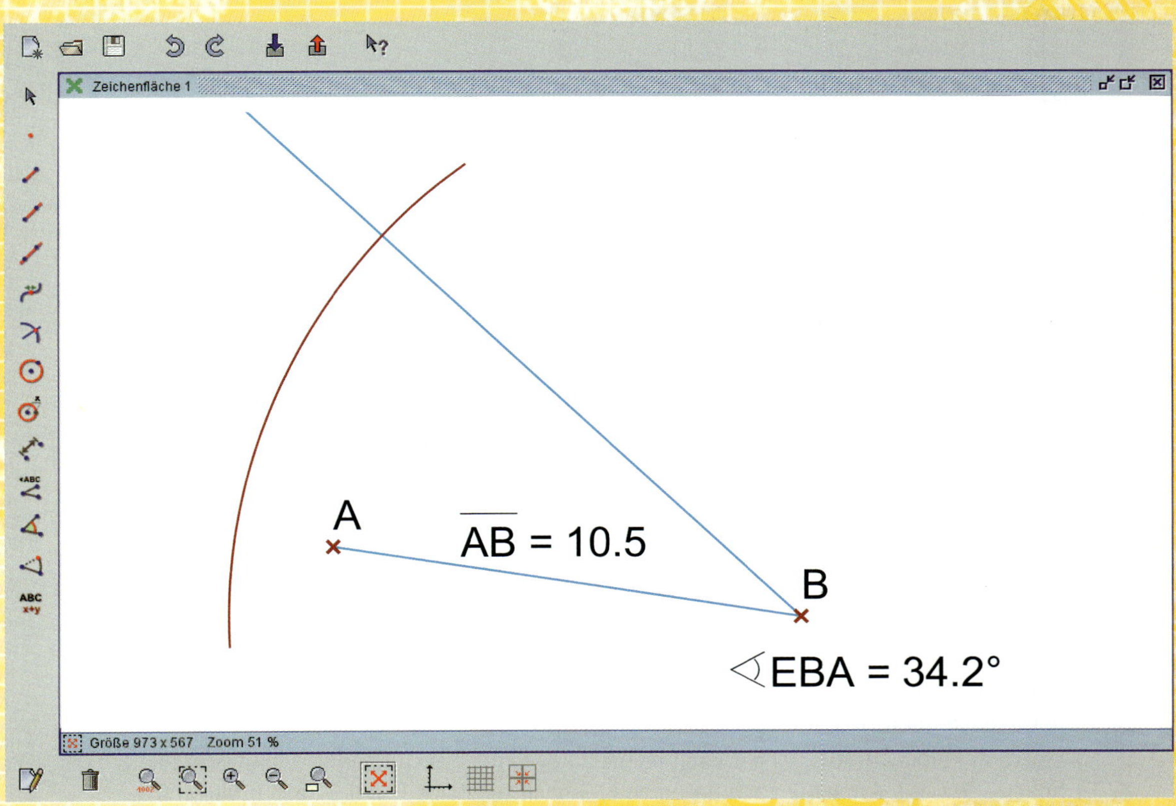

Figuren im Koordinatensystem

1. Und wie geht es im obigen Bild weiter? Spielt selbst in Partnerarbeit das Übertragen der Figur.

Ein **Koordinatensystem** besteht aus einer x-Achse (Rechtsachse) und einer y-Achse (Hochachse).
Ein Punkt P ist durch die x-Koordinate und die y-Koordinate festgelegt.

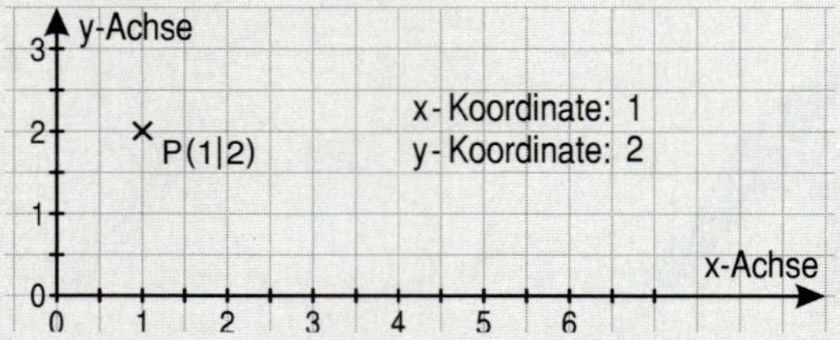

2. Notiere die Punkte mit ihren Koordinaten.

a)
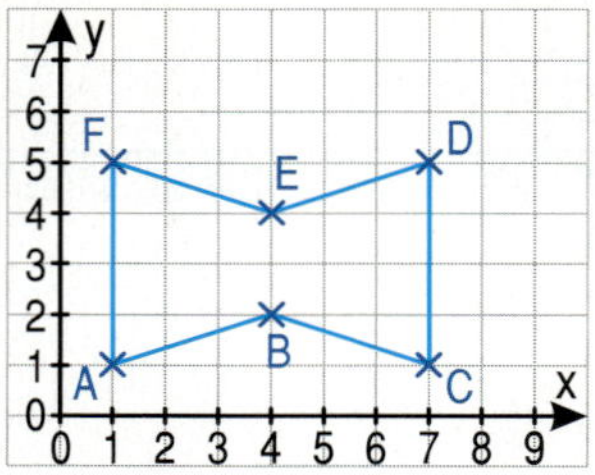

b)
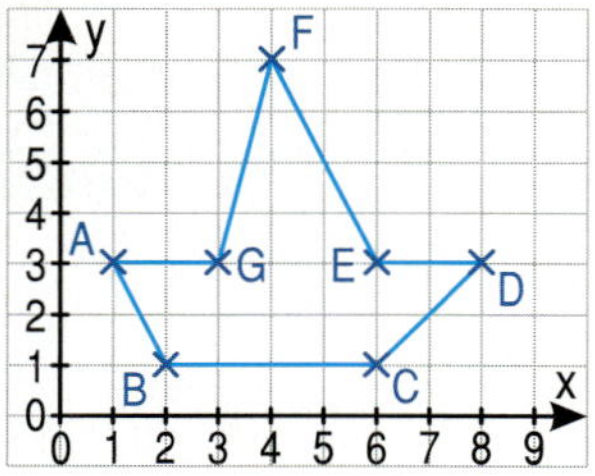

c)
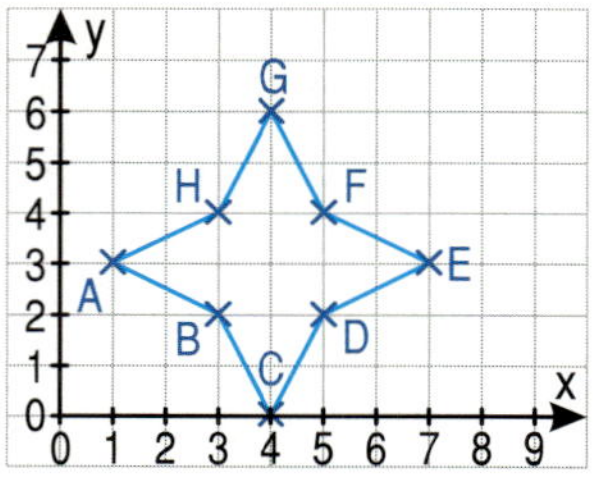

3. Zeichne eine Figur in ein Koordinatensystem und bestimme die Koordinaten aller Eckpunkte. Gib die Koordinaten deinem Nachbarn und lass ihn die Figur in ein Koordinatensystem zeichnen.

4. Zeichne ein Koordinatensystem (Einheit: 1 cm) auch mit negativen Zahlen.
Trage die Punkte ein, notiere den Namen des Vierecks ABCD.

a) A(−2|−1) B(2|−1) C(3|1) D(−1|1) b) A(−3|0) B(0|−3) C(3|0) D(0|3)

c) A(−1|−1) B(1|−1) C(3|1) D(−3|1) d) A(−3|0) B(0|−3) C(3|−3) D(−3|3)

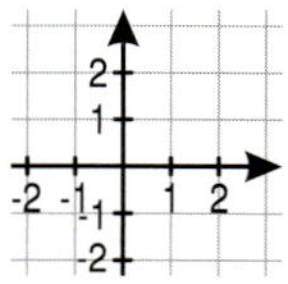

5. Zeichne ein Koordinatensystem (Einheit: 1 cm) auch mit negativen Zahlen auf den Achsen. Markiere die Punkte, verbinde sie, notiere ihre Koordinaten und den Namen der entstehenden Figur.

a) Starte im Punkt A(−3|3), gehe 6 nach rechts und 2 nach oben zu B, dann 5 nach oben zu C und schließlich 6 nach links und 2 nach unten zu D.

b) Starte in Punkt A(−4|2), gehe 4 nach rechts und 7 nach unten zu B, dann 4 nach rechts und 7 nach oben zu C und schließlich 4 nach links und 3 nach oben zu D.

c) Starte in Punkt A(0|0), gehe 1 nach rechts zu B, dann 1 nach oben zu C und von dort 2 nach links zu D. Gehe danach 2 nach unten zu E, 3 nach rechts zu F und 3 nach oben zu G.

Geometrie mit dem Computer

Mit Hilfe einer sogenannten „Dynamischen Geometriesoftware"* lassen sich geometrische Konstruktionen und Achsenspiegelungen auch am Computer durchführen. Die konstruierten Figuren kannst du ohne viel Aufwand verändern und bewegen; außerdem kannst du dir auch die Konstruktionsbeschreibungen anzeigen lassen. Die Konstruktionsleiste am linken Rand enthält Zeichenobjekte, die auch im Menüpunkt „Objekte" zu finden sind.

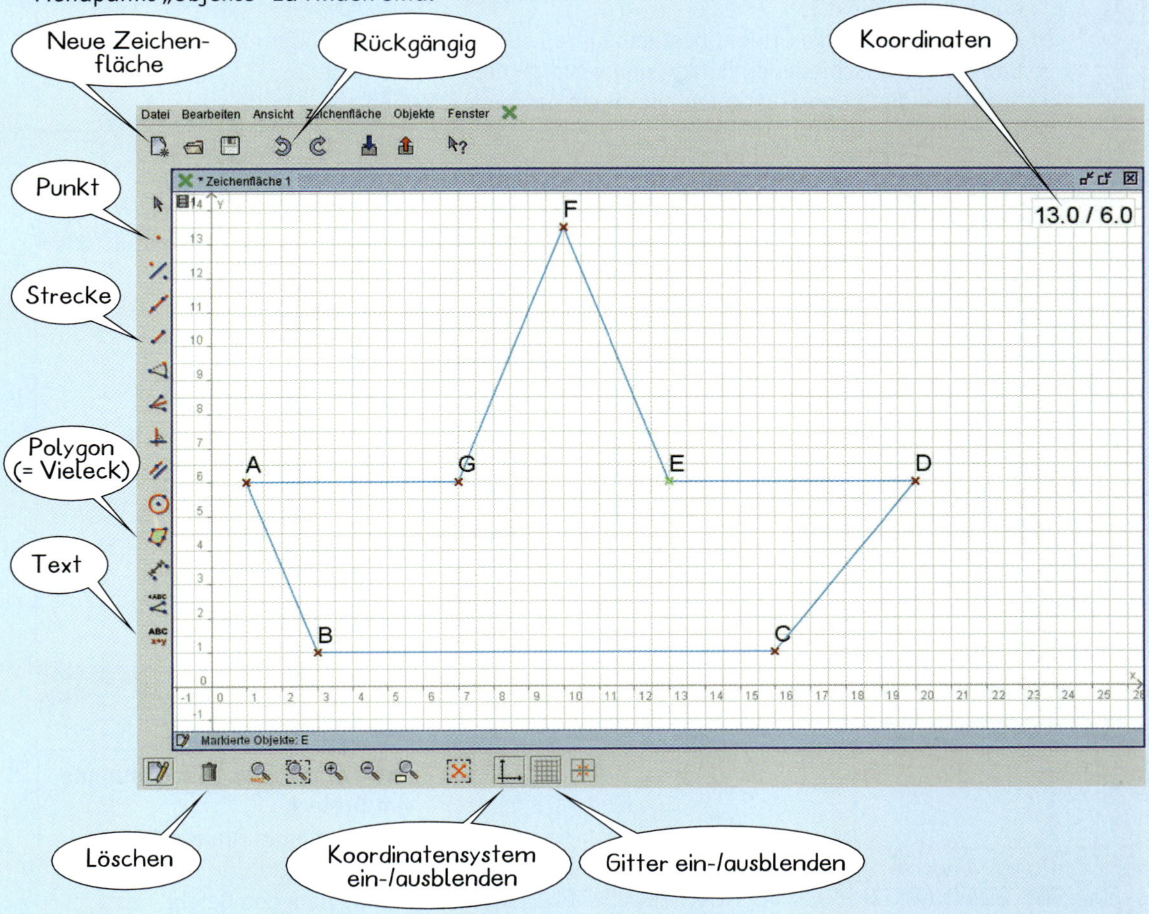

1. Figuren im Koordinatensystem

- Öffne eine *neue Zeichenfläche.*
- *Blende* das *Koordinatensystem ein.*
- *Verschiebe* das Koordinatensystem so, dass die positiven Koordinatenachsen sichtbar sind.
- *Blende* das *Gitter ein.*
- Zeichne mehrere *Punkte* als Eckpunkte eines Segelschiffes in das Koordinatensystem ein.
- Verbinde die Eckpunkte mit *Strecken.*
- Gib die Koordinaten der Eckpunkte an und vergleiche dein Ergebnis durch Anklicken der Punkte und der Anzeige auf der Zeichenfläche oben rechts.
- *Verkleinere* und *vergrößere* die Figur.
- Zeichne eigene Figuren in ein Koordinatensystem.
- Speichere deine Ergebnisse ab (*Datei* → *Speichern unter*) und gib der Datei einen Namen.

* Das hier verwendete Programm „GEONExT" wird am Lehrstuhl für Mathematik und ihre Didaktik der Universität Bayreuth entwickelt. Ein kostenloser Download ist unter http://geonext.de möglich.

Konstruieren und Messen mit dem Computer

1. Grundkonstruktionen
- Zeichne eine Gerade durch zwei Punkte A und B und eine *Parallele* zu AB durch einen Punkt C.
- Zeichne eine Gerade durch zwei Punkte D und E und eine *Senkrechte* zur Geraden DE durch einen Punkt F.
- Zeichne eine Strecke $\overline{GH}$ und bestimme ihre Länge (*Abstand* der Endpunkte).
- *Bewege* die verschiedenen Punkte und verfolge die Veränderungen.
- Speichere die 3 Konstruktionen mit einem passenden Namen ab.

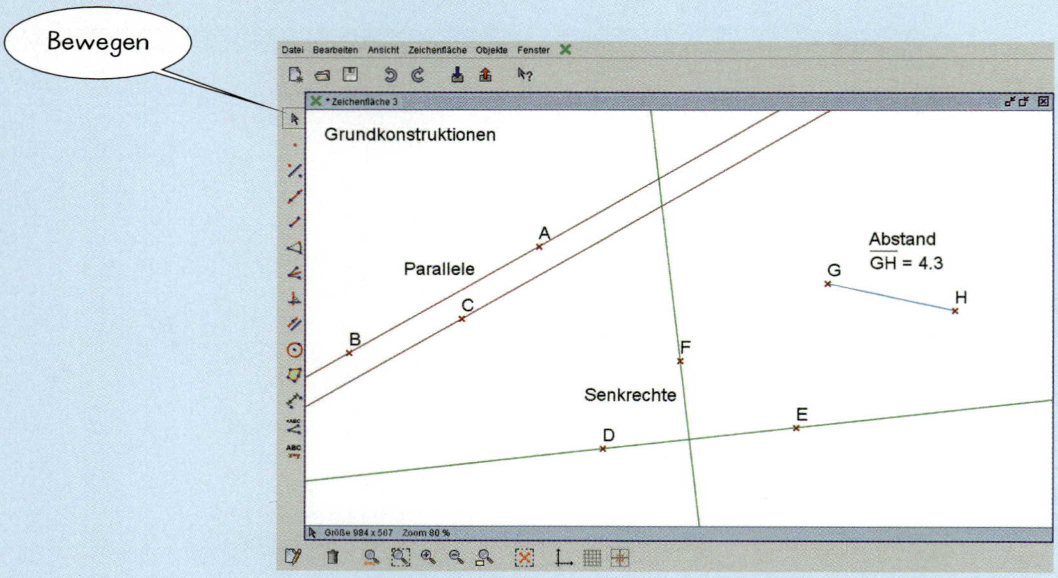

2. Winkel messen, Winkelsumme im Dreieck
- Zeichne ein Dreieck ABC als *Polygon*.
- Aktiviere den Befehl *„Winkel messen"*.
- Klicke nacheinander die drei Punkte an, durch die ein Winkel bestimmt ist z. B. B → A → C. Du erhältst dann die Winkelgröße von α angezeigt.
- Bestimme auf diese Weise die Größe aller drei Innenwinkel des Dreiecks.
- Berechne die Summe der drei Innenwinkel. Was fällt dir auf?
- *Bewege* die Eckpunkte des Dreiecks und verfolge die Veränderung bei den Winkelgrößen und der Winkelsumme.

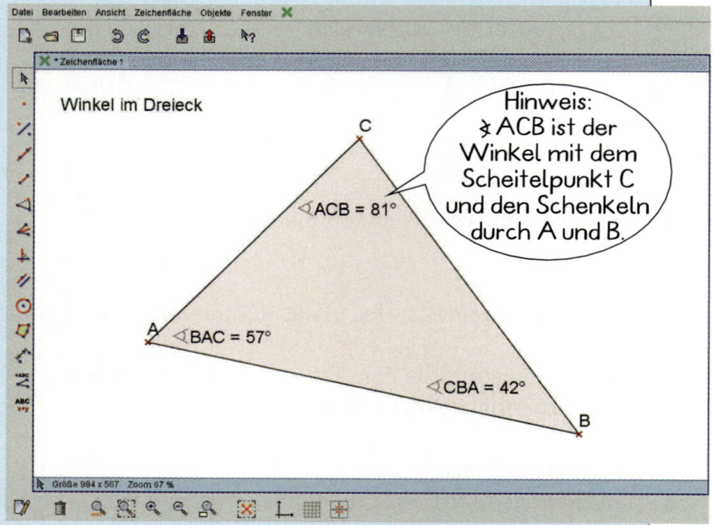

Winkelsumme im Dreieck

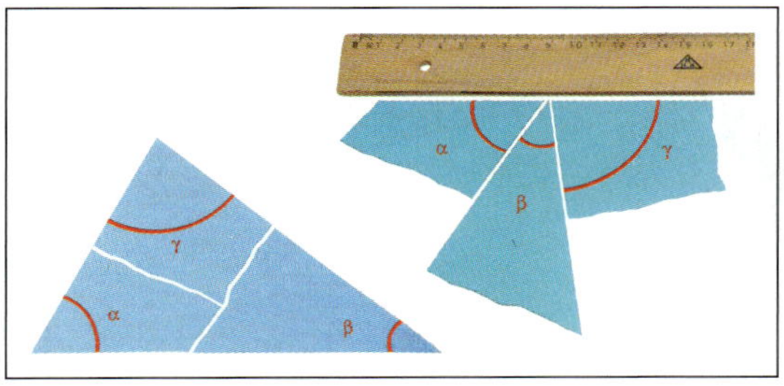

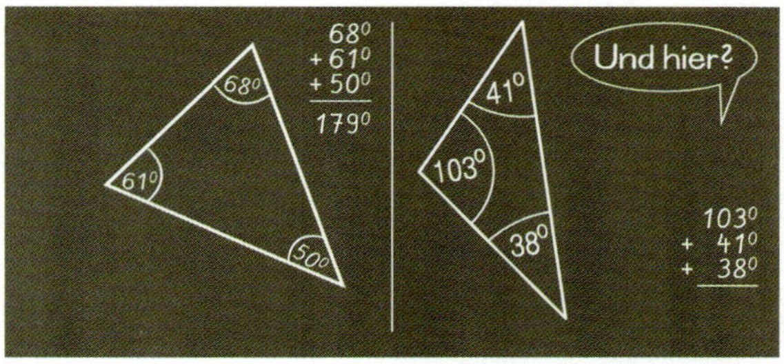

1. Partnerarbeit: Zeichnet ein Dreieck auf ein DIN-A4-Blatt, zerlegt es wie im Bild oben links in drei Teile und fügt diese wie abgebildet zusammen. Vergleicht euer Ergebnis mit den Ergebnissen anderer und formuliert gemeinsam, was ihr über Winkel im Dreieck entdeckt habt.

2. Die Messwerte und Rechenergebnisse im Bild oben rechts scheinen den Satz über Winkel in Dreiecken zu widerlegen. Findet ihr eine Erklärung, die auch andere überzeugt?

> In jedem Dreieck ist die Winkelsumme 180°: $\alpha + \beta + \gamma = 180°$

3. Bestimme den fehlenden Winkel.

a) 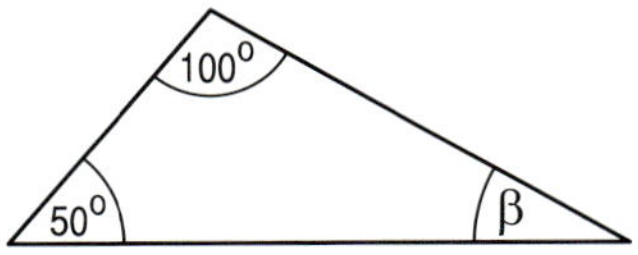

b) 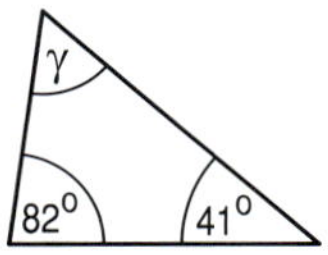

c) 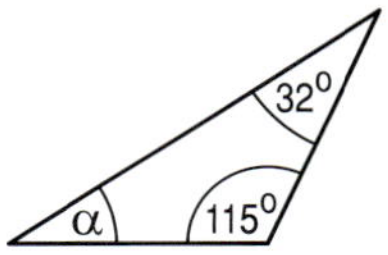

d) 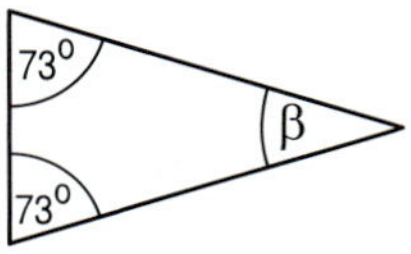

4. Berechne den fehlenden Winkel im rechtwinkligen Dreieck.

a) 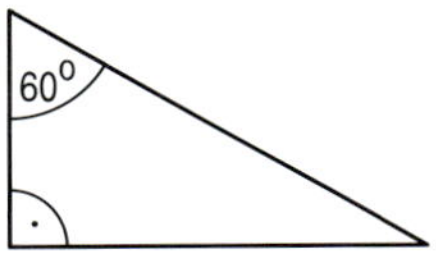

b) 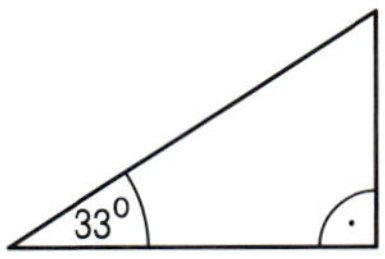

c) 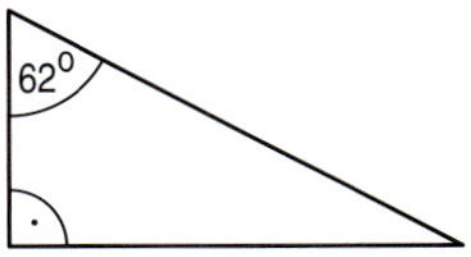

d) 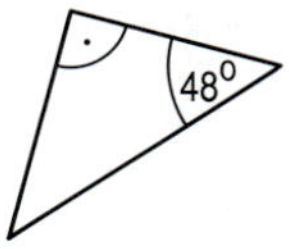

5. Berechne den rot gefärbten Winkel und stelle deinen Lösungsweg vor.

a) 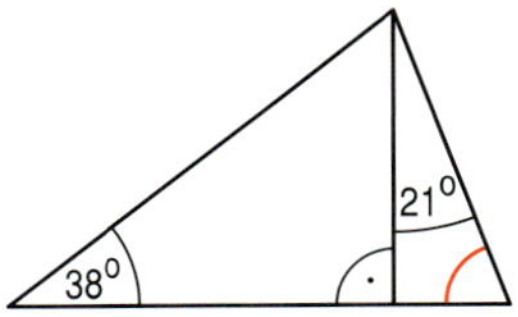

b) 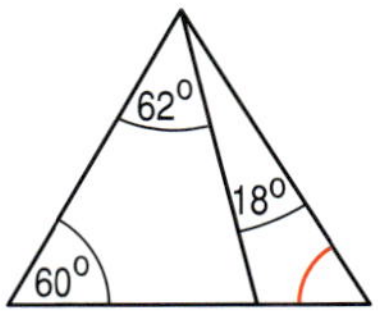

c) 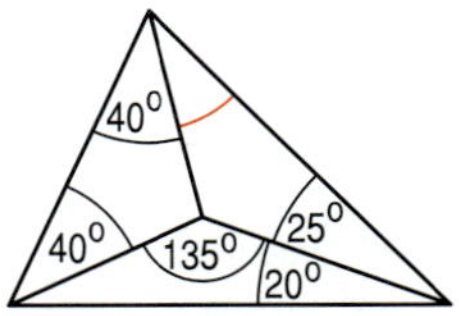

6. Berechne den rot gefärbten Winkel γ eines Dreiecks.

a) Alle drei Winkel sind gleich groß.
b) α ist 30° und β ist 100° größer als α.
c) α ist 55° und β ist doppelt so groß wie α.
d) γ ist so groß wie α und doppelt so groß wie β.
e) γ ist so groß wie α und β zusammen.

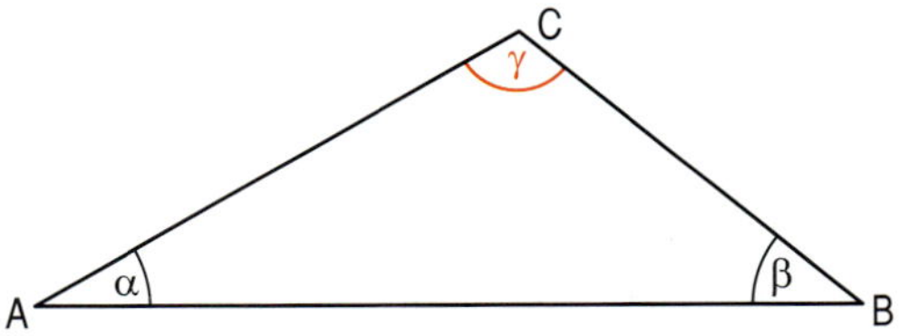

7. Partnerarbeit: Seht euch auf dem Globus an, ob es dort Längen- und Breitenkreise gibt, die ein „Dreieck" auf der Erde begrenzen und drei rechte Winkel haben. Präsentiert eure Lösung.

!!!!

Übertragen von Dreiecken

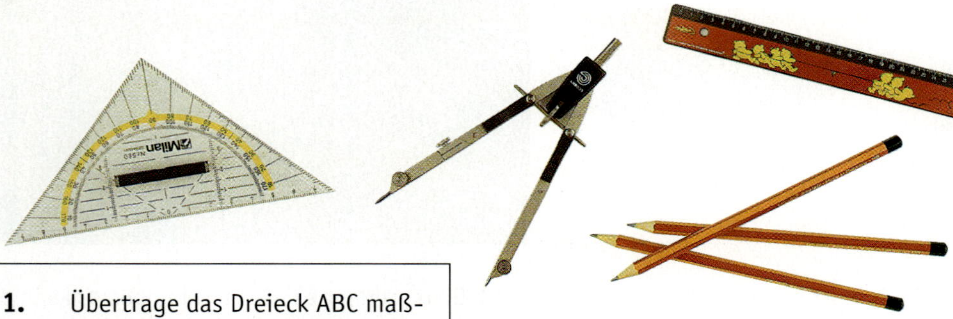

1. Übertrage das Dreieck ABC maßgetreu in dein Heft. Notiere, wie du vorgehst.

2. Vergleiche deinen Lösungsweg mit dem deiner Mitschülerinnen und Mitschüler. Notiert alle Möglichkeiten, die ihr findet, an der Tafel.

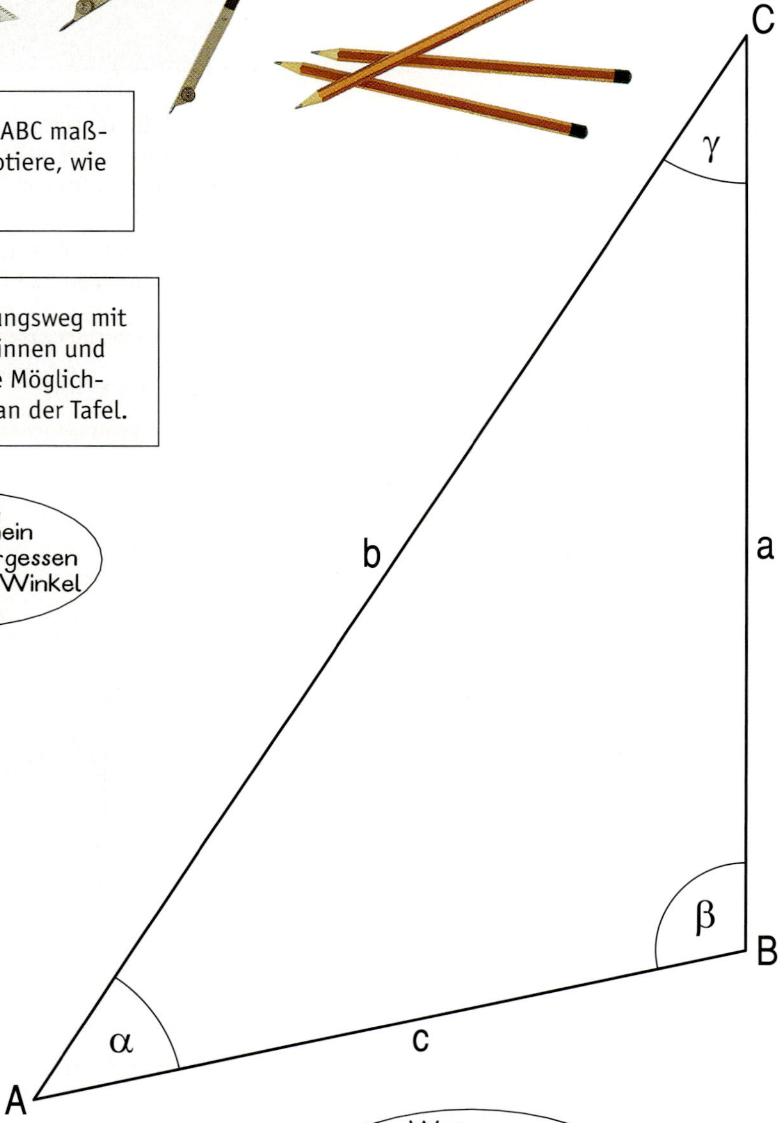

3. Nach welchem System sind Winkel und Seiten bezeichnet?

Dreieckskonstruktionen (WSW)

Wenn man von einem Dreieck eine Seite und die zwei anliegenden Winkel kennt, kann man das Dreieck eindeutig konstruieren. Kurzform: **WSW**

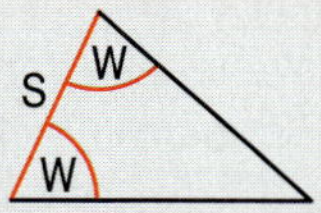

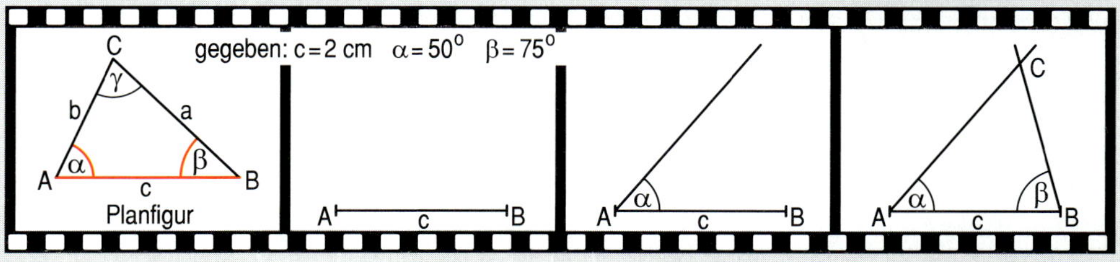

1. Wurmberg und Achtermann sind die beiden höchsten Berge im Westharz. Der Brocken ist der höchste Berg des Harzes, sein Gipfel war bis zur Wiedervereinigung Deutschlands 1989 nicht erreichbar. Man konnte ihn aber unter den angegebenen Peilwinkeln sehen.
Erstellt in Gruppen eine maßstäbliche Zeichnung und bestimmt die Luftlinienentfernungen des Brockengipfels von den beiden anderen Berggipfeln.
Besorgt euch im Reisebüro einen Prospekt vom Urlaubsgebiet Harz und prüft, ob eure Ergebnisse ungefähr der Wirklichkeit entsprechen.

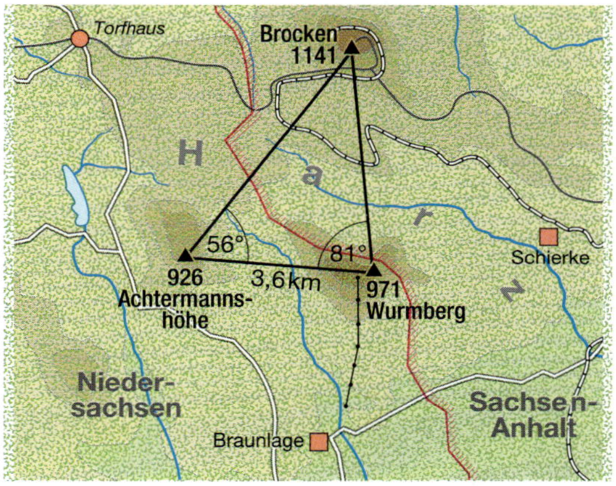

2. Nach der vorliegenden Planfigur soll ein Dreieck konstruiert und eine *Konstruktionsbeschreibung* angefertigt werden. Bringe dazu die Konstruktionsschritte in die richtige Reihenfolge.

gegeben:
b = 5,5 cm
α = 44°
γ = 80°

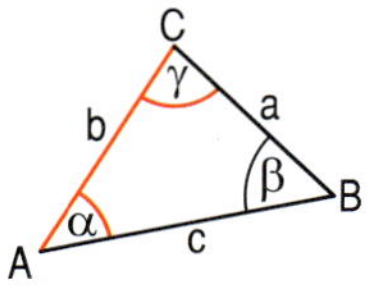

Schnittpunkt B nennen.

In C den Winkel γ = 80° antragen.

Die Strecke $\overline{AC}$ (b = 5,5 cm) zeichnen.

In A den Winkel α = 44° antragen.

3. Die Höhe eines freistehenden Baumes soll mithilfe eines Theodolits bestimmt werden.
Dazu wird eine waagerechte Strecke von 50 m abgemessen. Mit dem Theodolit misst man α = 42°.
Zeichne im Maßstab 1 : 1 000 und ermittle die Höhe des Baumes. Berücksichtige dabei, dass sich der Theodolit 1,5 m über dem Boden befindet.

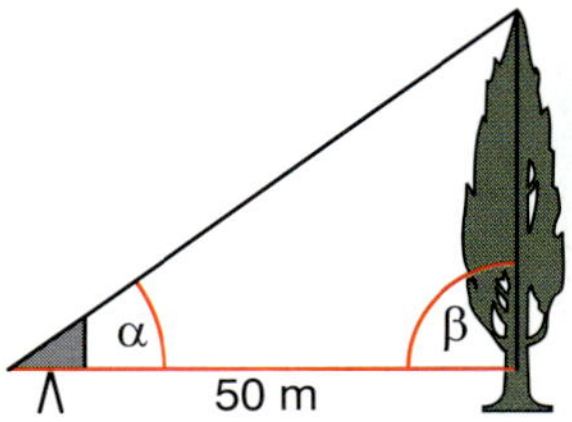

4. Darf man für eine Dreieckskonstruktion WSW als Winkel α = ▒°, β = ▒° ohne Nachdenken beliebige Zahlen vorgeben, oder kann es dann passieren, dass gar kein Dreieck mit diesen Seitenlängen existiert? Probiere und überlege zusammen mit anderen.

Dreieckskonstruktionen (SWS)

Wenn man von einem Dreieck zwei Seiten und den eingeschlossenen Winkel kennt, kann man das Dreieck eindeutig konstruieren. Kurzform: **SWS**

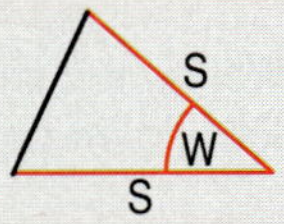

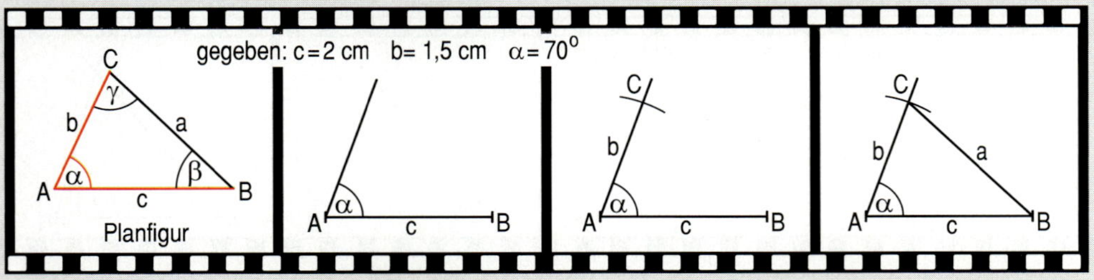

1. Um die Länge eines Sees zu bestimmen, werden die Punkte A und C vom Punkt B aus angepeilt. Für β misst man 78°. Ermittelt in Partnerarbeit die Länge des Sees und vergleicht die Ergebnisse innerhalb der Klasse.

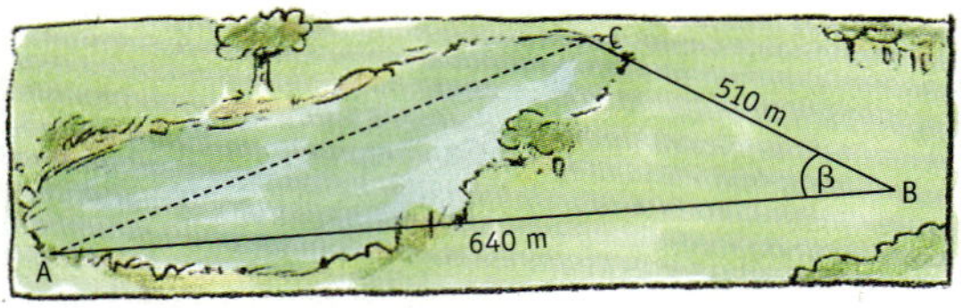

2. Eine 4,80 m lange Leiter soll an eine senkrechte Hauswand gelehnt werden.

a) Würdet ihr die Leiter so anstellen, dass sie mit dem Boden einen Winkel von 30°, von 50°, von 70° oder von 85° einschließt? Probiert das in Gruppenarbeit mit einer richtigen Leiter aus, ihre Länge ist dabei nicht entscheidend.

b) Wie weit muss man das untere Ende einer 4,80-m-Leiter von der Hauswand entfernt aufstellen, damit der geeignete Winkel aus a) möglichst genau erreicht wird?

3. Nach der vorliegenden Planfigur soll ein Dreieck konstruiert und eine Konstruktionsbeschreibung angefertigt werden. Bringe dazu die Konstruktionsschritte in die richtige Reihenfolge.

gegeben:
b = 6,5 cm
c = 5,2 cm
α = 80°

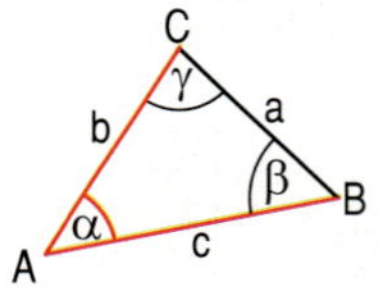

B und C verbinden.

In A den Winkel α = 80° antragen.

Kreisbogen um A mit Radius b = 6,5 cm zeichnen; man erhält C.

Die Strecke $\overline{AB}$ (c = 5,2 cm) zeichnen.

4. Konstruiere das Dreieck ABC. Fertige zunächst eine Planfigur an. Miss im konstruierten Dreieck die nicht gegebenen Seiten und Winkel und vergleiche mit den Ergebnissen deiner Mitschüler.

a)	b)	c)	d)	e)
b = 4,5 cm	a = 5,8 cm	a = 7 cm	b = 6,8 cm	a = 5 cm
c = 7 cm	c = 4,6 cm	b = 8 cm	c = 6,8 cm	c = 5 cm
α = 73°	β = 57°	γ = 35°	α = 45°	γ = 90°

5. Von einem Antennenmast werden aus 45 m Höhe drei Drahtseile zu Befestigungsankern am Boden straff gespannt. Die Befestigungsanker sind vom Fuß des Mastes jeweils 60 m entfernt. Wie lang muss ein solches Drahtseil mindestens sein?

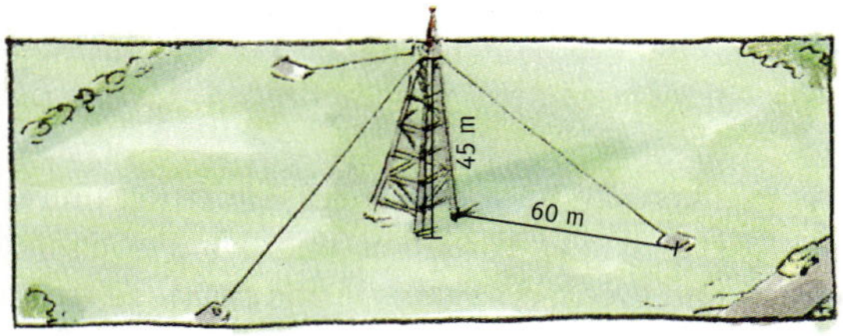

Dreieckskonstruktionen (SSS)

Wenn man von einem Dreieck drei Seiten kennt, kann man das Dreieck eindeutig konstruieren. Kurzform: **SSS**

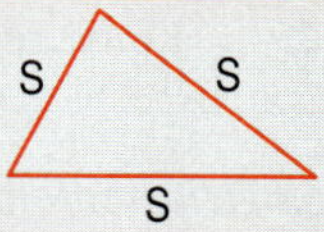

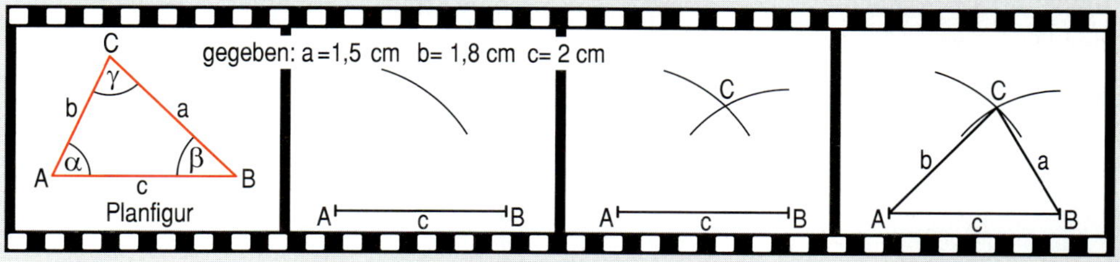

1. Bei einer Segelregatta sind drei Bojen A, B und C zu umsegeln. Bestimme mit einer Zeichnung die Winkel, um die an den Wendebojen die Fahrtrichtung zu ändern ist. Diskutiere mit anderen, welche Winkel anzugeben sind, und begründe deine Meinung.

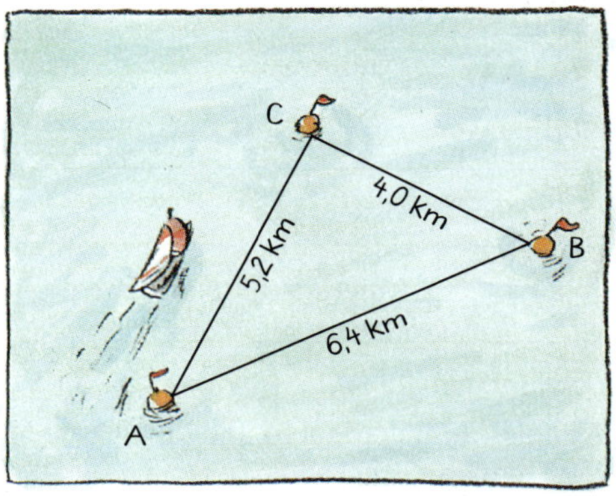

2. Ein Dreieck ABC hat die Seitenlängen a = 12 cm, b = 9 cm, c = 7 cm. Kannst du vorhersagen, welches sein größter Winkel ist? Vergleiche deine Vermutung mit denen anderer und überlegt, wie zu klären ist, wer Recht hat.

3. Nach der vorliegenden Planfigur soll ein Dreieck konstruiert und eine Konstruktionsbeschreibung angefertigt werden. Bringe dazu die Konstruktionsschritte in die richtige Reihenfolge.

gegeben:
a = 6,5 cm
b = 5,2 cm
c = 7,1 cm

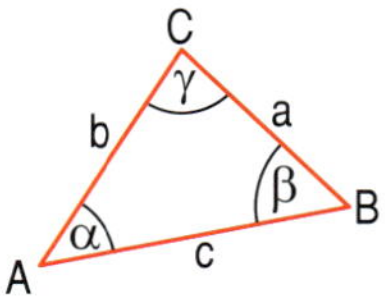

- A und C sowie B und C verbinden.
- Kreisbogen um A mit Radius b = 5,2 cm zeichnen.
- Kreisbogen um B mit Radius a = 6,5 cm zeichnen.
- Die Strecke $\overline{AB}$ (c = 7,1 cm) zeichnen.
- Schnittpunkt der Kreisbögen mit C benennen.

4. Konstruiere das Dreieck ABC. Miss seine Winkel, vergleiche mit den Ergebnissen von Mitschülern.

a) a = 4,5 cm; b = 7 cm; c = 6,2 cm
b) a = 5,8 cm; b = 4,6 cm; c = 8,4 cm
c) a = 7 cm; b = 8 cm; c = 6 cm
d) a = 6,3 cm; b = 6,8 cm; c = 6,0 cm
e) a = 3,2 cm; b = 4,3 cm; c = 5,4 cm

5. Darf man für eine Dreieckskonstruktion SSS als Längen a = ▮ cm; b = ▮ cm; c = ▮ cm ohne Nachdenken beliebige Zahlen vorgeben, oder kann es dann passieren, dass gar kein Dreieck mit diesen Seitenlängen existiert? Probiere und überlege zusammen mit anderen.

6. Wähle drei Seitenlängen für ein Dreieck ABC und zeichne es. Zeichne dann ein Dreieck mit den doppelten Seitenlängen. Vergleiche in beiden Dreiecken die Größen der Winkel. Was stellst du fest? Stelle dein Ergebnis in der Klasse vor.

Dreieckskonstruktionen mit dem Computer *

SWS

1. Konstruiere mit dem Computer ein Dreieck mit $c = \overline{AB} = 5$ cm, $b = \overline{AC} = 4$ cm und $\alpha = 40°$.

Geometrieprogramm:

- Punkte A, B markieren und durch eine Strecke verbinden, Streckenlänge anzeigen lassen, B bewegen bis c = 5 cm.
- In A den Winkel von 40° abtragen.
- Um A den Kreis mit dem Radius 4 cm zeichnen.
- Den Schnittpunkt C markieren und mit B durch eine Strecke verbinden.

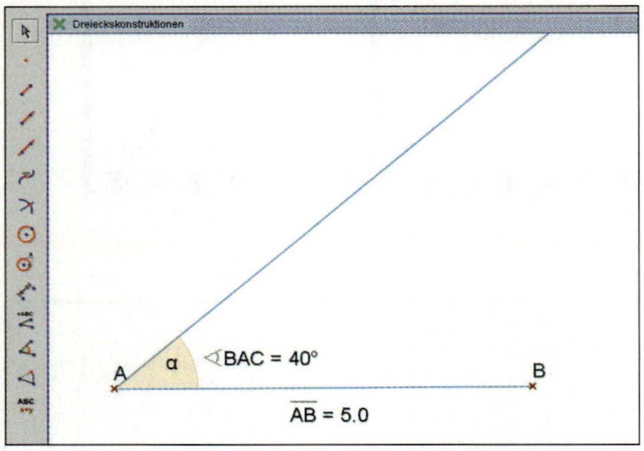

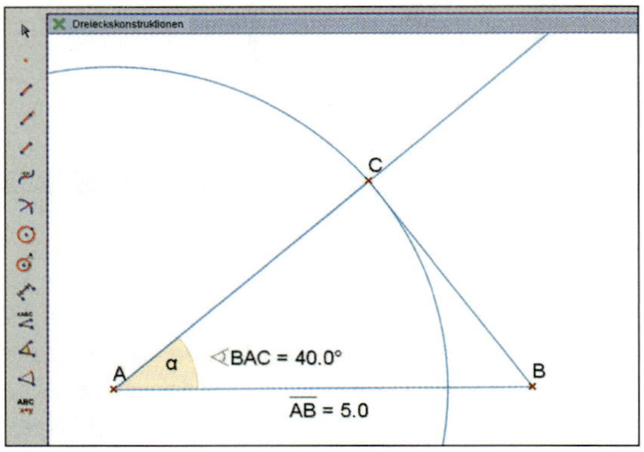

SSS

2. Konstruiere ein Dreieck mit $a = \overline{BC} = 4$ cm, $b = \overline{AC} = 6$ cm und $c = \overline{AB} = 5$ cm.

Geometrieprogramm:

- Punkte A, B markieren und durch eine Strecke verbinden, Streckenlänge anzeigen lassen, B bewegen bis c = 5 cm.
- Um A den Kreis mit $r = \overline{AC} = 6$ cm zeichnen.
- Um B den Kreis mit dem Radius a = 4 cm zeichnen.
- Den Schnittpunkt C markieren und mit A und B durch Strecken verbinden.

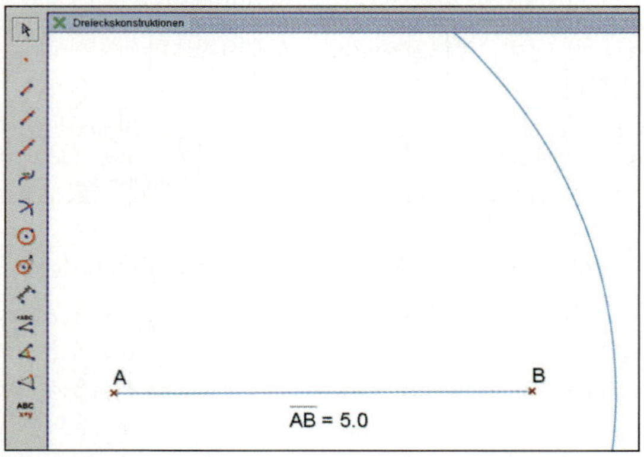

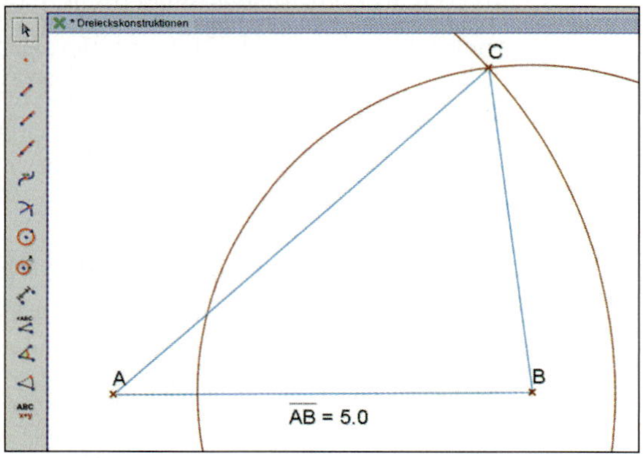

WSW

3. Konstruiere mit dem Computer ein Dreieck mit $c = \overline{AB} = 6$ cm, $\alpha = 40°$ und $\beta = 60°$. Notiere zuerst die einzelnen Schritte, die du mit dem Programm ausführen willst.

* Das hier verwendete Programm „GEONExT" wurde am Lehrstuhl für Mathematik und ihre Didaktik der Universität Bayreuth entwickelt. Ein kostenloser Download ist unter http://www.geonext.de möglich.

Dreieckstypen

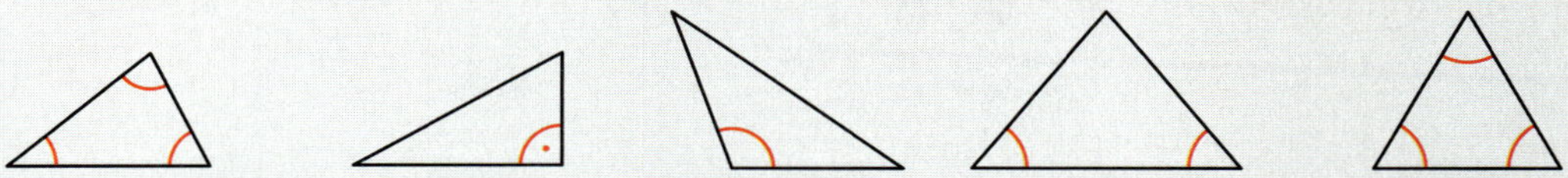

spitzwinklig
Alle drei Winkel sind kleiner als 90°.

rechtwinklig
Ein Winkel ist 90° groß.

stumpfwinklig
Ein Winkel ist größer als 90°.

gleichschenklig
Zwei Basiswinkel sind gleich groß; zwei Seiten sind gleich lang.

gleichseitig
Jeder Winkel ist 60° groß; alle Seiten sind gleich lang.

1. Welche Dreieckstypen erkennst du?

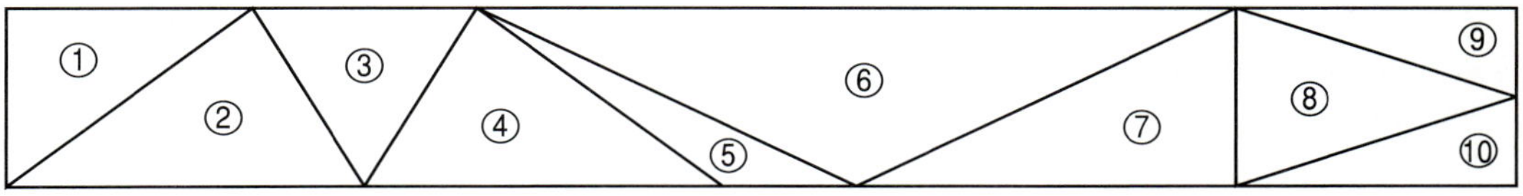

2. Um welche Dreieckstypen handelt es sich? Berechne zuerst den dritten Winkel γ.

	a)	b)	c)	d)	e)	f)	g)	h)
α	90°	70°	45°	60°	105°	33°	1°	89°
β	30°	55°	90°	60°	35°	66°	2°	56°

3. Stelle fest, welcher Typ von Dreieck vorliegt. Zeichne dazu das Dreieck aus den gegebenen Stücken.

a) $a = 5$ cm; $b = 5$ cm; $c = 5$ cm
b) $c = 6$ cm; $\alpha = 40°$, $\beta = 40°$
c) $a = 7$ cm; $b = 7$ cm; $\gamma = 90°$
d) $b = 4$ cm; $c = 6$ cm; $\alpha = 105°$
e) $a = 4$ cm; $b = 5$ cm; $c = 3$ cm
f) $c = 6$ cm; $\alpha = 55°$; $\beta = 65°$

4. Zeichne ein gleichseitiges Dreieck. Zeichne anschließend alle seine Symmetrieachsen ein.

a) Jede Seite ist 64 mm lang.
b) Sein Umfang beträgt 14,1 cm.

5. Zeichne das gleichschenklige Dreieck. Zeichne anschließend die Symmetrieachse ein.

a) $a = b = 5$ cm; $\gamma = 50°$
b) $c = 5$ cm; $\alpha = \beta = 42°$
c) $b = c = 4{,}8$ cm; $\alpha = 45°$

6. Berechne die gesuchten Winkel. Mit + ist der Mittelpunkt eines Kreises markiert.

a)
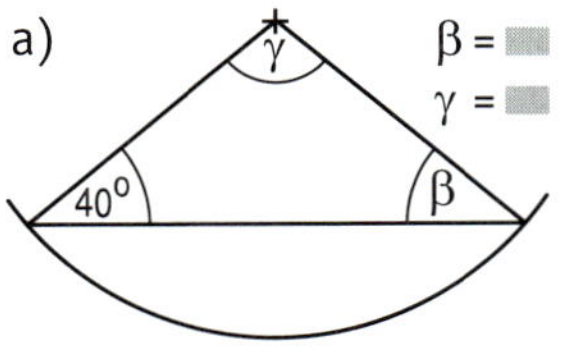

b)
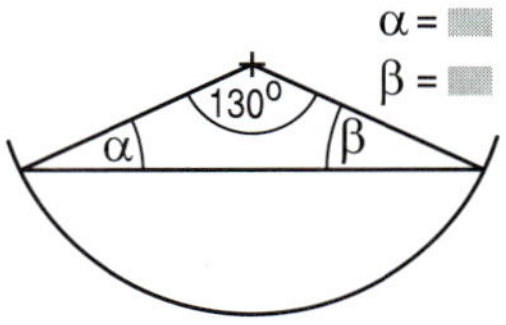

c)
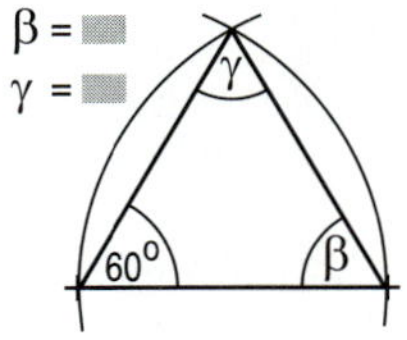

!!!! **7.** Wie viele gleichschenklige Dreiecke enthält die Figur? Wie viele davon sind sogar gleichseitig? Vergleiche deine Beantwortung der Fragen mit den Ergebnissen von Mitschülerinnen und Mitschülern.

a)
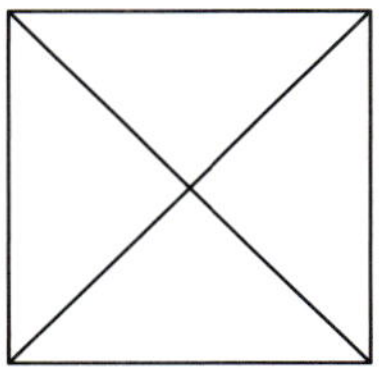

b)
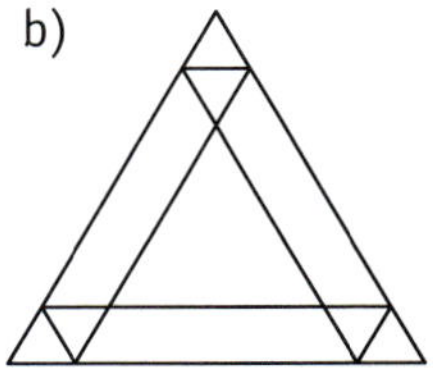

c)
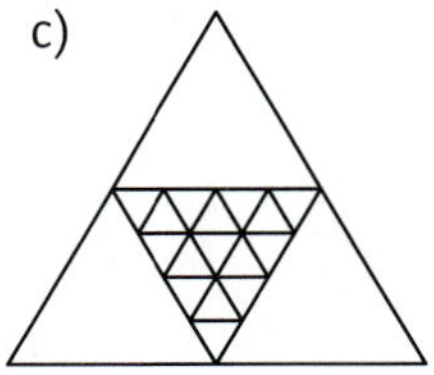

Bleib FIT!

Die Ergebnisse der Aufgaben 1 bis 9 ergeben zwei Speisen aus Norddeutschland.

1. a) Berechne das Produkt von 23 und 17.
b) Berechne die Differenz von 39 und 18.

2. 6 Hefte kosten 3,90 €. 5 Hefte kosten ■ €.

3. Ein Kreis hat den Durchmesser 7,6 cm.
Wie viel cm ist der Radius lang?

4. Gegeben sind die Winkel 19°, 90°, 111°, 176°, 180°, 270°. Addiere alle stumpfen Winkel.

5. Berechne. a) $\frac{2}{3} + \frac{1}{4}$ b) $\frac{5}{12} \cdot 3$

6. Addiere die Kennzahlen der Figuren
a) die achsensymmetrisch sind,
b) die punktsymmetrisch sind.

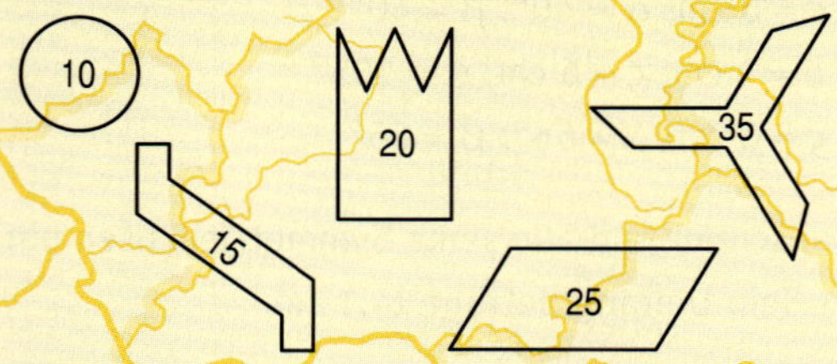

7. Berechne das Volumen des Quaders.
V = ■ cm^3

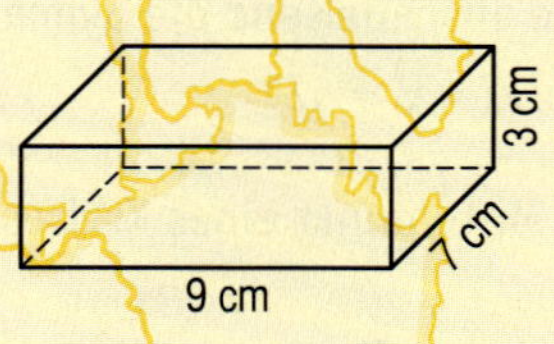

8. Berechne. a) 9,753 – 1,246 b) 31,2 : 12

9. Wandle in die angegebene Einheit um.
a) 7 min = ■ s b) 6 h = ■ min
c) 2 Tage 8 h = ■ h d) $\frac{3}{4}$ h = ■ min

- $\frac{3}{7}$ B
- $\frac{3}{7}$ W
- $\frac{11}{12}$ S
- $\frac{15}{28}$ R
- $\frac{5}{6}$ R
- $\frac{21}{20}$ K
- $1\frac{1}{4}$ R
- 2,3 P
- 2,6 R
- 3,25 T
- 3,4 D
- 3,8 J
- 8,123 L
- 8,507 G
- 21 A
- 25 N
- 30 O
- 40 I
- 45 E
- 50 T
- 56 Z
- 70 W
- 189 E
- 287 E
- 350 H
- 360 T
- 391 M
- 410 C
- 737 F
- 420 Ü

Kongruente Figuren

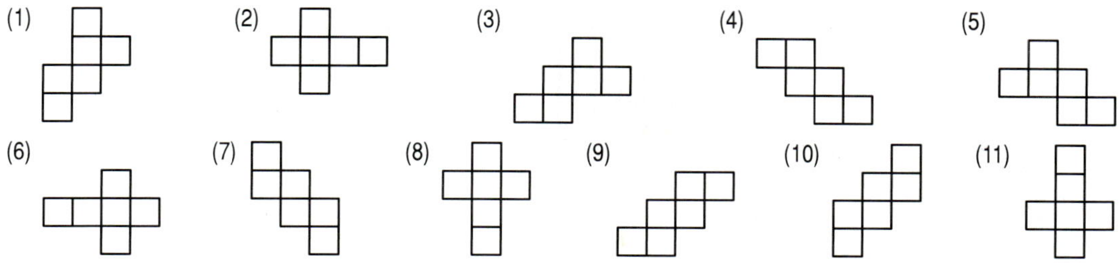

1. Wie viele verschiedene Formen von Würfelnetzen sind hier zu sehen? Überlege gemeinsam mit anderen, welche Netze genau aufeinander passen würden. Begründet eure Meinung so anschaulich wie möglich, Papier, Bleistift, Geodreieck und Schere sind dabei sehr hilfreich.

Figuren sind **kongruent** (deckungsgleich), wenn sie so übereinander gelegt werden können, dass sie genau aufeinander passen. In kongruenten Figuren stimmen Winkel und Seitenlängen überein.

2. Welche Figuren sind kongruent? Ordne zu (z. B.: Figur Ⓕ ist kongruent zu Figur ⑥).

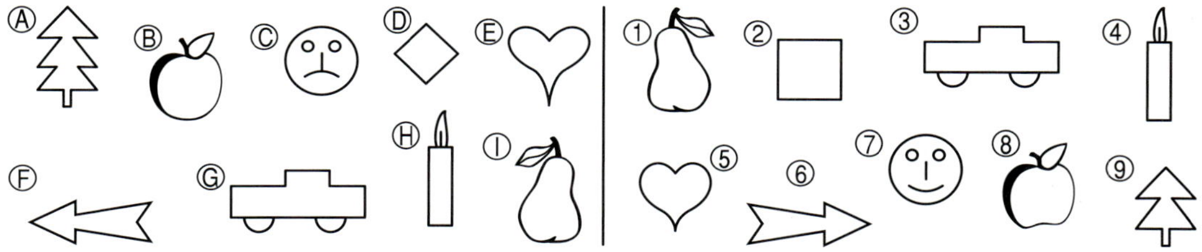

3. Übertrage die Zeichnung in dein Heft. Die beiden Figuren sind jeweils zueinander kongruent. Kennzeichne entsprechende Winkel und Seiten mit derselben Farbe.

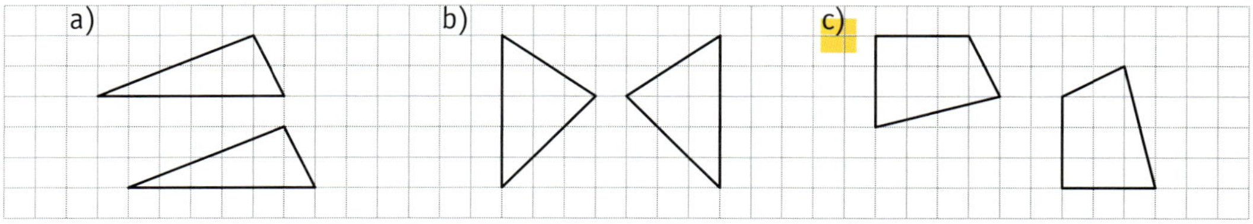

4. Welche Figuren sind zueinander kongruent?

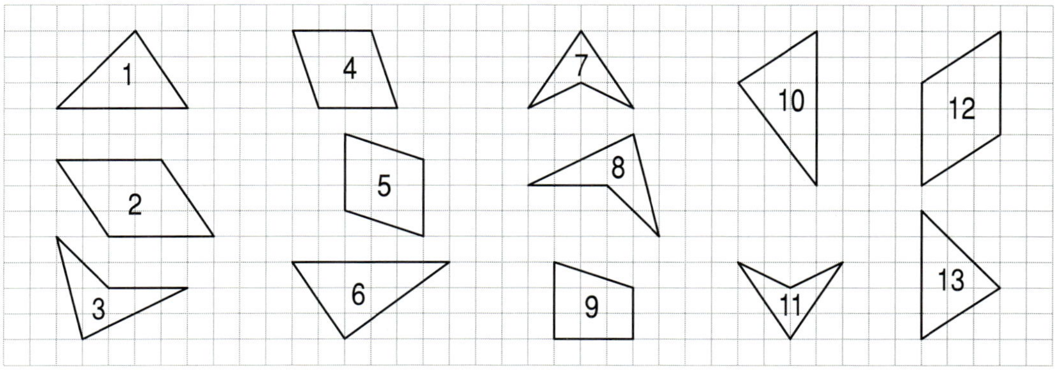

Parkette

1.

Zeichne selbst zwei solche Parkette, die du gesehen oder erfunden hast.

2. Zeichne im Heft Parkette mit einem Trapez und mit einem Drachen als Grundfigur.

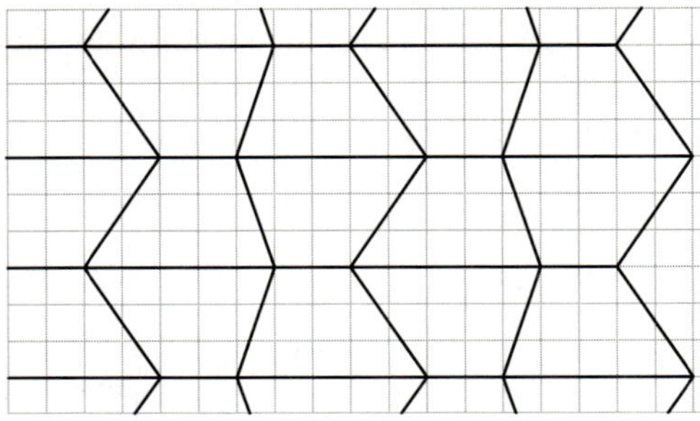

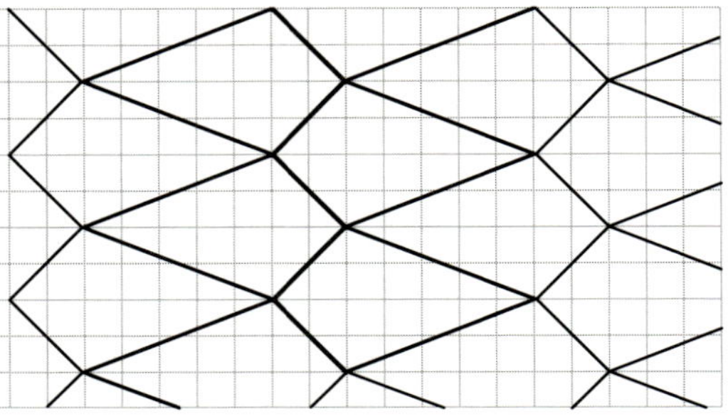

3. Zeichne im Heft mit der Grundfigur ein Parkett.

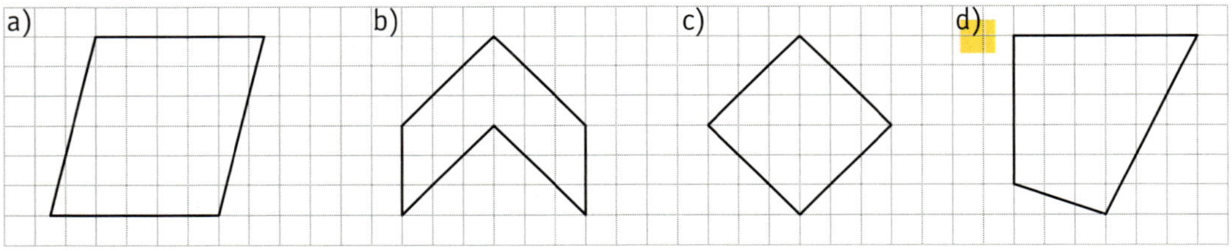

4. Kannst du mit dieser Figur ein Parkett zeichnen? Präsentiere dein Ergebnis.

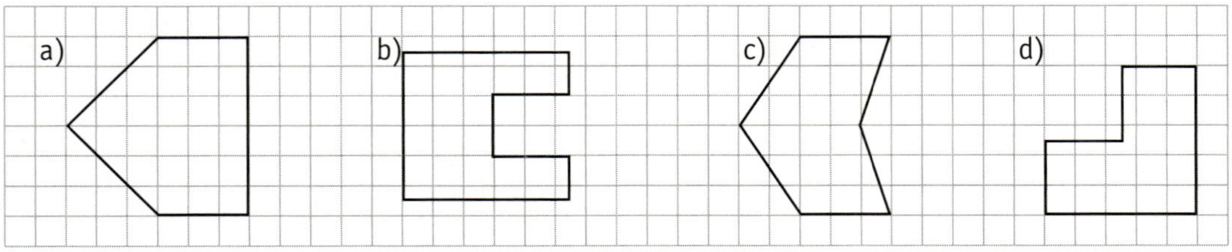

5. a) Zeichne ein Parkett mit einem beliebigen Dreieck als Grundfigur. Beginne so, dass du zunächst mit zwei Dreiecken ein Parallelogramm erhältst.

b) Gibt es ein Dreieck, mit dem kein Parkett gezeichnet werden kann? Begründe deine Antwort.

6. Erfinde selbst nicht rechteckige Grundfiguren für ein Parkett und zeichne drei verschiedene Parkette.

Schrägbilder

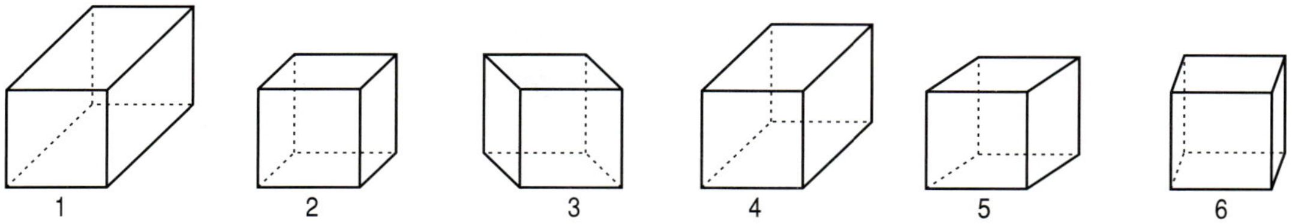

1. Worin unterscheiden sich die Würfelbilder? Arbeitet in Gruppen und schreibt auf, welche Unterschiede euch auffallen. Vergleicht dann eure Lösung mit den Lösungen anderer Gruppen.

Zeichnen eines Schrägbildes

Vorderfläche zeichnen.

Senkrecht nach hinten laufende Kanten in halber Länge unter 45° zeichnen.

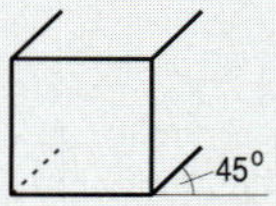

Fehlende Kanten zeichnen. Unsichtbare Kanten gestrichelt.

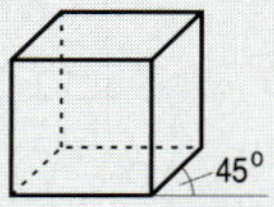

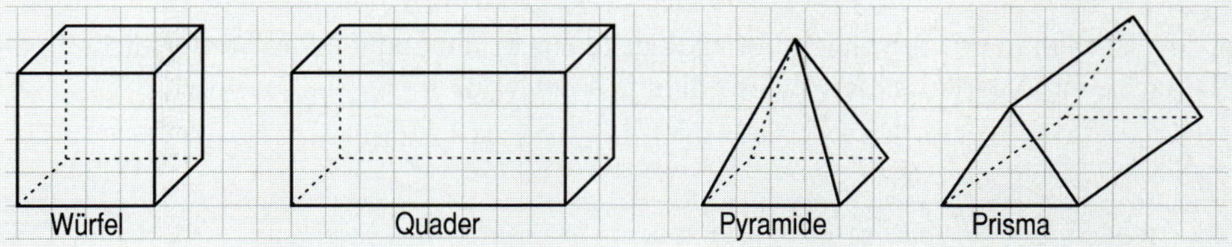

TIPP

Nach hinten verlaufende Kanten enden nicht immer auf einem Gitterpunkt.

2. Zeichne das Schrägbild eines Würfels bzw. eines Quaders mit den angegebenen Kantenlängen.

a) a = b = c = 6 cm b) a = 3 cm b = 4 cm c = 6 cm c) a = 8 cm b = 6 cm c = 4 cm

3. Besorge dir eine quaderförmige Streichholzschachtel und fertige davon drei verschiedene Schrägbilder an. Beginne jeweils mit einer anderen Vorderfläche.

4. Finde die Fehler bei den abgebildeten „Würfel-Schrägbildern". Überlege mit anderen, begründe.

a) b) c) d) e) f)

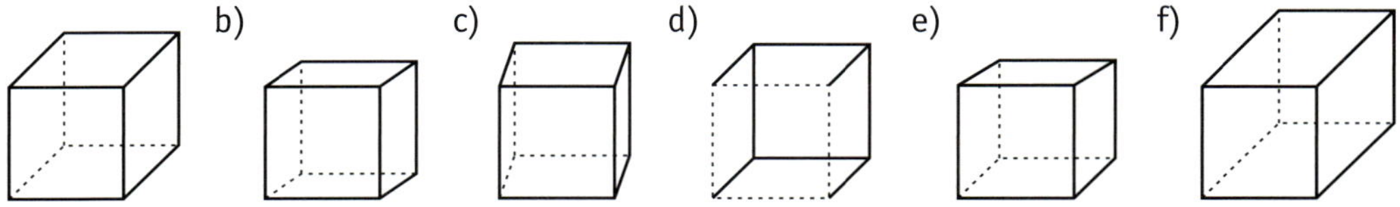

5. Aus welcher Blickrichtung siehst du den Würfel?

a) b) c)

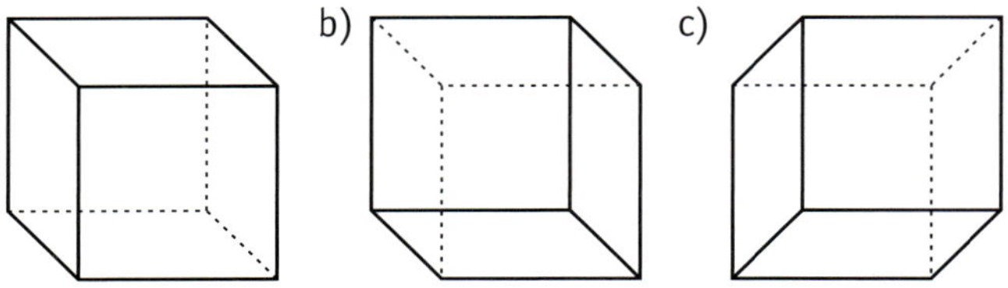

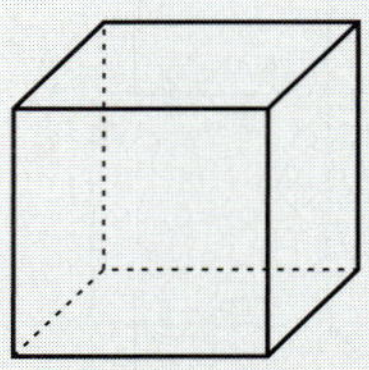

Diesen Würfel sieht man von rechts oben.

6. Übertrage das Schrägbild in dein Heft.

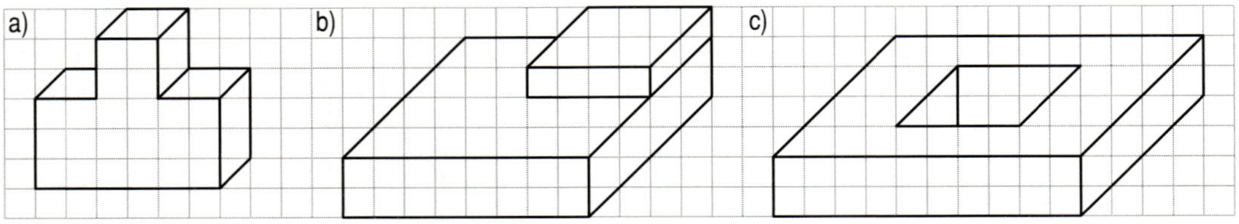

7. Zeichne das Schrägbild des Körpers.

a) Würfel mit a = 6,4 cm b) Quader mit a = 7 cm b = 4,5 cm c = 3,2 cm

8. Übertrage das angefangene Quader-Schrägbild in dein Heft. Ergänze die fehlenden Kanten.

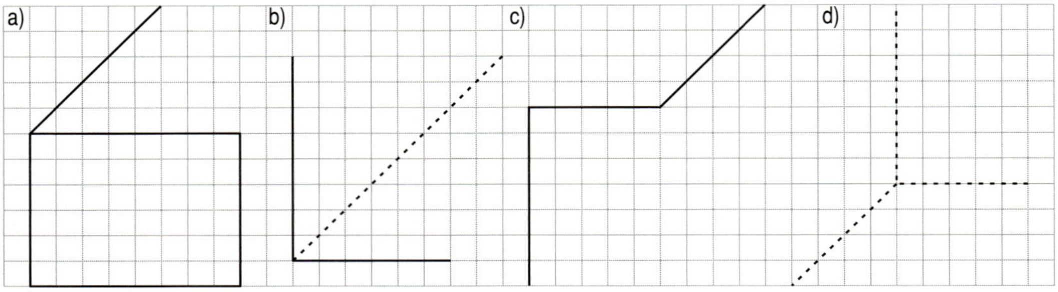

9. Zeichne das Schrägbild des Prismas. Übertrage dazu zuerst die abgebildete Vorderfläche in dein Heft. Die nach hinten verlaufenden Kanten sind je 4 cm lang.

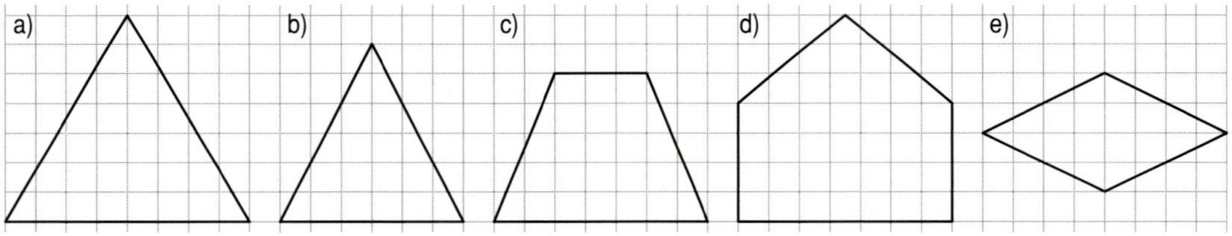

10. a) Zeichne den Blockbuchstaben T im Schrägbild. Wähle dafür folgende Maße: a = 3 cm, b = 1 cm, c = 4 cm, d = 1 cm.

b) Zeichne entsprechende Schrägbilder der Buchstaben L und E. Wähle die Maße selbst.

!!!! c) Überlege dir weitere Buchstaben, von denen man gut Schrägbilder zeichnen kann und zeichne Wörter aus diesen Buchstaben.

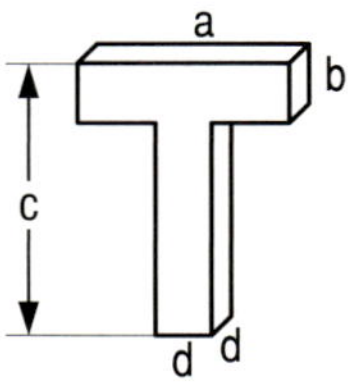

!!!! **11.** Schau dir die beiden „Kipp- und Umspringbilder" genau an, dann weißt du, woher die Bezeichnung kommt. Drehe dein Buch und betrachte erneut. Was ist vorne, hinten, oben, unten? Sprich mit deinem Nachbarn darüber, wie er das Bild sieht.

a)

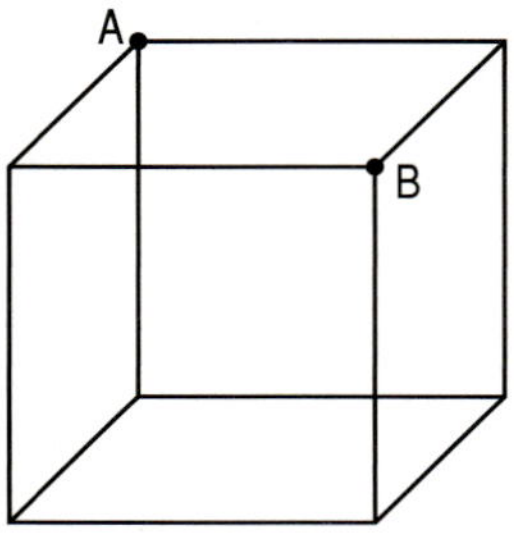

b)

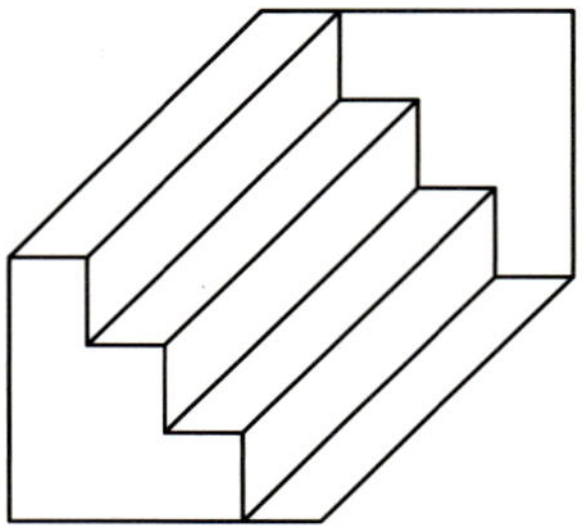

1. Aus den gegebenen Stücken lässt sich ein Dreieck konstruieren. Zeichne die Planfigur und gib an, ob nach WSW, SWS oder SSS konstruiert wird.

a) $a = 8$ cm; $b = 6{,}5$ cm; $c = 5{,}8$ cm

b) $c = 6$ cm; $\alpha = 48°$; $\beta = 75°$

c) $a = 3{,}9$ cm; $b = 5{,}3$ cm; $\gamma = 70°$

2. Konstruiere das Dreieck.

a) $b = 6$ cm; $c = 8$ cm; $\alpha = 41°$

b) $b = 8$ cm; $\alpha = 50°$; $\gamma = 70°$

c) $a = 7{,}5$ cm; $b = 6$ cm; $c = 8$ cm

d) $a = 7{,}8$ cm; $b = 6{,}2$ cm; $\gamma = 87°$

3. Berechne den fehlenden Dreieckswinkel.

a) b) c)

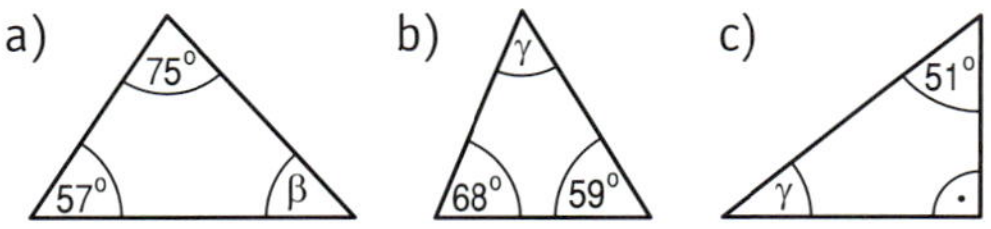

4. Welcher Dreieckstyp liegt vor?

a) $a = 6$ cm; $b = 6$ cm; $c = 6$ cm

b) $\alpha = 90°$; $\beta = 35°$; $\gamma = 55°$

c) $a = 7$ cm; $b = 7$ cm; $c = 8$ cm

d) $\alpha = 124°$; $\beta = 33°$; $\gamma = 23°$

e) $\alpha = 40°$; $\beta = 40°$; $\gamma = 100°$

f) $\alpha = 55°$; $\beta = 60°$; $\gamma = 65°$

g) $\alpha = 52°$; $\beta = 76°$; $\gamma = 52°$

5. Zeichne das Dreieck und seine Symmetrieachsen.

a) gleichseitiges Dreieck mit $a = b = c = 6{,}5$ cm

b) gleichschenkliges Dreieck mit $a = b = 7$ cm; $\gamma = 42°$

6. Welche Figuren sind zueinander kongruent?

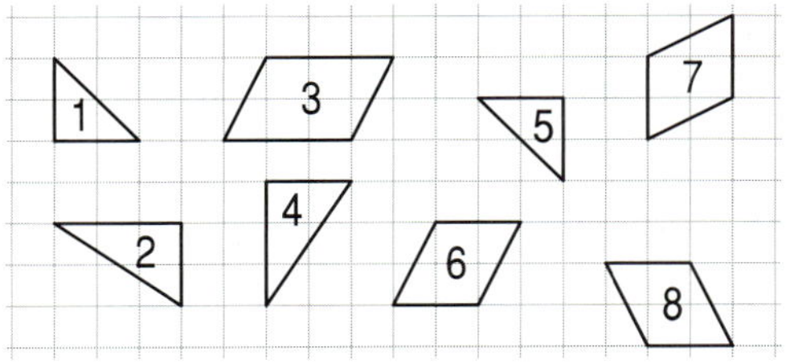

7. Zeichne das Schrägbild eines Würfels mit der Kantenlänge $a = 5$ cm.

8. Zeichne das Schrägbild eines Quaders mit den Kantenlängen $a = 3$ cm $b = 7$ cm $c = 5$ cm.

Dreieckskonstruktionen

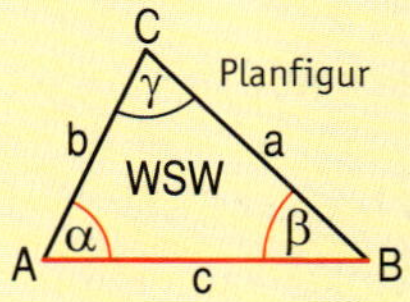

1. Strecke $\overline{AB}$ zeichnen
2. Winkel α und β antragen

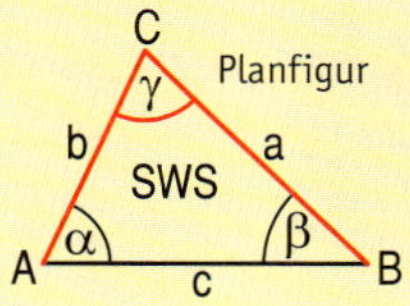

1. Strecke $\overline{BC}$ zeichnen
2. Winkel γ an $\overline{BC}$ antragen
3. Strecke $\overline{AC}$ abtragen

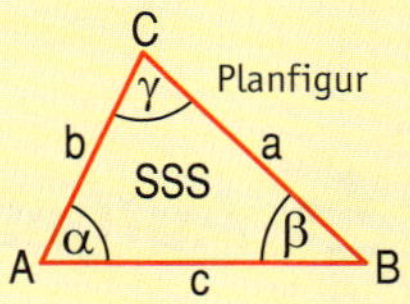

1. Strecke $\overline{AB}$ zeichnen
2. Kreisbogen um A mit Radius b
3. Kreisbogen um B mit Radius a

Winkelsumme im Dreieck:
$\alpha + \beta + \gamma = 180°$

Dreieckstypen

spitzwinklig

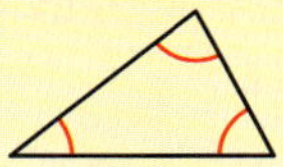

Alle drei Winkel sind kleiner als 90°.

stumpfwinklig

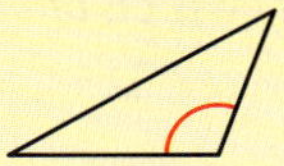

Ein Winkel ist größer als 90°.

rechtwinklig

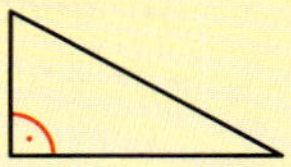

Ein Winkel ist 90° groß.

gleichschenklig

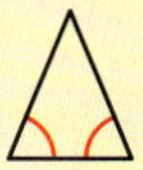

Zwei Winkel sind gleich groß, zwei Seiten gleich lang.

gleichseitig

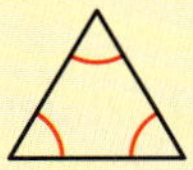

Jeder Winkel ist 60° groß, alle Seiten sind gleich lang.

Zwei Figuren sind **kongruent** (deckungsgleich), wenn sie so übereinander gelegt werden können, dass sie genau aufeinander passen.

Schrägbild

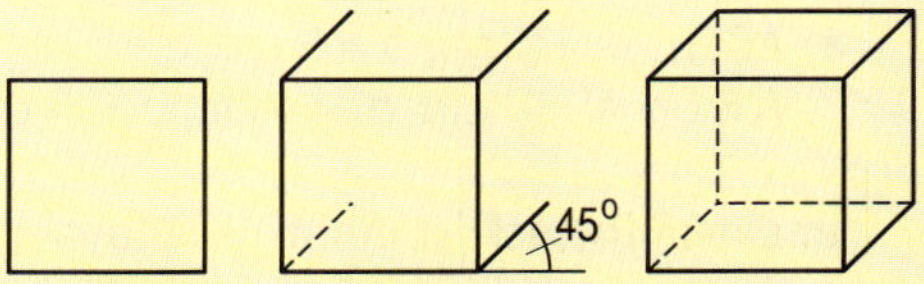

1. Vorderfläche zeichnen
2. Senkrecht nach hinten laufende Kanten mit halber Länge unter 45° zeichnen.

DIAGNOSETEST

1. Konstruiere ein Dreieck ABC mit a = 5 cm, c = 7,5 cm und $\beta = 52°$. Mache zuerst eine Planfigur.

2. Konstruiere ein Dreieck ABC mit a = 4 cm, b = 6,4 cm und c = 8 cm. Mache zuerst eine Planfigur.

3. a) Zwei Winkel eines Dreiecks ABC sind bekannt: $\alpha = 63°$, $\gamma = 47°$. Wie groß ist der dritte?
b) Wie viele rechte Winkel kann ein Dreieck haben? Begründe deine Antwort.

4. Markiere die Eckpunkte des Dreiecks ABC im Koordinatensystem und bestimme den Dreieckstyp.
a) A(1 | 1) B(7 | 1) C(4 | 5)
b) A(2 | 2) B(8 | 2) C(2 | 6)

5. Zeichne das Schrägbild eines Quaders mit den Kanten a = 3 cm, b = 4 cm, c = 10 cm.

Wähle weitere 5 Aufgaben aus

1. Im Dreieck ABC ist a = c = 8 cm und $\beta = 100°$.
a) Welche der fehlenden Seiten und Winkel lassen sich jetzt berechnen? Wie groß sind sie?
b) Bestimme die nicht berechenbaren Größen durch Zeichnen und Messen.

2. Zeichne ein solches Dreieck oder begründe, warum es solch ein Dreieck nicht gibt.
a) stumpfwinklig, gleichschenklig
b) stumpfwinklig, gleichseitig

3. Woran erkennst du *ohne* zu konstruieren, dass ein solches Dreieck ABC nicht möglich ist?
a) c = 8 cm, $\alpha = 125°$, $\beta = 65°$
b) a = 5 cm, b = 3 cm, c = 10 cm

4. Wie lang ist die nicht direkt zu messende Strecke von B nach C?

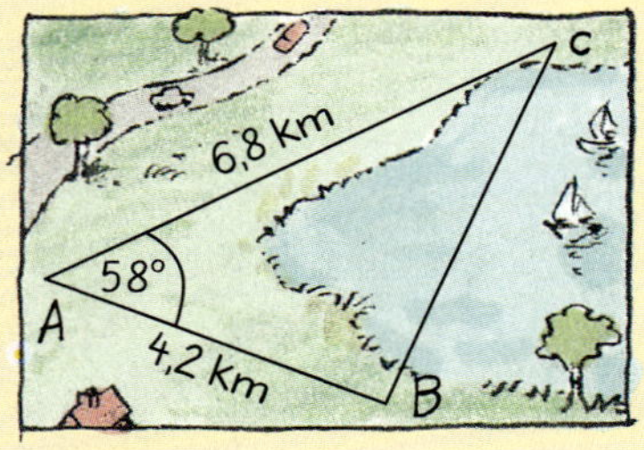

5. Wie hoch ist der Turm? Beachte, dass er aus 1,50 m Augenhöhe angepeilt wird.

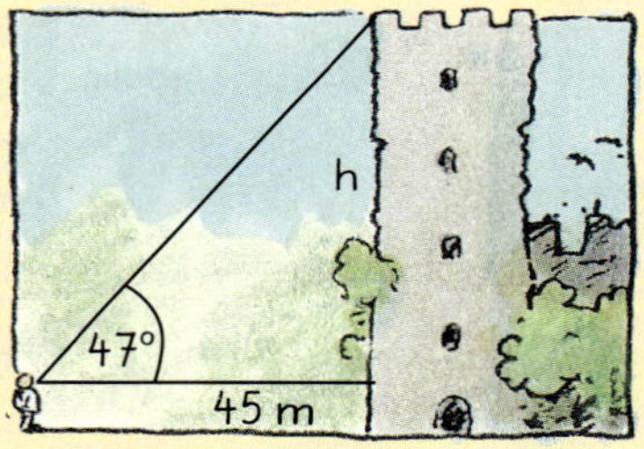

6. Für eine Segelregatta wird mit Wendebojen A, B und C ein Dreieckskurs markiert. Die Wendebojen haben folgende Abstände voneinander: $\overline{AB} = 5{,}5$ km; $\overline{AC} = 9{,}0$ km; $\overline{BC} = 7{,}5$ km. Fertige eine maßstabsgerechte Zeichnung des Dreieckskurses an und miss die Winkel für die Kursorientierung bei den Wendebojen.

7. Sind die beiden Dreiecke ABC und A'B'C' kongruent? Begründe deine Antwort.
a) ABC: a = 4 cm, b = 5 cm, c = 7 cm
A'B'C': a' = 7 cm, b' = 4 cm, c' = 5 cm
b) ABC: a = 5 cm, $\alpha = \beta = 35°$
A'B'C': c' = b' = 5 cm, $\alpha' = 110°$

8. In einem Dreieck ist ein Winkel doppelt so groß wie der kleinste Winkel und der dritte Winkel dreimal so groß wie der kleinste Winkel. Wie groß sind die Winkel des Dreiecks?

9. Auf einem Würfel mit 8 cm Kantenlänge steht in der Mitte der oberen Fläche ein Würfel mit 4 cm Kantenlänge. Zeichne ein Schrägbild.

Prozentrechnung 4

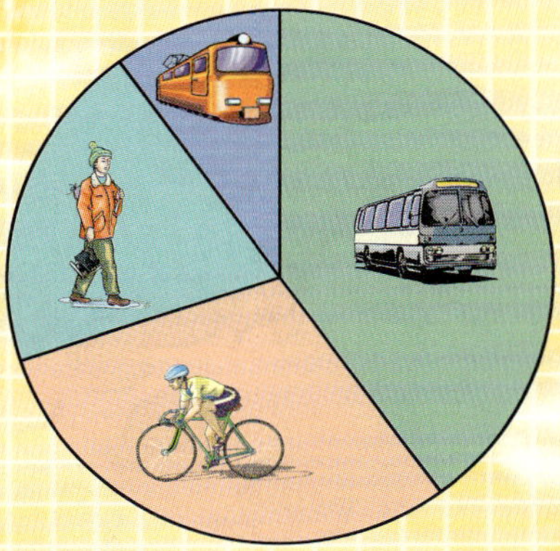

Prozentsätze

1. Bildet Gruppen mit jeweils drei oder vier Schülerinnen und Schülern. Jede Gruppe gestaltet ein Lernplakat zum Thema „Prozentsätze". Aus jeder Gruppe stellt eine Person das Lernplakat vor und erklärt es. Anschließend berät die Klasse darüber, welches Lernplakat besonders geeignet ist, an der Wand der Klasse aufgehängt zu werden.

2. Partnerarbeit: Auf der vorigen Seite ist das Ergebnis einer Schülerbefragung dargestellt.

a) Um welche Befragung handelt es sich? Wie sind die Ergebnisse dargestellt?

b) Beide Diagramme zeigen die gleichen Anteile. Schätzt, wie groß sie sind. Wo lest ihr die Anteile am besten ab?

c) Wie würdet ihr eine Befragung zum Thema in eurer Schule durchführen? Beschreibt das Vorgehen und schätzt die Ergebnisse einer solchen Untersuchung.

3. Schreibe den Prozentsatz als Bruch und den Bruch als Prozentsatz. Kürze, wenn es geht.

a) 16% $\frac{57}{100}$ b) 1% $\frac{8}{100}$ c) 50% $\frac{25}{100}$ d) 20% $\frac{10}{100}$ e) 2% $\frac{13}{100}$ f) 75% $\frac{7}{100}$ g) 100% $\frac{99}{100}$

4. Bestimme 1% von der Größe.

a) 1% von 500 €; 1% von 700 €
b) 1% von 900 m; 1% von 200 m
c) 1% von 300 kg; 1% von 100 kg
d) 1% von 1 000 €; 1% von 3 000 €
e) 1% von 7 000 m; 1% von 6 000 m
f) 1% von 2 000 kg; 1% von 9 000 kg

1% von 400 €

400 € · $\frac{1}{100}$ = 4 € (400 : 100)

1% von 400 € = 4 €

5. Welche Kugel gehört in welche Tonne? Schreibe auf und begründe deine Entscheidung.

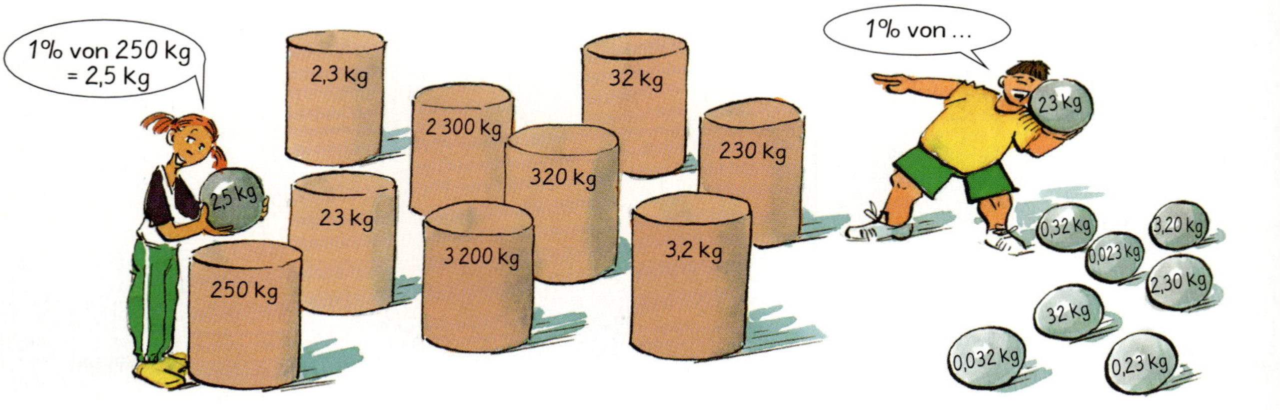

6. Bestimme immer ein Prozent.

a) 1% von 67 m b) 1% von 29 € c) 1% von 94 m d) 1% von 103 €
e) 1% von 57 cm f) 1% von 23 kg g) 1% von 48 m h) 1% von 38 kg
i) 1% von 7 € j) 1% von 5 kg k) 1% von 1 m l) 1% von 6 *l*
m) 1% von 2 € n) 1% von 3 kg o) 1% von 5 m p) 1% von 8 km

TIPP
Denke dir ein Komma nach dem Einer und verschiebe es:
67 m = 67,0 m

7. Bestimme immer 1% von der Größe.

a)	b)	c)	d)	e)
900 €	459,00 km	234,500 km	4 378,5 kg	2 kg
40 €	26,50 km	74,320 km	657,8 kg	0,3 kg
2 €	1,82 km	8,675 km	12,4 kg	0,07 kg

8. Bestimme erst 1%, dann 3% von der Größe.

a) 500 € b) 800 € c) 700 €
d) 2 000 kg e) 3 000 kg f) 6 000 kg
g) 250 m h) 110 m i) 320 m

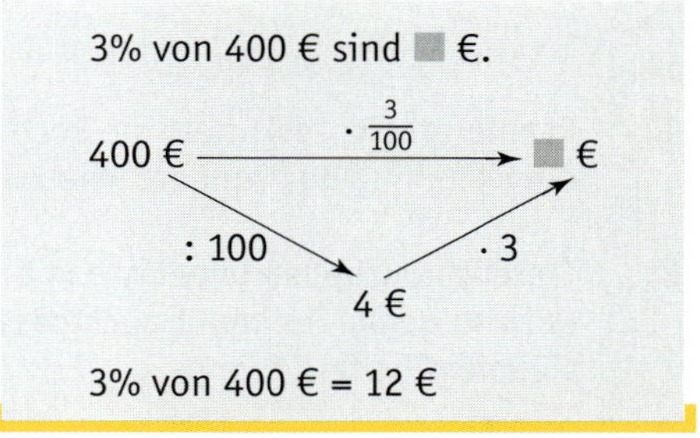

9. Bestimme immer 5% von der Größe.

a) 200 € b) 600 € c) 500 €
d) 4 000 kg e) 2 000 kg f) 1 000 kg

10. a) 2% von 700 € b) 4% von 300 € c) 5% von 600 € d) 10% von 500 €

11. Pascal hat 300 Briefmarken. 4% davon sind aus Asien, 3% stammen aus Afrika. Wie viele Marken besitzt er von diesen Erdteilen, wie viele von den übrigen Erdteilen?

!!!! **12.** Bei einer Tombola werden 600 Lose verkauft. Es gibt einen Hauptpreis, 3 % der Lose sind mittlere Gewinne und 7 % der Lose sind Trostpreise. Stelle drei Fragen und berechne die Lösungen.

!!!! **13.** Für einen Versuch im Biologieunterricht hat Marion auf jedes Feld gleich viele Erbsen gelegt. Stelle drei Fragen und berechne die Lösungen.

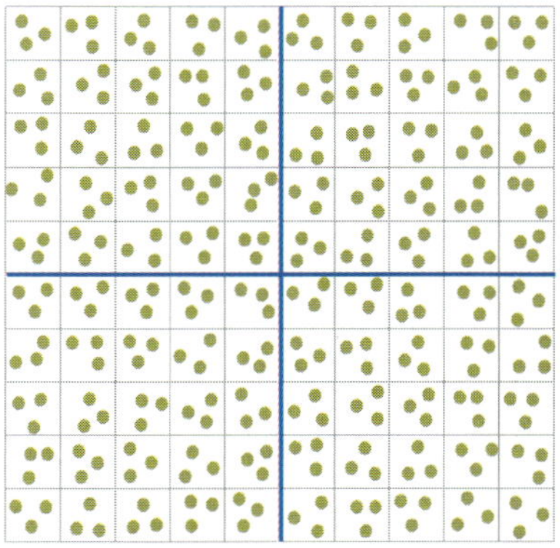

14. Zeichne ein Hunderterfeld. Färbe 50% blau, 25% grün, 10% gelb, 5% schwarz und 1% rot.

a) Wie viel Prozent des Hunderterfeldes sind nicht gefärbt?
b) Denk dir auf jedem Feld sechs 1-Euro-Münzen. Wie viele Euro liegen dann auf den blauen, grünen, gelben, schwarzen und roten Feldern? Wie viele Euro sind es insgesamt?

15. Denke dir auf jedem einzelnen der 100 Felder 4 Autos.

a) Wie viele Autos sind dann auf dem Hunderterfeld?
b) Wie viele Autos sind 1%, 2%, 5% und 7% davon?

16. Denke dir auf jedem einzelnen der 100 Felder 5 Personen.

a) Wie viele Personen sind dann insgesamt auf dem Hunderterfeld?
b) Wie viele Personen sind $\frac{1}{100}$, $\frac{8}{100}$, $\frac{3}{10}$ und $\frac{7}{10}$ davon?

Prozentsätze und Brüche

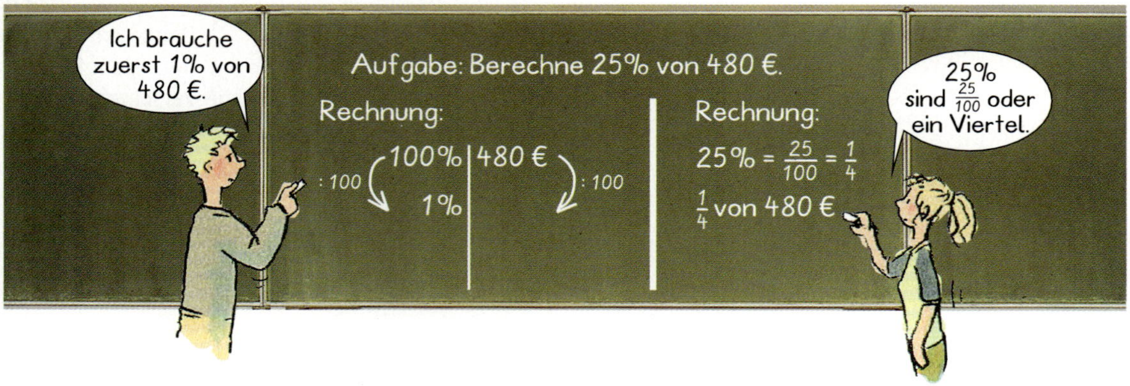

1. Partnerarbeit: Diskutiert die Rechenwege des Jungen und des Mädchens. Woran erinnert euch die Rechnung des Jungen? Wie würdet ihr rechnen?

2. Erstellt in Gruppen eine Liste mit einfachen Prozentsätzen und passenden Brüchen. Zeichnet dazu so genau ihr könnt auch passende Bilder. Die folgenden Zeichnungen können euch dabei vielleicht helfen.

3.
a) $\frac{1}{4}$ von 80 l b) $\frac{1}{5}$ von 250 € c) $\frac{2}{3}$ von 900 kg d) $\frac{3}{4}$ von 800 €
e) $\frac{2}{5}$ von 60 l f) $\frac{1}{10}$ von 700 € g) $\frac{1}{100}$ von 500 kg h) $\frac{5}{6}$ von 120 €

4. Rechne mit dem passenden Bruch.
a) 10% von 70 € b) 20% von 25 € c) 25% von 40 € d) 50% von 60 €
e) 75% von 40 € f) 50% von 44 € g) 75% von 120 € h) 75% von 80 €

5. Bestimme immer 10% von der Größe. Wähle im Ergebnis eine sinnvolle Maßeinheit.

a)	b)	c)	d)	e)	f)
4 300 l	187 €	25,6 m	125,61 kg	1,5 t	386,50 €
3 150 l	46 €	3,8 m	5,75 kg	0,3 t	5,30 €
270 l	8 €	0,4 m	0,63 kg	70,8 t	0,60 €

6. Hält man hier ein, was man verspricht?

Vermischte Aufgaben

1. Gib den gefärbten Anteil als Bruch, als Dezimalbruch und in Prozent an.

a) b) c) d) e)

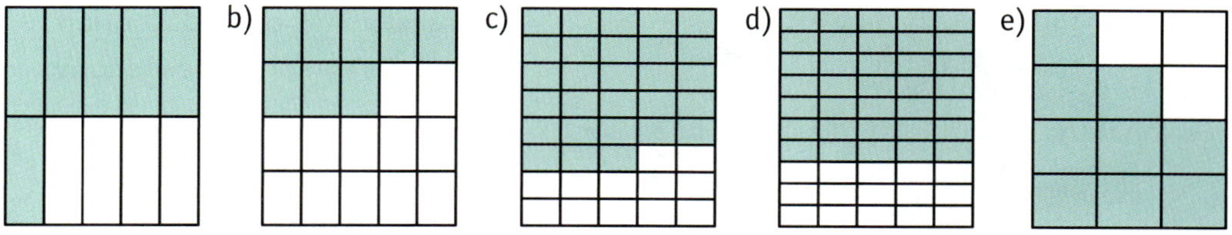

2. Partnerarbeit: Ein Stück Käse wiegt 240 g. Eine oder einer von euch berechnet, wie viel die angegebenen Bruchteile davon wiegen. Der oder die andere rechnet aus, wie viel Gramm den Prozentsätzen entsprechen. Viele Ergebnisse sind gleich. Welche sind es? Tipp: Schreibt die Aufgaben und Ergebnisse ordentlich auf, am besten jeweils in einer Tabelle.

Bruchteile von 240 g

$\frac{1}{2}$ $\frac{1}{3}$ $\frac{1}{4}$ $\frac{1}{5}$ $\frac{1}{6}$ $\frac{1}{8}$ $\frac{3}{4}$ $\frac{3}{5}$ $\frac{3}{6}$ $\frac{3}{8}$

$\frac{2}{3}$ $\frac{2}{4}$ $\frac{2}{5}$ $\frac{2}{6}$ $\frac{2}{8}$ $\frac{4}{5}$ $\frac{4}{6}$ $\frac{4}{8}$ $\frac{5}{6}$ $\frac{5}{8}$

Prozentsätze von 240 g

1% 2% 3% … 9% 10%

20% 30% … 100% 25% 75%

3. Welcher Prozentsatz gehört zu dem Bruch $\frac{1}{3}$? Überlege, diskutiere mit anderen, rechne und begründe deine Prozentangabe.

4. Setze <, = oder > ein: a) 52% ■ $\frac{1}{2}$ b) $\frac{1}{4}$ ■ 30% c) 12,5% ■ $\frac{125}{1000}$

5. Bestimme immer 10% bzw. $\frac{1}{10}$ von der Größe.

a) 380 € b) 1750 *l* c) 34,5 kg d) 1,9 m e) 3,75 t f) 198,50 €
g) 7 € h) 0,5 *l* i) 0,32 kg j) 0,5 m k) 0,99 t l) 0,85 €

6. Das Ganze ist 300 €. Berechne die Anteile und vergleiche.

a) $\frac{1}{4}$, 20%, $\frac{1}{3}$ b) 50%, $\frac{2}{5}$, $\frac{2}{3}$ c) 25%, $\frac{1}{3}$, $\frac{1}{5}$ d) $\frac{3}{4}$, 60%, $\frac{2}{3}$

7.

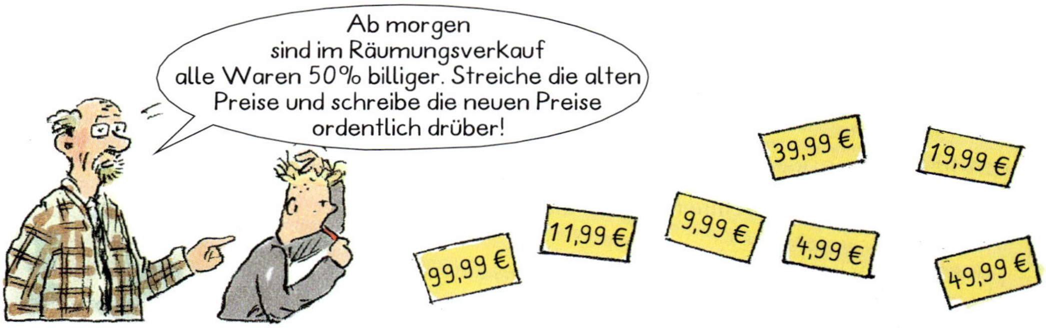

8. Immer 3 Kärtchen passen zusammen.

36 *l* von 360 *l* | 25 kg von 75 kg | 120 € von 480 € | 15 m von 75 m | 150 € von 200 €

25% | $\frac{1}{5}$ | $\frac{1}{3}$ | $\frac{3}{4}$ | 0,1 | $33\frac{1}{3}$% | $\frac{1}{4}$ | 10% | 20% | 75%

Grundwert und Prozentwert

Grundwert G

Herr Marten verdient 1500 €.

Prozentsatz p%

Davon muss er 30% für die Miete bezahlen.

Prozentwert W

Das sind 450 € im Monat.

240 Triathleten haben das Ziel erreicht.
Das sind 80% aller 300 Triathleten,
die am Wettkampf teilgenommen haben.

Grundwert G

Prozentsatz p%

Prozentwert W

1. Was ist der Grundwert (G), was der Prozentsatz (p%) und was der Prozentwert (W)?

a) Von 1000 € sind 50% genau 500 €.
b) 8 kg von 80 kg sind 10%.
c) 32 kg sind 10 % von 320 kg.
d) 4,50 € sind 1 % von 450 €.
e) 0,40 € sind von 2 € genau 20%.
f) 2% von 150 Gästen sind 3 Gäste.

2. Erarbeitet zu zweit 4 Beispiele: Jeder schreibt zwei kurze Texte wie in Aufgabe 1 auf. Wählt einfache Zahlen zum Kopfrechnen.
Dann tauscht die Texte aus. Jeder prüft die Zahlen im fremden Text und schreibt G über den Grundwert, p% über den Prozentsatz und W über den Prozentwert.

3. Bestimme den Prozentwert (W).

a)

Grundwert (G)	Prozentsatz (p%)
900 €	10%
160 €	25%

b)

Grundwert (G)	Prozentsatz (p%)
240 kg	1%
150 kg	20%

c)

Grundwert (G)	Prozentsatz (p%)
48 *l*	50%
62 *l*	10%

4. Bestimme den Prozentwert (W).

a) 25% von 200 €
b) 50% von 124 kg
c) 75% von 160 m
d) 1% von 460 €
e) 10% von 230 kg
f) 50% von 148 m
g) 20% von 500 €
h) 20% von 120 kg
i) 25% von 1000 m

5. In der Tabelle stehen Prozentwerte. Auf welche Schule trifft die Angabe zu? Notiere Grundwert G, Prozentwert W und Prozentsatz p%.

a) 20% von 600 Schülerinnen und Schülern sind in einem Sportverein.
b) 10% von 300 Jugendlichen benutzen den Bus.
c) 50% von 500 Schülerinnen und Schülern sind Mädchen.

Schule	Schülerinnen/ Schüler
Newtonschule	100
Celsiusschule	120
Maxwellschule	250
Hertzschule	30

6. Überlege zunächst, wie viel Prozent des Kreises eingefärbt sind. Bestimme dann den Grundwert (G).

a) 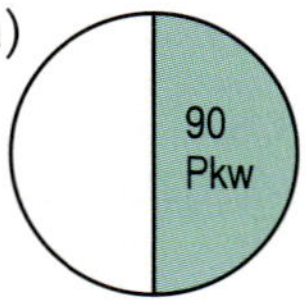

b) 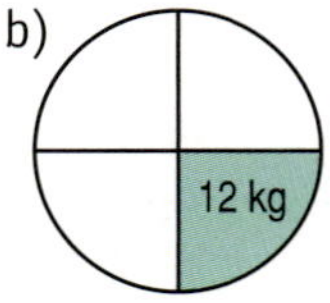

c) 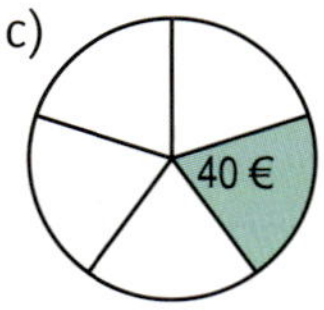

d) 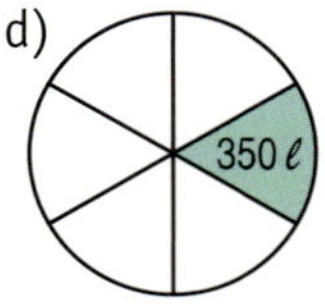

TIPP
Der ganze Kreis steht für 100%, also für G.

7. 5% von 800 = 40

Erfinde drei Textaufgaben. Dabei soll einmal 5%, einmal 800 und das dritte Mal 40 die Lösung sein. Stelle deine Aufgaben der Klasse vor.

Berechnung des Prozentwertes W

Wie viel Euro sind 15% von 800 €? Gegeben: G = 800 €, p% = 15%; gesucht: W

Operatorschreibweise

$15\% = \frac{15}{100} = 0{,}15$

$800\ € \xrightarrow{\cdot \frac{15}{100}} \blacksquare\ €$

Rechnung: 800 · 0,15 = 120

W = 120 €

Dreisatz

: 100	100%	800 €	: 100
· 15	1%	8 €	· 15
	15%	**120 €**	

1% von 800 € = 8 €

15% von 800 € sind 120 €.

1. Partnerarbeit: Denkt euch eine Aufgabe zur Berechnung des Prozentwertes aus. Du erklärst deiner Partnerin oder deinem Partner die Rechnung mit dem Operator. Sie oder er erklärt dir den Rechenweg mit dem Dreisatz (oder umgekehrt). Welchen Weg bevorzugt ihr, oder findet ihr noch einen anderen?

2. Berechne den Prozentwert (W) mit einem Operator, dem Dreisatz oder deiner eigenen Methode.

a) 15% von 600 € b) 30% von 700 € c) 12% von 500 € d) 18% von 200 €
e) 14% von 240 kg f) 8% von 610 kg g) 11% von 130 kg h) 6% von 670 kg

3. a) Herr Schmidt muss von seinem 1620-€-Gehalt 22% Steuern zahlen. Welcher Betrag ist das?
b) Ein Paket wiegt 4800 g. Die Verpackung wiegt 17% davon. Wie viel wiegt die Verpackung?
c) Bei einer Verkehrskontrolle wurden 96 Lkws überprüft. 25% der Fahrzeuge hatten Mängel.

4. Berechne den Prozentwert (W) im Kopf oder schriftlich.

a) 12% von 100 €, 30% von 270 €
b) 8% von 400 €, 10% von 250 €
c) 1% von 76 kg, 3% von 50 kg
d) 15% von 200 m, 50% von 42 m

5. Überschlage erst mit einem passenden Bruch. Rechne dann genau.

a) 49% von 86 € b) 26% von 160 kg c) 11% von 90 €
d) 24% von 12 € e) 51% von 520 kg f) 2% von 52 €
g) 9% von 74 € h) 19% von 350 kg i) 12% von 70 €
j) 51% von 61 € k) 24% von 40 kg l) 9% von 88 €

21% von 45 €
$21\% \approx 20\% = \frac{1}{5}$
45 € : 5 = 9 €
21% von 45 € ≈ 9 €

6. Berechne den Prozentwert (W). Runde das Ergebnis auf Cent bzw. Zentimeter.

Grundwert	a) 65,40 €	b) 87,2 m	c) 256,3 m	d) 12,65 €	e) 256,6 m	f) 0,55 €
Prozentsatz	6%	14%	82%	6%	35%	5%

7. Eine Saftflasche enthält 750 ml. Davon sind 40% Fruchtanteil. Der Rest ist Wasser. Wie viel ml Fruchtsaft und wie viel ml Wasser sind in der Flasche?

8. a) Fünfzig Prozent vom Doppelten von 1200 € sind …
Es gibt mehrere Lösungen im rechten Feld. Finde sie möglichst alle.
b) Formuliere selbst ein ähnliches Rätsel und biete deinem Nachbarn richtige und falsche Lösungsvorschläge an.

600 €
120 €
$\frac{1}{2} \cdot 2 \cdot 1200$ €
100% von 1200 €
2400 €
$\frac{50}{100} \cdot (2 \cdot 1200\ €)$
50% von 600 €
1200 €

!!!!

7-Meter-Schützen für das Handballturnier gesucht

①

②

③

Berechnung des Prozentsatzes p%

Wie viel Prozent sind 36 kg von 400 kg? Gegeben: G = 400 kg, W = 36 kg; gesucht: p%

Operatorschreibweise

36 : 400 = 0,09

400 kg —·■→ 36 kg

Rechnung: $p\% = \frac{36}{400} = \frac{9}{100}$

p% = 9%

Dreisatz

	400 kg	100%	
: 400	1 kg	0,25%	: 400
· 36	36 kg	**9%**	· 36

1 kg sind 100 : 400% = 0,25%

36 kg von 400 kg sind 9%.

1. Partnerarbeit: Denkt euch eine Aufgabe zur Berechnung des Prozentsatzes aus. Jeder löst sie mit der Operatorschreibweise, dem Dreisatz oder einer eigenen Methode. Diskutiert eure Lösungswege und vergleicht eure Ergebnisse.

2. Wie viel Prozent sind 14 € von 700 €? Inas Rechnung steht auf dem Zettel. Erkläre den Rechenweg.

100%	700 €
1%	7 €
2%	**14 €**

3. Berechne den Prozentsatz (p%) mit einer Methode deiner Wahl.

a) 36 € von 600 € b) 49 € von 700 € c) 95 € von 500 €

4. Zu einem Zeltlager in Dänemark sind 300 Jugendliche angereist. 156 der Jugendlichen sind Jungen. Wie viel Prozent sind das? Wie viel Prozent der Jugendlichen sind Mädchen?

5. Notiere den Grundwert und den Prozentwert. Berechne den Prozentsatz.

a)

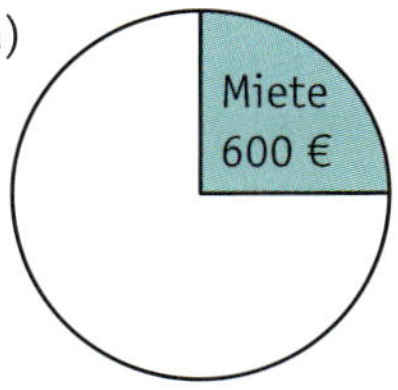

Einkommen: 2400 €

b)

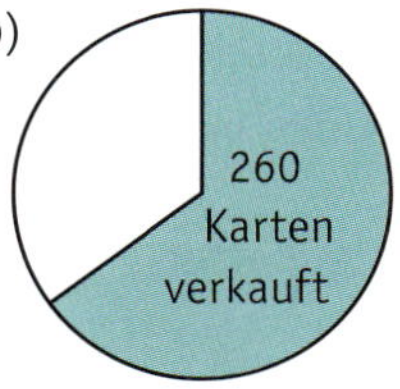

Sitzplätze: 400

c)

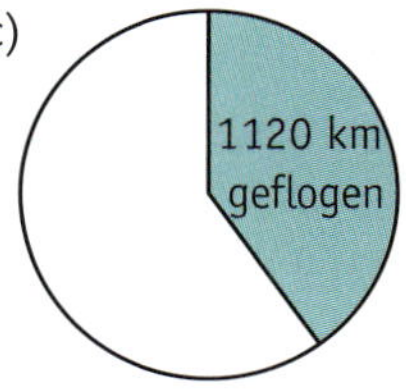

Fluglänge: 2800 km

d)

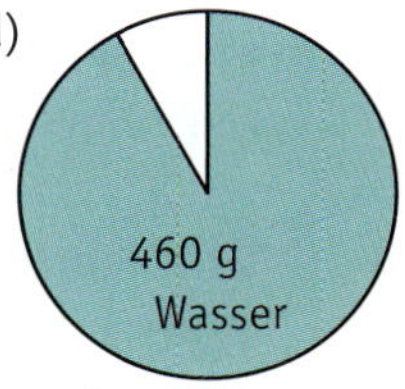

Spargel: 500 g

6. Rechne nach der Methode deiner Wahl. Wie viel Prozent sind

a) 12 kg von 60 kg, b) 100 € von 2 500 €, c) 18 m von 300 m,

d) 45 € von 1 500 €, e) 63 km von 700 km, f) 480 kg von 4 000 kg?

7. Der SC Kleinigen hat vier Sportabteilungen.

a) Wie viele Mitglieder hat der Verein insgesamt?

b) Berechne die prozentualen Anteile der vier Sportabteilungen.

c) In der Fußballabteilung sind 22 Damen. Wie viel Prozent dieser Abteilung sind das?

d) Insgesamt sind in den Sportabteilungen 130 Männer. Wie viel Prozent sind das?

8. Sabine spart im Durchschnitt $\frac{1}{3}$ des Taschengeldes, Anke von 25 € Taschengeld pro Woche durchschnittlich 8 €. Erkläre der Klasse, wer den höheren Anteil spart.

Berechnung des Grundwertes G (E)

Von welchem Eurobetrag sind 7% genau 56 €? Gegeben: W = 56 €, p% = 7%; gesucht: G

Operatorschreibweise

■ $\xrightarrow{\cdot \frac{7}{100}}$ 56 €

■ $\xleftarrow{: \frac{7}{100}}$ 56 €

$7\% = \frac{7}{100} = 0{,}07$

Rechnung: 56 : 0,07 = 800

G = 800 €

Dreisatz

	7%	56 €	
: 7	1%	8 €	: 7
· 100	100%	**800 €**	· 100

1% sind 56 € : 7 = 8 €

Von 800 € sind 7% genau 56 €.

1. Partnerarbeit: Denkt euch eine Aufagbe zur Berechnung des Grundwerts aus. Jeder löst sie mit der Operatorschreibweise, dem Dreisatz oder einer eigenen Methode. Habt ihr beide das gleiche Ergebnis? Diskutiert eure Lösungswege.

2. Berechne den Grundwert (G).

a) 6% sind 54 €. b) 4% sind 28 €. c) 5% sind 35 kg. d) 3% sind 18 kg.
e) 20% sind 720 €. f) 12% sind 240 €. g) 15% sind 75 kg. h) 25% sind 400 kg.

3. Carina, Susi und Raphael haben Rechenvorteile entdeckt.

40% sind 84 € von …
10% sind 21 €
100% sind **210 €**

25% sind 16 kg von …
100% sind **64 kg**, denn
16 · 4 = 64

15% sind 36 m von …
5% sind 12 m
100% sind 240 m

a) Besprich ihre Rechenmethoden mit anderen und erkläre.
b) Erfinde für deine Mitschüler 3 Aufgaben, die man mit solchen Rechenvorteilen lösen kann.

4. Berechne die Aufgaben mit einer möglichst vorteilhaften Methode. Gesucht ist der Grundwert.

a) 40% sind 480 €. b) 20% sind 52 €. c) 25% sind 90 €. d) 35% sind 49 €.
e) 30% sind 120 €. f) 50% sind 76 €. g) 80% sind 328 €. h) 15% sind 27 €.

5. Von einem Streifen ist nur der angegebene Teil abgebildet. Zeichne den ganzen Streifen in dein Heft, also 100% des Streifens.

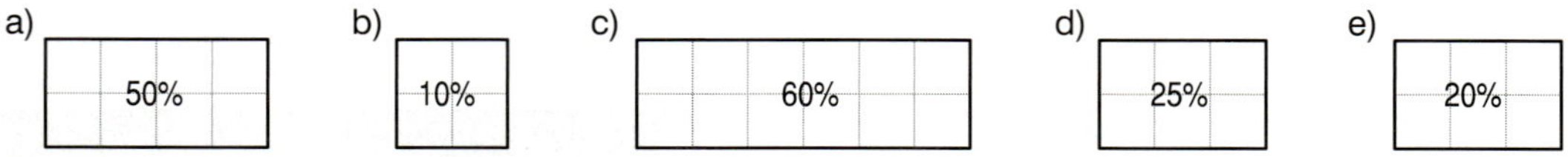

6. Berechne den Grundwert im Kopf.

a) 50% von ■ € = 126 € b) 20% von ■ kg = 84 kg c) 10% von ■ m = 12,5 m
d) 25% von ■ km = 3,25 km e) 50% von ■ m = 2,15 m f) 25% von ■ g = 75 g

7. Leon hat im Diktat 12 Fehler. Die Lehrerin sagt: „Du hast 96% aller Wörter richtig geschrieben und nur 4% falsch." Aus wie vielen Wörtern bestand das Diktat?

8. Überschlage erst das Ergebnis. Bestimme dann den gesuchten Grundwert genau.

a) p% = 11%, W = 38,50 €
b) p% = 24%, W = 40,8 kg
c) p% = 9%, W = 20,7 m
d) p% = 48%, W = 278,4 kg
e) p% = 19%, W = 413,25 €

Vermischte Aufgaben

1. Berechne die fehlende Größe.

	a)	b)	c)	d)	e)	f)
Grundwert	350 €	120 kg	600 km	336,80 €	500 km	480 m
Prozentsatz	15%	35%	11%	50%		
Prozentwert					100 km	120 m

2. Am Mittwoch hat Jens 120 Minuten an seinen Hausaufgaben gesessen. Nina hat nur 75% dieser Zeit benötigt. Wie lange hat Nina an ihren Hausaufgaben gesessen?

Was ist gegeben – G, p% oder W? Was ist gesucht?

3. Ein Mischbrot wiegt 500 g. Es enthält 7% Eiweiß, 1% Fett und 52% Kohlenhydrate. Wie viel Gramm sind das jeweils?

4. Die Miete von Familie Michel wurde um 6% erhöht. Bisher bezahlte sie 450 €. Wie hoch ist die neue Miete?

5. Auf der ganzen Welt leben ca. 2 600 verschiedene Fischarten. Davon kommen in der Bundesrepublik Deutschland ca. 130 Fischarten vor. Wie viel Prozent leben etwa bei uns?

6. Von den ca. 5 000 verschiedenen Säugetierarten, die auf der ganzen Welt vorkommen, treten ca. 2% in Deutschland auf. Wie viele Säugetierarten leben etwa bei uns?

7. Jessica lädt sich aus dem Internet ein Programm auf ihren Computer. Dazu beobachtet sie die Anzeige auf dem Bildschirm und überlegt, wie viel Prozent bereits geladen wurden.

a) gesamte Ladezeit: 24 min — bisherige Ladezeit: 12 Min.

b) gesamte Ladezeit: 40 min — bisherige Ladezeit: 6 Min.

c) gesamte Ladezeit: 50 min — bisherige Ladezeit: 16 Min.

8.

Stelle mindestens 2 Fragen und berechne die Lösung.

9. a) Auf einem Teich verdoppelt sich die von Seerosen bedeckte Fläche jeden Tag. Nach 20 Tagen ist er ganz zugewachsen. Wann waren 50 % des Teiches bedeckt?

b) Ein Ziegelstein wiegt 1 kg und 50 % seiner Masse. Wie schwer ist der Ziegelstein?

c) 1 % von Uwes Taschengeld ist doppelt so viel wie 2 % von Arnos Taschengeld.

Bleib FIT!

Die Ergebnisse der Aufgaben ergeben die Namen leckerer Speisen aus Griechenland oder der Türkei.

1. Kürze soweit wie möglich.
a) $\frac{50}{650}$ b) $\frac{21}{84}$ c) $\frac{25}{150}$ d) $\frac{18}{54}$ e) $\frac{24}{168}$

2. Wie groß ist die Fläche des Rechtecks?
a = 2,5 cm b = 8 cm
A = ▪ cm^2

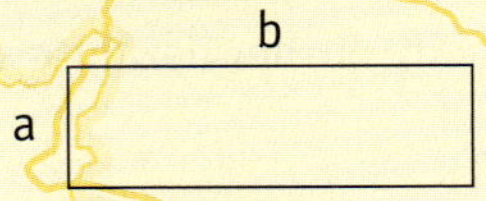

3. Wie groß ist der Umfang des Grundstücks?
a = 15 m b = 9 m
u = ▪ m

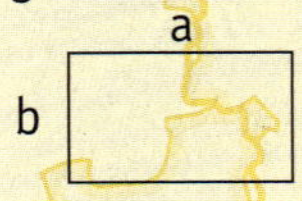

4. Wandle in die angegebenen Einheiten um.
a) 6 cm^2 = ▪ mm^2 b) 6 dm^3 = ▪ *l*

5. a) 0,075 · 10 b) 1,75 · 100
c) 75 : 10 d) 1750 : 1000

6. Wie groß ist der Winkel? Überlege vorher, ob α ein spitzer oder stumpfer Winkel ist.
α = ▪°

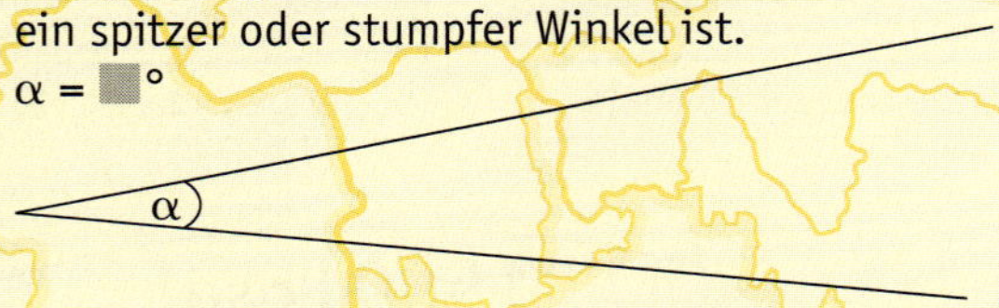

7. Bestimme das ungefähre Ergebnis mit einem Überschlag. Es soll ganzzahlig sein.
a) 1,975 · 79 b) 91,457 · 58
c) 716,5 : 78 d) 23,72 : 6

8. Berechne im Kopf.
a) 0,7 · 80
b) 0,05 · 700
c) 60 · 70
d) 1500 · 0,3
e) 45 · 200

$\frac{1}{13}$	G
$\frac{1}{12}$	A
$\frac{1}{7}$	S
$\frac{5}{30}$	E
$\frac{1}{5}$	S
$\frac{1}{6}$	R
$\frac{2}{6}$	R
$\frac{3}{12}$	M
$\frac{1}{4}$	Y
0,75	R
$\frac{1}{3}$	O
1,75	B
3,5	K
4	A
5,6	L
6	E
7,5	E
9	S
17,5	B
16	A
24	D
20	D
35	S
48	Ö
56	T
60	S
75	F
160	P
164	V
175	K
420	U
450	K
600	N
900	T
4200	I
4500	M
5400	T
6000	E
9000	I

Preisnachlass – Preiserhöhung

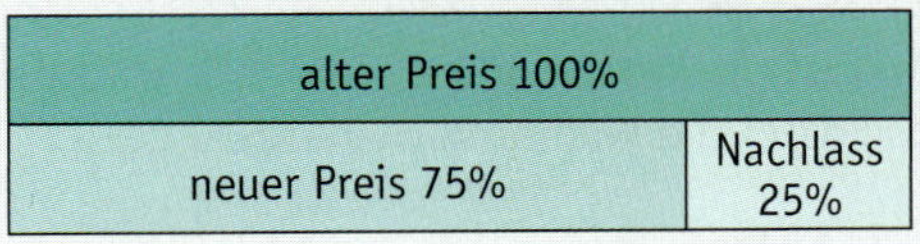

Alter Preis: 400 €
Nachlass 25% von 400 € = 100 €
Neuer Preis: 400 € – 100 € = 300 €

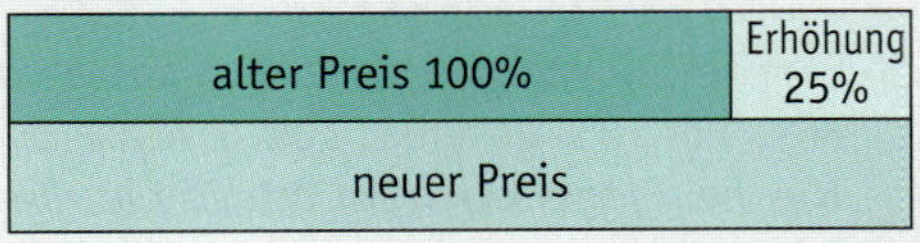

Alter Preis: 600 €
Erhöhung 25% von 600 € = 150 €
Neuer Preis: 600 € + 150 € = 750 €

1. Partnerarbeit: Einer (eine) erfindet eine Aufgabe zum Preisnachlass, der (die) andere zur Preiserhöhung. Beide lösen die Aufgaben, vergleichen die Ergebnisse und diskutieren Lösungswege.

2. Berechne den Preisnachlass und den neuen Preis.

a) Alter Preis: 650 €
Preisnachlass: 8%

b) Alter Preis: 1 230 €
Preisnachlass: 12%

c) Alter Preis: 95 €
Preisnachlass: 5%

3. Andreas hat sich ein Fahrrad zu einem Preis von 390 € ausgesucht. Eine Freundin kann ihm das gleiche Fahrrad mit einem Preisnachlass von 18% besorgen. Wie viel € muss Andreas bezahlen?

4. Wie viel Euro beträgt der neue Preis?

a) Alter Preis: 420 €
Erhöhung: 10%

b) Alter Preis: 90 €
Erhöhung: 3%

c) Alter Preis: 1 250 €
Erhöhung: 8%

5. Die Wohnungsmiete von 400 € wird nun um 5% erhöht. Wie hoch ist nun die Miete?

6. Wie viel Prozent vom alten Preis beträgt der Preisnachlass?

a) Alter Preis: 200 €
Neuer Preis: 190 €

b) Alter Preis: 60 €
Neuer Preis: 45 €

c) Alter Preis: 600 €
Neuer Preis: 582 €

d) Alter Preis: 525 €
Neuer Preis: 483 €

Alter Preis: 150 €
Neuer Preis: – 120 €
Preisnachlass: 30 €

30 € von 150 € sind 20% Preisnachlass.

7. Bei einem Sonderverkauf möchte Ina sich etwas zum Anziehen kaufen. In welchem Geschäft sollte sie jeweils einkaufen? Die abgebildeten Schuhe, Jeans, T-Shirts sind gleichwertig.

8. Die meisten Taschenrechner haben eine [%]-Taste. Sie arbeitet aber nicht überall gleich. Erkläre deinen Mitschülerinnen und Mitschülern, wie dein Taschenrechner arbeitet und was er alles anzeigt. Wähle diese oder eigene Beispielaufgaben.

a) „Zu 200 € kommen 10% von 200 € hinzu."

b) „Ich addiere zu 200 € 10% und ziehe vom Ergebnis wieder 10% ab."

9. Herr Lux hat eine Waschmaschine für 400 € gekauft. Vor einem Jahr kostete sie noch 600 €. „Das sind 50% Preisnachlass!“, freut sich Herr Lux. Berate dich mit anderen und nimm Stellung.

10. Eine Ferienwohnung in Italien kostet von April bis August pro Woche 600 €. Zum 1.9. wird der Preis um 20% gesenkt. Zum 1.4. des nächsten Jahres kostet die Wohnung wieder 600 €. Wie viel Prozent beträgt die Erhöhung?

11. Wie viel Prozent des alten Preises beträgt die Preiserhöhung?

a) Neuer Preis: 660 €
Alter Preis: 600 €

b) Neuer Preis: 24 €
Alter Preis: 20 €

c) Neuer Preis: 276 €
Alter Preis: 240 €

d) Neuer Preis: 200 €
Alter Preis: 160 €

Neuer Preis:	550 €
Alter Preis:	– 500 €
Preiserhöhung:	50 €

Das sind 10% Preiserhöhung.

12. a) b) c)

13. Herr Küßner erhält eine Rechnung in Höhe von 420 € mit dem Vermerk: „Bei Zahlung innerhalb von 8 Tagen 3% Skonto“. Herr Küßner bezahlt die Rechnung am nächsten Tag. Welchen Betrag überweist Herr Küßner?

TIPP
Skonto ist ein Preisnachlass bei Barzahlung (sofort) oder Zahlung innerhalb einer bestimmten Frist.

14. Die Schule bestellt eine Landkarte zum Preis von 240 €. Auf der Rechnung steht: „Bei Zahlung innerhalb von 14 Tagen 2% Skonto“. Der Rechnungsbetrag wird am 5. Tag überwiesen.

15. Bei Barzahlung 2% Skonto! Berechne den Preisnachlass und den Endpreis.

a)
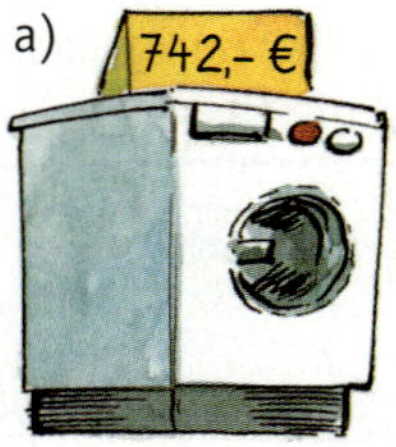

b)

c)

d)

16. In einem Warenhaus werden einige Preise erhöht, andere Preise werden gesenkt. Wie viel Euro beträgt der neue Preis?

a) Alter Preis: 40 €
Erhöhung: 3%

b) Alter Preis: 250 €
Nachlass: 4%

c) Alter Preis: 495 €
Nachlass: 8%

d) Alter Preis: 28,10 €
Erhöhung: 5%

e) Alter Preis: 26,50 €
Nachlass: 4%

f) Alter Preis: 12,40 €
Erhöhung: 2%

17. Im alten Jahr kostet das Paar Skier SL-TY 300 €. Zum neuen Jahr wird der Preis um 10% erhöht. Am Ende des Winters senkt die Firma den Preis der Skier um 10%. Max meint: „Dann kostet das Paar Skier SL-TY genau so viel wie im alten Jahr.“ Stimmt das?

Tabellenkalkulation

Warenliste:
Reduzierung 40%

Artikel	Produkt	alter Preis
J 371	Jackett	148 €
O 372	Jacke	48 €
S 373	Sportjacke	129 €
P 374	Pullover	65 €
H 375	Hose	79 €
A 376	Anzug	198 €
O 377	Oberhemd	36 €

	A	B	C	D	E	F	G
1	**Änderung (%)**	**40**					
2							
3	Artikel	Produkt	alter Preis (€)	Reduzierung (€)	neuer Preis (€)		
4	J371	Jackett	148			=C4/100*B1	
5	J372	Jacke	48				
6	S373						

1. Klicke mit dem Mauszeiger auf die Zelle A1 und gib den Text [Änderung (%)] ein. Schreibe in die Spalte A auch „Artikel“ und die Artikel-Namen.

2. In der Zelle D4 soll gerechnet werden. Dazu muss eine Formel für den Prozentwert eingegeben werden:
[alter Preis mal Änderung durch 100]
Gib diese Formel in die noch leere Zelle D4 ein.
[=C4*B1/100]
Welche Formel musst du in die Zellen D5, D6, ... eintragen?

3. In der Zelle E4 soll der neue Preis berechnet werden. Gib dort selbst eine Formel ein.
[alter Preis minus Reduzierung]
In der Formel brauchst du
[C4], [D4], [=], [–].
Kopiere die Formel von E4 nach E5, E6, ...

4. Beide Aufträge bitte noch erledigen!

TIPP 1

Durch Ziehen zwischen den Spalten kannst du die Spaltenbreite verändern. ↔

TIPP 2

Markiere die Felder C4, C5, ...
Klicke im Menü auf Format → Zellen → Zahlen → Währung.
Wähle so das €-Zeichen.

TIPP 3

Da der Rechenweg für jeden Artikel immer gleich ist, kannst du die Formeln von D4 nach D5, D6, ... kopieren. Dazu musst du festlegen, dass die Änderung immer aus B1 geholt werden soll.
Schreibe in D4 die Formel so: [=C4*B1/100]
Kopiere durch Ziehen an der rechten unteren Ecke von D4.

a) Preiserhöhung

Warenliste: Erhöhung 8%

Artikel	Produkt	alter Preis
AB3	Stuhl	165 €
AB4	Stuhl	206 €
AC1	Tisch	681 €
AC2	Ecktisch	399 €

b) Preisnachlass

Warenliste: Reduzierung 12%

Artikel	Produkt	alter Preis
Ra6	Festplatte	84 €
Rb3	Brenner	78 €
Rc4	Gehäuse	56 €
Rd5	Monitor	386 €

Brutto – Netto

1. Schlagt nach im Lexikon oder sucht (z. B. mit google) im Internet: *Brutto, netto.*

2. Dieter verdient 1 800 € brutto im Monat. Von diesem Betrag werden ihm 37% für Steuern und Sozialabgaben abgezogen. Wie hoch ist sein Nettolohn?

100% Bruttolohn	
63% Nettolohn	Abzüge 37%

3. Berechne den Nettolohn.

	a)	b)	c)	d)	e)	f)
Bruttolohn	1 200 €	1 380 €	540 €	2 150 €	2 560 €	1 670 €
Abzüge	28%	33%	21%	41%	43%	38%

4.

Wer hat die höchsten Abgaben? Berate mit anderen über die Frage und mögliche Antworten.

5. Stefanie bekommt als Tischlerin einen Bruttolohn von 1 694 € für 154 Arbeitsstunden. Nach Abzug von Steuern und Sozialabgaben bekommt sie als Nettolohn 1 185,80 € ausgezahlt.

a) Wie viel Prozent des Bruttolohns betragen die Abzüge?

b) Wie hoch ist ihr Bruttostundenlohn?

c) Wie hoch der Nettostundenlohn?

6. Ein Glas mit Marmelade wiegt insgesamt 625 g. Die Marmelade wiegt 80% des Gesamtgewichtes (brutto). Wie viel wiegt die Marmelade, wie viel das Glas?

7. Erkläre das Wort „Nettogewicht" mithilfe der Angaben auf der Kiste. Stelle Fragen und gib Lösungen an.

8. Stelle eine Frage und berechne die Lösung.

a) Ein Paket wiegt 6,5 kg. Die Verpackung wiegt 5% von dieser Masse.

b) In einer Flasche Parfüm sind 60 g Inhalt, das sind 30% der Gesamtmasse.

c) Eine Blechdose mit Luxusseife wiegt 150 g, davon wiegt die Dose allein 60%.

Streifendiagramm

Wie wir zur Schule kommen

Geschätzte Werte		
Bus	200	40%
Fahrrad	150	30%
zu Fuß	100	20%
Bahn	50	10%
Summe	500	100%

Bus	Rad	zu Fuß	Bahn

Umfragewerte		
Bus	235	
Fahrrad	120	
zu Fuß	85	
Bahn	40	
Summe	480	

1. Partnerarbeit: Stellt die Umfrageergebnisse oben geeignet dar und vergleicht mit der Umfrage am Anfang des Kapitels. Passt die Schätzung für beide Umfragen?

Prozentuale Verteilungen kann man in einem **Streifendiagramm** durch den entsprechenden Anteil am Streifen veranschaulichen. Im Heft wählt man meist 10 cm für 100% (1 mm für 1%).

2. In dem Streifendiagramm ist die prozentuale Stimmenverteilung (ganzzahlig gerundet) der Landtagswahlen von Nordrhein-Westfalen (2005) dargestellt.

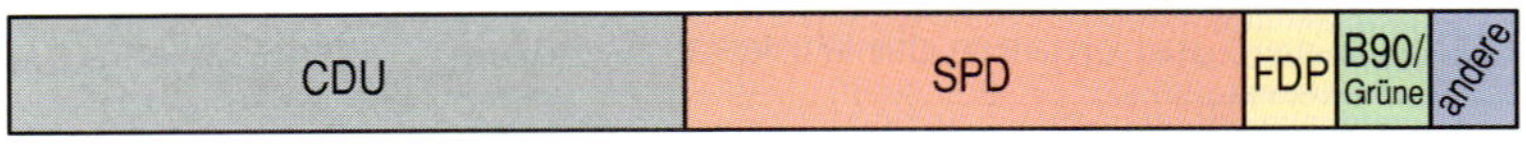

a) Miss die Längen und notiere die Prozentsätze in einer Tabelle.

b) Suche im Internet die exakten Werte der letzten Wahl. Vergleiche mit den abgelesenen Werten.

3. Prozentuale Stimmenverteilung (gerundet) der Bundestagswahlen 2005: CDU/CSU 35%, SPD 34%, FDP 10%, die Linke 9%, Bündnis 90/Die Grünen 8%, Sonstige 4%.

a) Stelle die Stimmenverteilung in einem 20 cm langen Streifendiagramm dar.

b) Im Parlament gab es 2005 genau 613 Sitze: CDU/CSU 225, SPD 222, FDP 61, die Linke 54, Bündnis 90/Die Grünen 51. Stelle die Verteilung ebenfalls in einem Streifendiagramm dar und vergleiche.

c) Wie waren die Ergebnisse bei der Bundestagswahl 2002? Stelle sie grafisch dar.

4. Die Stimmenverteilung der Vertrauenslehrerwahl an der Hermann-Hesse-Schule kannst du der nebenstehenden Mitteilung entnehmen. Stelle den Sachverhalt in einem Diagramm dar.

Schülerzeitung i-Punkt
Bei der Wahl des Vertrauenslehrers ergab sich folgende Stimmenverteilung:
Frau Wehr (38%), Herr Lahn (27%), Frau Lange (23%) und Frau Kahnt (12%)

5. Aus einer Untersuchung geht hervor, wie der durchschnittliche Tagesablauf bei Jugendlichen in Deutschland aussieht. Die rechts stehende Darstellung der Ergebnisse nennt man Kreisdiagramm.

a) Mit welcher Tätigkeit verbringen Jugendliche etwa die Hälfte eines Tages? Wie viele Stunden sind das?

b) Mit welcher Tätigkeit verbringen Jugendliche etwa $\frac{1}{5}$ von einem Tag? Wie viele Stunden sind das etwa?

c) Runde die Prozentangaben ganzzahlig und veranschauliche dann den Tagesablauf in einem Streifendiagramm.

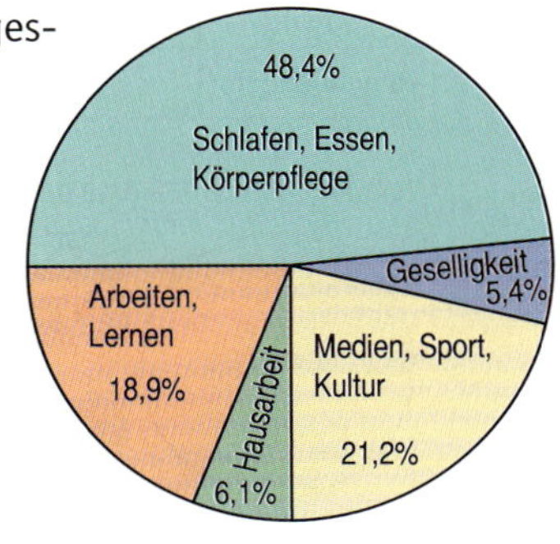

Kreisdiagramm

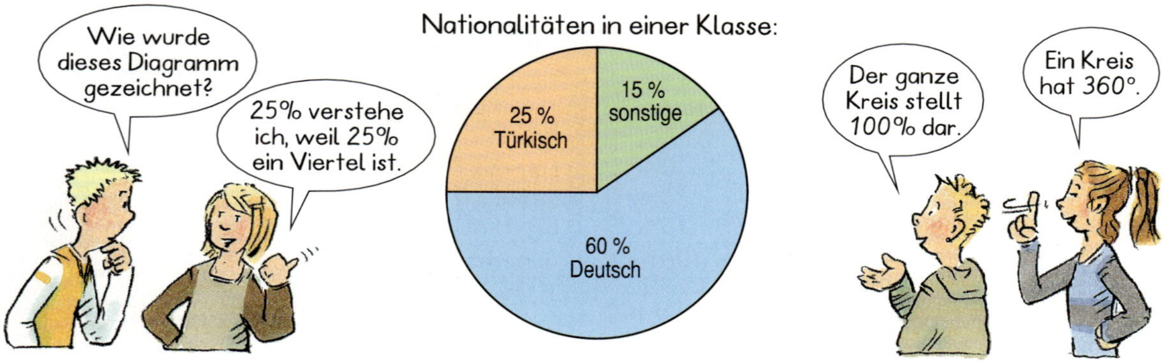

1. Sind die Umfrageergebnisse korrekt im Kreis dargestellt? Wie prüfst du das?

In einem **Kreisdiagramm** werden Prozentsätze durch Kreisausschnitte dargestellt.
Zu jedem Prozentsatz gehört ein bestimmter Mittelpunktswinkel.

Prozentsatz	Winkel
100%	360°
1%	3,6 °
23%	$23 \cdot 3{,}6° \approx 83°$
77%	$77 \cdot 3{,}6° \approx 277°$

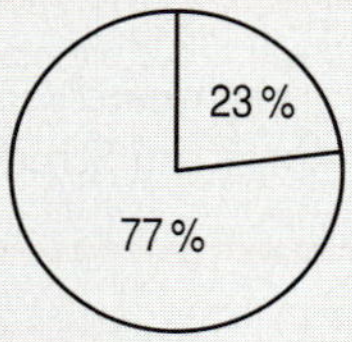

2. Übertrage die Tabelle in dein Heft und ergänze die Winkelmaße für ein Kreisdiagramm.

Prozentsatz	25%	2%	100%	1%	50%	75%	24%	68%	19%	35%	71%	83%
Winkelmaß												

3. Zeichne zu jeder Teilaufgabe einen Kreis mit einem Radius von 3 cm. Von jedem Kreis soll ein anderer Anteil eingefärbt werden. Berechne zuvor für jeden Anteil den zugehörigen Winkel.

a) 10% b) 25% c) 45% d) 71% e) 83% f) 33%

4. In der Hölderlinschule wurde eine Umfrage nach den letzten Sommerferien gemacht. 64% der Befragten verbrachten ihre Ferien zu Hause, 19% waren in Deutschland unterwegs und 17% der Schülerinnen und Schüler verbrachten die Ferien im europäischen Ausland.

a) Rechne die Angaben in die zugehörigen Winkel um und addiere die Winkel zur Kontrolle.

b) Zeichne ein Kreisdiagramm (r = 5 cm) zu den Angaben.

c) Mache eine ähnliche Umfrage in deiner Klasse und zeichne ein passendes Diagramm.

5. Angegeben sind Winkelmaße aus einem Kreisdiagramm. Ergänze die Prozentsätze im Heft.

Winkelmaß	72°	18°	162°	252°	342°	243°	144°	81°	198°
Prozentsatz									

6. Welche Prozentangabe und welcher Winkel passen zu dem eingefärbten Kreissausschnitt?

a)
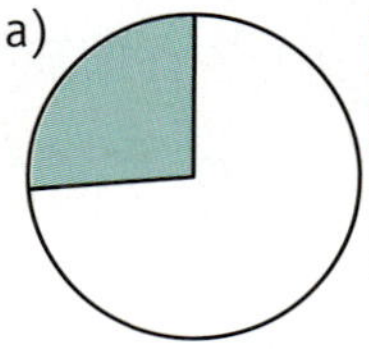

91% 97° 27% 85° 23% 26°

b)
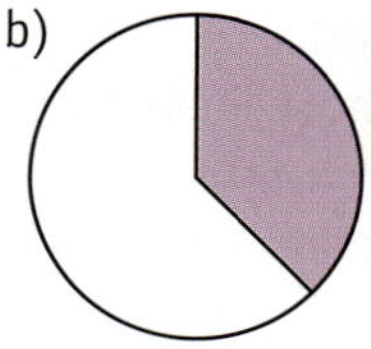

38% 210° 28% 45° 58% 135°

c)
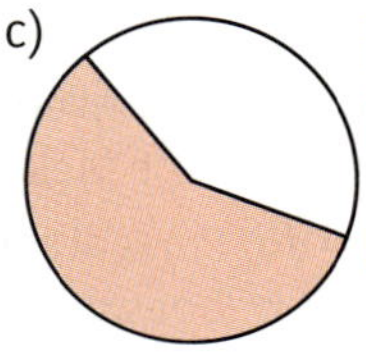

42% 210° 75% 170° 58% 100°

Vermischte Aufgaben

1. Die Schülerzeitung i-Punkt hat vor den Bundesjugendspielen eine Umfrage unter allen Schülerinnen und Schülern gemacht.

a) Überlege dir zwei Fragen und berechne jeweils die Lösung.

b) Zeichne zum Umfrageergebnis ein Diagramm deiner Wahl. Stelle es deiner Klasse vor.

Welches ist deine beste Disziplin?	
Disziplinen	**Anzahl der Antworten**
Weit-/Hochsprung	132
Wurf/Stoß	96
Langstreckenlauf	56
Kurzstreckenlauf	116

2. Eine Zeitschrift hat 116 Seiten. Auf 56 Seiten steht das Fernsehprogramm. 28 Seiten sind mit Berichten, 8 Seiten mit Rätseln gefüllt. Auf den restlichen Seiten sind Anzeigen. Veranschauliche den Sachverhalt in einem Diagramm.

3. Die Stimmenverteilung der Schulsprecherwahl an der Darwin-Schule kannst du der nebenstehenden Mitteilung entnehmen.
Gib die Stimmenverteilung in Prozent an und stelle sie dann in einem geeigneten Diagramm dar.

Schülerzeitung i-Punkt	
Alexia (Kl. 9c)	erhielt 15 Stimmen
Achmed (Kl. 9b)	erhielt 10 Stimmen
Daniel (Kl. 10)	erhielt 8 Stimmen
Laura (Kl. 9a)	erhielt 7 Stimmen

4. In dem Streifendiagramm ist die prozentuale Altersverteilung in Deutschland (Stand 2003) dargestellt.

a) Miss die Länge des Streifens und gib an, wie viel Prozent der Bevölkerung jeweils auf die angegebenen Altersabschnitte entfallen.

b) In Deutschland leben rund 83 Mio. Menschen. Berechne für die einzelnen Altersgruppen die Anzahl der Personen.

c) Erstelle ein Säulendiagramm. Wähle eine geeignete Einheit.

d) Stelle den Sachverhalt in einem Kreisdiagramm (r = 4 cm) dar. Färbe ein und beschrifte.

5. Partnerarbeit: Diskutiert die nebenstehende Abbildung und löst zusammen die Aufgaben.

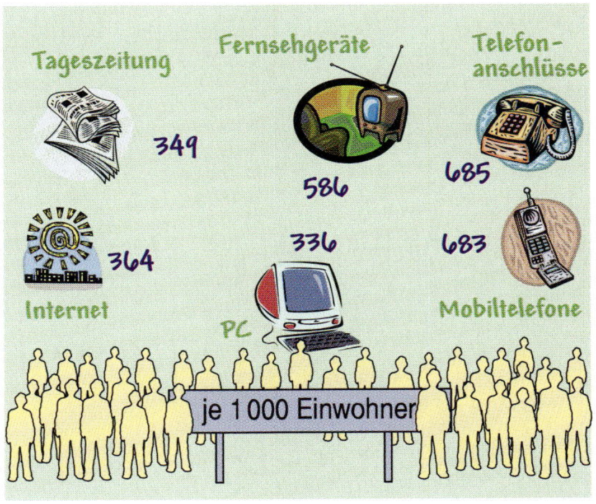

a) Wie viel Prozent der Einwohner Deutschlands haben
- ein eigenes Fernsehgerät
- einen Telefonanschluss
- eine Tageszeitung
- Zugang zum Internet
- einen eigenen Computer (PC)
- ein Mobiltelefon?

b) Weshalb addieren sich die Prozentangaben nicht zu 100%?

c) Zeichne ein geeignetes Diagramm für die Prozentangaben.

6. Macht in Teamarbeit eine Umfrage wie bei Aufgabe 5 bei euren Mitschülerinnen und Mitschülern und deren Familienmitgliedern. Besprecht das Ergebnis und vergleicht mit der gesamtdeutschen Statistik.

Immer nur Schule

Kalender 2006 mit Feiertagen und Kalenderwochen

	Januar	Februar	März
Woche	1 2 3 4 5	5 6 7 8 9	9 10 11 12 13
Montag	2 9 16 23 30	6 13 20 27	6 13 20 27
Dienstag	3 10 17 24 31	7 14 21 28	7 14 21 29
Mittwoch	4 11 18 25	1 8 15 22	1 8 15 22 29
Donnerstag	5 12 19 26	2 9 16 23	2 9 16 23 30
Freitag	6 13 20 27	3 10 17 24	3 10 17 24 31
Samstag	7 14 21 28	4 11 18 25	4 11 18 25
Sonntag	**1 8 15 22 29**	**5 12 19 26**	**5 12 19 26**

	April	Mai	Juni
Woche	13 14 15 16 17	18 19 20 21 22	22 23 24 25 26
Montag	3 10 **17** 24	**1** 8 15 22 29	**5** 12 19 26
Dienstag	4 11 18 25	2 9 16 23 30	6 13 20 27
Mittwoch	5 12 19 26	3 10 17 24 31	7 14 21 28
Donnerstag	6 13 20 27	4 11 18 **25**	1 8 **15** 22 29
Freitag	7 **14** 21 28	5 12 19 26	2 9 16 23 30
Samstag	1 8 15 22 29	6 13 20 27	3 10 17 24
Sonntag	**2 9 16 23 30**	**7 14 21 28**	**4 11 18 25**

	Juli	August	September
Woche	26 27 28 29 30 31	31 32 33 34 35	35 36 37 38 39
Montag	3 10 17 24 31	7 14 21 28	4 11 18 25
Dienstag	4 11 18 25	1 8 15 22 29	5 12 19 26
Mittwoch	5 12 19 26	2 9 16 23 30	6 13 20 27
Donnerstag	6 13 20 27	3 10 17 24 31	7 14 21 28
Freitag	7 14 21 28	4 11 18 25	1 8 15 22 29
Samstag	1 8 15 22 29	5 12 19 26	2 9 16 23 30
Sonntag	**2 9 16 23 30**	**6 13 20 27**	**3 10 17 24**

	Oktober	November	Dezember
Woche	39 40 41 42 43 44	44 45 46 47 48	48 49 50 51 52
Montag	2 9 16 23 30	6 13 20 27	4 11 18 **25**
Dienstag	**3** 10 17 24 31	7 14 21 28	5 12 19 **26**
Mittwoch	4 11 18 25	**1** 8 15 22 29	6 13 20 27
Donnerstag	5 12 19 26	2 9 16 23 30	7 14 21 28
Freitag	6 13 20 27	3 10 17 24	1 8 15 22 29
Samstag	7 14 21 28	4 11 18 25	2 9 16 23 30
Sonntag	**1 8 15 22 29**	**5 12 19 26**	**3 10 17 24 31**

Neujahr 01.01, Karfreitag 14.04., Ostern 17.04., Maifeiertag 01.05., Christi Himmelfahrt 25.05., Pfingsten 05.06., Fronleichnam 15.06., Tag der Deutschen Einheit 03.10., Allerheiligen 01.11., Weihnachten 25./26.12.
Alle Angaben ohne Gewähr.

Sechs Schülerinnen und Schüler der Klasse 7a haben ihren Mitschülern folgenden Fragebogen gegeben:

Wie viel Prozent des Jahres 2005 bist du für die Schule tätig?
Dazu gehört die Zeit in der Schule (6 Zeitstunden pro Schultag), der Schulweg von einer Stunde (hin und zurück) und die Hausaufgaben täglich von $1\frac{1}{2}$ h (außer Samstag, Sonntag, Feiertage und Ferien).

Kreuze an, was du für richtig hältst.

- ☐ mehr als 70% (A)
- ☐ 50% bis 70% (B)
- ☐ 30% bis 50% (C)
- ☐ 10% bis 30% (D)
- ☐ unter 10% (E)

Das waren die Antworten:

A: 22 Befragte	D: 45 Befragte
B: 104 Befragte	E: 0 Befragte
C: 129 Befragte	

Ferien 2006 in Nordrhein-Westfalen (erster und letzter Ferientag)

Winter:	24. 12. 05 – 6. 1. 06
Ostern:	10. 4. 06 – 22. 4. 06
Pfingsten:	6. 6. 06
Sommer:	26. 6. 06 – 8. 8. 06
Herbst:	2. 10. 06 – 14. 10. 06
Winter:	21. 12. 06 – 5. 1. 07

Zusätzliche freie Tage:
4 bewegliche Ferientage

Immer nur Schule

!!!!

1. Was hättest du selbst angekreuzt: A, B, C, D oder E?

Berechnungstabelle 2006	
Stunden des Jahres insgesamt	
Anzahl der Schultage	
Anzahl der Hausaufgabentage	
Anzahl der Stunden in der Schule	
Anzahl der Stunden auf dem Schulweg	
Anzahl der Stunden für Hausaufgaben	
Stunden des Jahres für Schultätigkeit	
Berechnung des Prozentsatzes: W: Anzahl der Jahresstunden für Schultätigkeit G: Jahresstunden insgesamt p%: Prozentsatz „Schule"	

2. Werte den Fragebogen der sechs Schülerinnen und Schüler aus: Erstelle dazu ein Säulendiagramm.

$365 \cdot 24$

Auszählen auf dem Kalender

Tage · 6

$1\frac{1}{2}$ h = 1,5 h

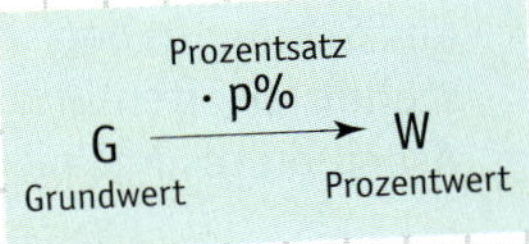

3. Welches der vier Kreisdiagramme zeigt am besten, wie viel Prozent des Jahres 2006 du für die Schule tätig bist? Begründe deine Wahl. Zeichne das richtige Kreisdiagramm in dein Heft.

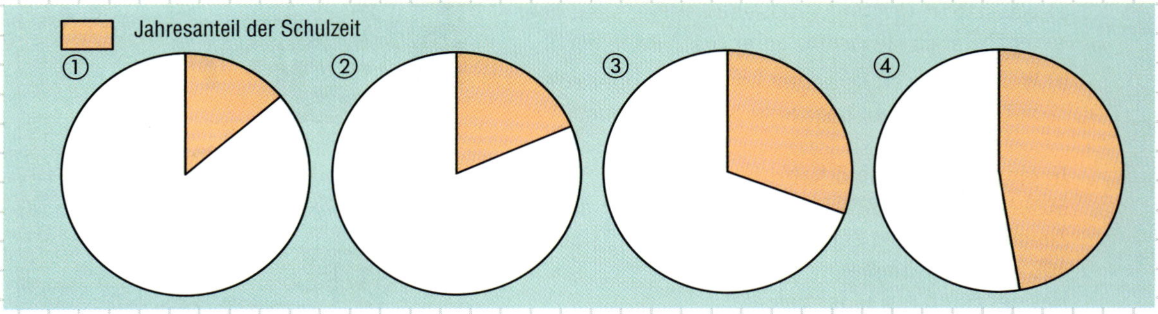

Achtung – aufgepasst!

1. Stelle zwei Fragen, berechne die Lösungen und stelle deine Ergebnisse in der Klasse vor.

2. a) Lege eine Tabelle an, in der du die Sommer-, Winter-, Vorweihnachts- und Nachweihnachtspreise einträgst. Nimm als Sommerpreise 50 €, 100 €, 200 € und 400 €.

b) Vergleiche und schreibe deine Beobachtungen auf.

c) Versuche, zusammen mit anderen Erklärungen für die Beobachtungen zu geben, ohne die Beispiele der Tabelle zu benutzen.

3. Frau Wiedmann gibt in der Klasse 7a die Mathematikarbeit zurück: „40% der 20 Schülerinnen und Schüler haben schlechter als Note 3 geschrieben und 50% davon schlechter als 4." Denis stöhnt: „Hoffentlich bin ich bei den restlichen 10%." Marion freut sich: „Gott sei Dank ist die Arbeit dieses Mal nicht so schlecht ausgefallen." Überlege, sprich mit anderen, begründe.

4. Jan und Timo helfen, Atlanten in den Klassen zu verteilen.
Jan: „Ich schleppe 50% mehr als du."
Timo: „Ich trage ein Drittel weniger als du."
Lehrer: „Die Last ist ungleich verteilt. Einer trägt 60%, der andere nur 40%."

a) Was haben sich die verschiedenen Personen überlegt? Haben sie richtig gerechnet? Prüfe nach.

b) Wer von diesen Personen hat Recht? Überlege mit anderen und begründe deine Meinung.

5. In einem Zimmer sind Nahrungsmittel, und zwar 50% Würste und 50% Eier. Ein Hund betritt das Zimmer. Als er das Zimmer wieder verlässt, sind 100% Eier im Zimmer.
Hat der Hund etwa Eier gelegt?

1. Schreibe als Bruch mit dem Nenner 100.

a) 4% b) 12% c) 86% d) 10%

2. Notiere den zugehörigen Prozentsatz.

a) $\frac{14}{100}$ b) $\frac{3}{100}$ c) $\frac{50}{100}$ d) $\frac{23}{100}$

e) $\frac{1}{2}$ f) $\frac{3}{4}$ g) $\frac{2}{5}$ h) $\frac{7}{20}$

3. a) 5% von 300 € b) 6% von 500 €
c) 9% von 150 kg d) 4% von 250 kg
e) 20% von 35 m f) 14% von 260 m
g) 18% von 100 € h) 6% von 200 €

4. Von den 300 Beschäftigten eines Betriebes sind 25% weiblich. Wie viele Mitarbeiterinnen sind in dem Betrieb beschäftigt?

5. Berechne den Prozentsatz.

a) 45 € von 500 € b) 21 € von 50 €
c) 84 kg von 400 kg d) 4 kg von 25 kg
e) 30 € von 150 € f) 36 kg von 120 kg
g) 35 € von 140 € h) 60 kg von 120 kg

6. Ines verdient im 1. Lehrjahr 300 €. Davon gibt sie 60 € zu Hause ab. Wie viel Prozent sind das?

E **7.** Berechne den Grundwert.

a) 5% sind 45 €. b) 3% sind 27 €.
c) 8% sind 24 kg. d) 6% sind 42 kg.
e) 8% sind 112 kg. f) 6% sind 150 €.
g) 4% sind 144 m. h) 7% sind 84 €.

E **8.** Tom hat 5 m des Zaunes gestrichen, das sind 25% der Gesamtlänge. Wie lang ist der Zaun?

9. Im Ausverkauf wird der alte Preis einer Hose von bisher 48 € um 30% reduziert. Wie hoch ist der neue Preis?

10. Frau Nägele hat einen Bruttolohn von 1 700 €. Es werden davon 30% für Versicherungen und Steuern abgezogen. Berechne den Nettolohn.

11. Im Urlaub gab Familie Schulz 2600 € aus. Auf die Unterkunft entfielen 1650 €, auf Verpflegung 580 € und auf Ausflüge 370 €. Berechne die relativen Anteile als Prozentsätze und stelle sie in einem Kreisdiagramm dar.

Prozentsätze sind eine andere Schreibweise für Brüche mit dem Nenner 100.

Beispiele: $1\% = \frac{1}{100}$ $25\% = \frac{25}{100}$ $62\% = \frac{62}{100}$

allgemein: $p\% = \frac{p}{100}$

Berechnung des Prozentwertes W

Beispiel: Wie viel € sind 8% von 600 €?

Operatorschreibweise

$600\,€ \xrightarrow{\cdot \frac{8}{100}} ■\,€$

$600 \cdot 0{,}08 = 48$

W = 48 €

Dreisatz

	100%	600 €	
: 100 ↓	1%	6 €	↓ : 100
· 8 ↓	8%	**48 €**	↓ · 8

8% von 600 € sind 48 €.

Berechnung des Prozentsatzes p%

Beispiel: Wie viel Prozent sind 12 m von 200 m?

Operatorschreibweise

$200\text{ m} \xrightarrow{\cdot ■} 12\text{ m}$

$\frac{12}{200} = \frac{6}{100}$

$12 : 200 = 0{,}06$

p% = 6%

Dreisatz

	200 m	100 %	
: 200 ↓	1 m	0,5	↓ : 200
· 12 ↓	12 m	**6 %**	↓ · 12

12 m von 200 m sind 6%.

Berechnung des Grundwertes G E

Beispiel: Von wie viel € sind 8% genau 32 €?

Operatorschreibweise

$■ \xrightarrow{\cdot \frac{8}{100}} 32\,€$

$■ \xleftarrow{: \frac{8}{100}} 32\,€$

$32 : 0{,}08 = 400$

G = 400 €

Dreisatz

	8%	32 €	
: 8 ↓	1%	4 €	↓ : 8
· 100 ↓	100%	**400 €**	↓ · 100

Von 400 € sind 8% genau 32 €.

Darstellung von Prozentsätzen im **Kreisdiagramm**

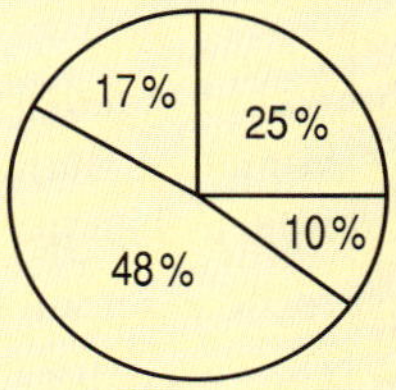

100% entsprechen dem 360°-Winkel.

1% entspricht einem Winkel von 3,6°.

DIAGNOSETEST

1. a) Schreibe 20% als gekürzten Bruch. b) Schreibe 0,75 als Prozentsatz.

2. Rechne im Kopf. a) 20% von 350 l b) 6% von 300 €

3. Bestimme den Prozentsatz. a) 25 € von 500 € b) 105 m von 700 m

4. Hier sind Prozentsätze im Streifendiagramm dargestellt. Miss und gib die Prozentsätze an.

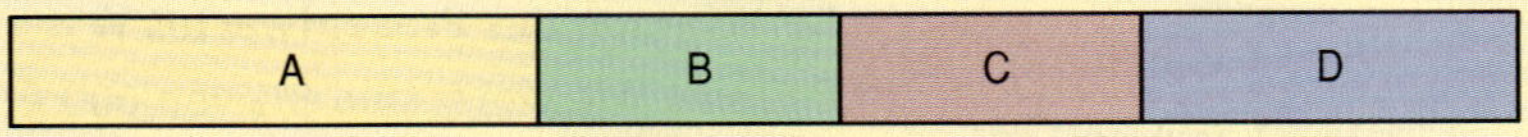

5. Eine Musicalkarte kostet 36 €. Für Schüler ist sie um 15% billiger.
a) Berechne die Ermäßigung. b) Berechne den ermäßigten Preis.

Wähle weitere 5 Aufgaben aus

1. Ordne die Prozentsätze 30%, 45%, 52% und 94% dem passenden Kreisdiagramm zu.

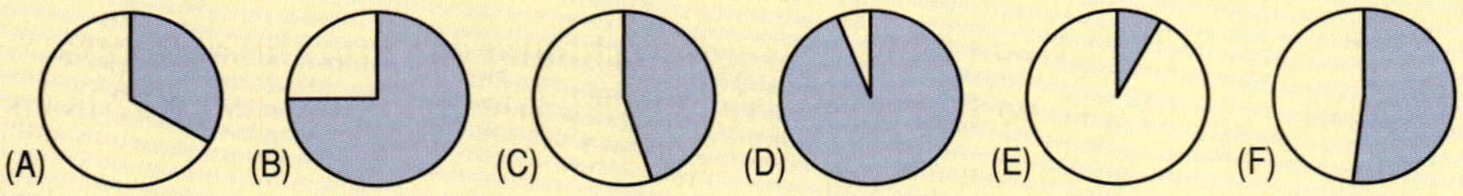

2. Führe einen Überschlag durch. a) 49% von 2 977 € b) 11% von 0,98 kg

3. Von 20 kg Orangen sind 3 kg verfault.
a) Wie viel Prozent sind das? b) Wie groß ist der Anteil der genießbaren Orangen?

4. Tims Vater bekommt auf seinen Anzug (260 €) 20% Rabatt. Wie viel muss er zahlen?

5. Schülerinnen und Schüler wurden gefragt, wie sie in die Schule gelangen. Stelle das nebenstehende Ergebnis in einem Diagramm deiner Wahl dar.

zu Fuß:	35 %
mit dem Rad:	28 %
mit dem Bus:	Rest

6. Frau Rats verdient 1800 € brutto. Davon werden ihr 30% für Steuern und Versicherungen abgezogen. Berechne die Abzüge und den Nettolohn.

7. Berechne den neuen Preis: Alter Preis 240 €, Erhöhung 6%.

8. Frau Ziegler bezahlt eine Rechnung (860 €) nach sechs Tagen durch Überweisung. Bei Zahlung innerhalb von zehn Tagen darf sie 2% Skonto vom Rechnungsbetrag abziehen. Welchen Betrag überweist Frau Ziegler?

9. Kernobst wie Äpfel, Birnen, Quitten hat einen Wasseranteil von ungefähr 83%. Wie viel Gramm Wasser enhält
a) 1 Apfel (200 g), b) 3 kg Quitten?

10. Bei der Klassensprecherwahl hat jeder der 25 Schülerinnen und Schüler zwei Stimmen abgegeben. Tobias bekam 6 Stimmen, Markus erhielt 30% aller Stimmen, Nina bekam ein Fünftel aller Stimmen und Marion wurde 16-mal gewählt.
a) Wer wurde Klassensprecher, wer kam auf den zweiten Platz?
b) Wie viele ungültige Stimmen gab es?

Flächeninhalt und Volumen

5

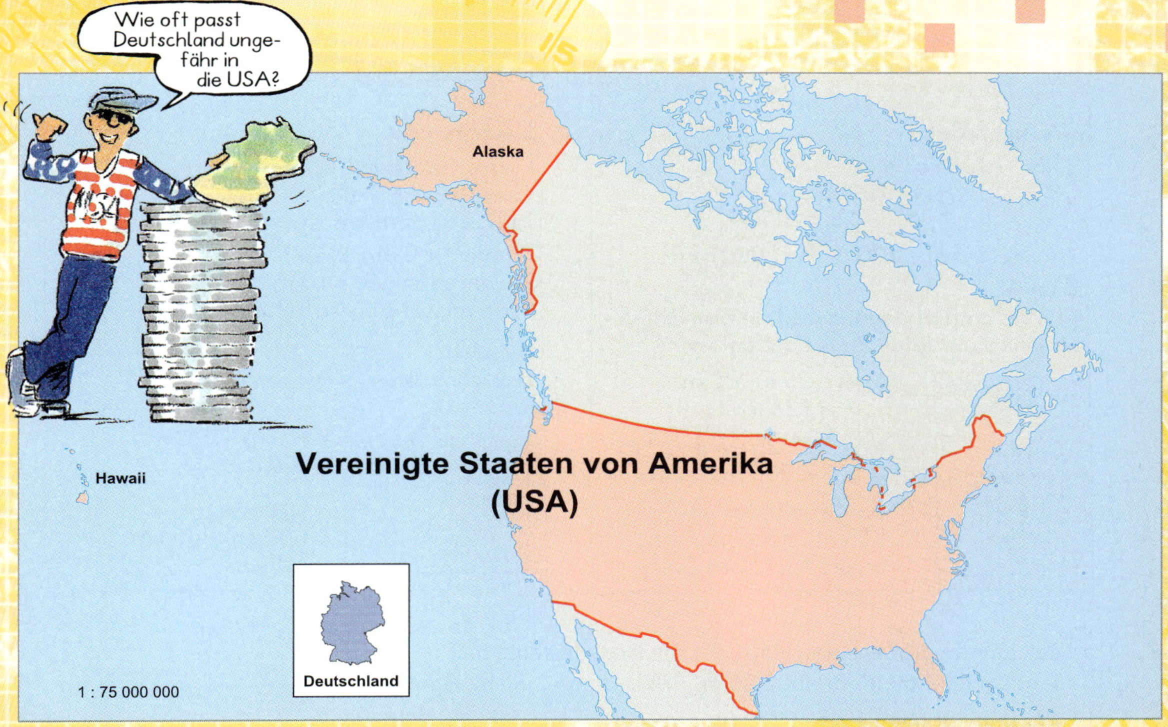

Flächeninhalt und Umfang von Rechteck und Quadrat

1. Gruppenarbeit: Hier sind zwei Lernplakate zum Thema „Berechnung von Rechtecken".

a) Untersucht beide Plakate auf Fehler. Auf einem Plakat sind zwei grobe Fehler!

b) Vergleicht die Plakate und diskutiert Vor- und Nachteile.

c) Erstellt gruppenweise je ein Lernplakat zu demselben Thema, das besser ist als die Plakate der Gruppen „Sandra" und „Thorsten" und das auch den Sonderfall des Quadrats zeigt.

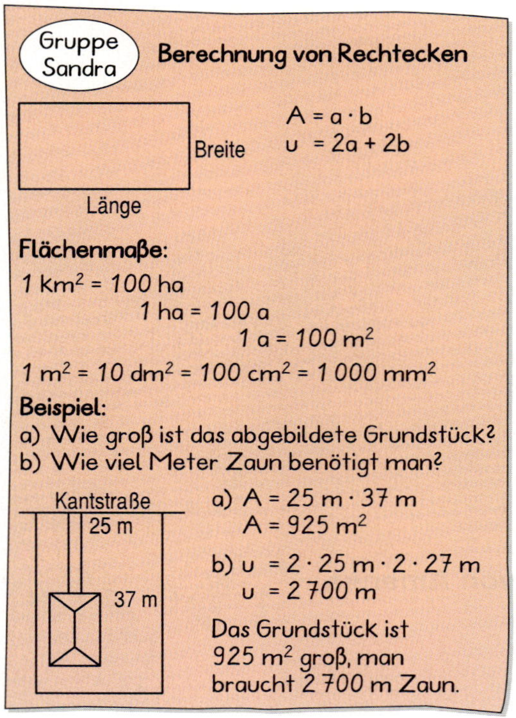

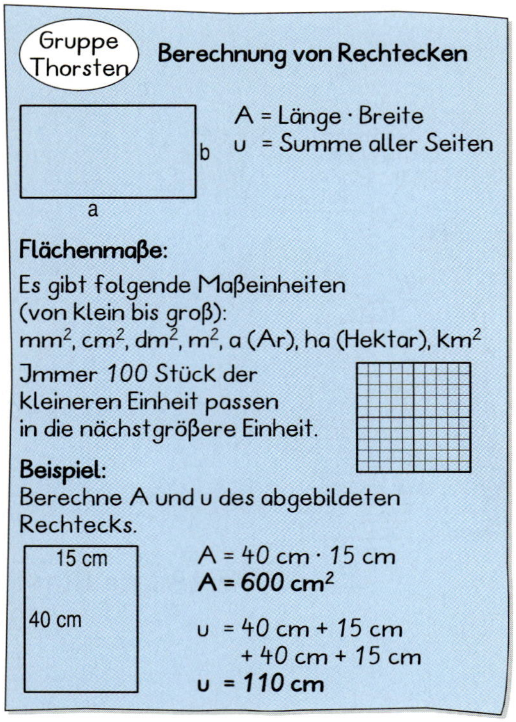

2. a) Wer hat die größere Holzplatte für die Modelleisenbahn?
Jan: Länge 2,60 m, Breite 2,30 m   Tim: Länge 2,80 m, Breite 2,10 m

b) Wer braucht mehr Holzleisten für eine Leiste rings um die Platte?

3. Berechne Flächeninhalt und Umfang des Quadrats mit der angegebenen Seitenlänge.

a) 15 m   b) 36 cm   c) 2,5 m   d) 18,6 m   e) 0,5 cm   f) 0,75 m

4. Vermute zuerst, dann rechne: Was hat den größeren Flächeninhalt, was den größeren Umfang, ein Rechteck mit den Seitenlängen 4 cm und 6 cm oder ein Quadrat mit 5 cm Seitenlänge?

5. Auf dem Schulhof wurde eine neue Tischtennisplatte aufgestellt. Stelle zwei Fragen und beantworte sie.

6. Eine Firma bietet rechteckige Markisen in drei Fertiggrößen an. Aus wie viel m² Stoff besteht jede Markise?

Größe	I	II	III
Länge	3,5 m	3,0 m	3,5 m
Breite	4,0 m	4,7 m	5,5 m

7. a) Wie viele quadratische Platten mit 25 cm Seitenlänge passen auf 1 m^2?

b) Wie viele quadratische Fliesen mit 10 cm Seitenlänge passen auf 1 m^2?

8. Stefan möchte ein CD-Regal mit 20 Fächern bauen. Er hat alle rechteckigen Bauteile skizziert mit Maßangaben und Stückzahl. Präsentiere deine Lösungen von a) bis c) in der Klasse.

a) Skizziere das Regal von vorne und von oben.

b) Die Außenwände sind 1 cm dick. Genügt dafür eine Platte von $\frac{1}{4}$ m^2?

c) Die Fachböden sind 3 mm dick. Benötigt man dafür mehr als 0,3 m^2?

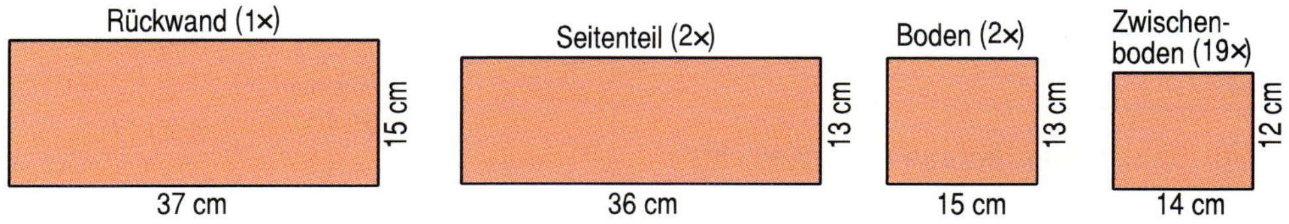

TIPP

Umrechnungszahl 100

$1\ m^2 = 100\ dm^2$

$1\ dm^2 = 100\ cm^2$

$1\ cm^2 = 100\ mm^2$

9. Ein Quadrat hat 1 m Seitenlänge. Wie ändert sich sein Flächeninhalt, wenn man die Seitenlänge verdoppelt, verdreifacht?

10. Ein Rechteck hat 2 cm und 3 cm Seitenlänge. Wie ändert sich sein Flächeninhalt,

a) wenn man eine der Seitenlängen verdoppelt, verdreifacht?

b) wenn man beide Seitenlängen verdoppelt, verdreifacht?

Präsentiere deine Lösungen den anderen.

11. Berechne Flächeninhalt und Umfang des Rechtecks.

a) a = 6 m, b = 110 cm b) a = 250 mm, b = 20 cm c) a = 13 cm, b = 1,5 m

Notiere alle Längen mit derselben Einheit.

a = 5 m, b = 40 cm

in m	*oder* in cm
a = 5 m	a = 500 cm
b = 0,4 m	b = 40 cm
A = 5 m · 0,4 m = 2,0 m^2	A = 500 cm · 40 cm = 20 000 cm^2

12. Ein Fensterrollo ist 82 cm breit und 1,80 m lang. Berechne den Flächeninhalt bei voller Öffnung.

13. Von einer rechteckigen Terrasse sind der Flächeninhalt und eine Seite bekannt. Wie lang ist die andere Seite?

a) A = 20 m^2, a = 5 m b) A = 16 m^2, b = 4 m c) A = 14 m^2, b = 3,5 m

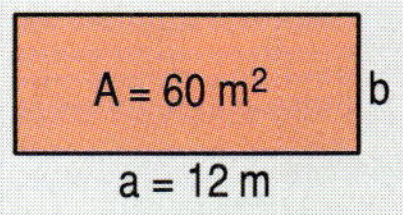

A = a · b
60 = 12 · b
b = ...

14. Bestimme die Seitenlänge des Quadrats und dann seinen Umfang.

a) A = 25 m^2 b) A = 121 m^2 c) A = 0,25 m^2 d) A = 1,44 m^2

gesucht:
a mit a · a = 25

15. Wie groß ist die fehlende Seitenlänge des Rechtecks?

a) A = 56 cm^2, a = 7 cm; A = 64 m^2, b = 8 m b) A = 600 m^2, b = 30 m; A = 800 cm^2, a = 20 cm c) A = 12,5 m^2, b = 2,5 m; A = 32,2 cm^2, a = 4,6 cm

16. Familie Grün besitzt einen rechteckigen Garten, der 12 m lang und 8 m breit ist. Im Zug einer Flächenumlegung sollen sie diesen gegen einen anderen Garten mit gleichem Flächeninhalt tauschen.

a) Nenne verschiedene Maße für den neuen Garten.

b) Ist die Zaunlänge für verschiedene Lösungen immer gleich?

17. Auf der Kapiteleinstiegsseite sollte überlegt werden, wie oft die Fläche von Deutschland in die Fläche der USA hineinpasst. Vergleicht eure Ergebnisse und überprüft sie rechnerisch mit Daten über die Flächengrößen von Deutschland und der USA, die ihr z. B. im Internet finden könnt.

!!!!

Nordrhein-Westfalen

1. Wie groß ist der Flächeninhalt des Landes?

a) Einige Stellen des Landes sind nicht von Rechtecken bedeckt, an anderen Stellen ragen Rechtecke über das Land hinaus. Beurteile nach Augenmaß, ob sich das ungefähr ausgleicht.

b) Berechne die von Rechtecken bedeckte Fläche. Beachte den Maßstab.

2. Bestimme die ungefähre Größe des Regierungsbezirks, zu dem deine Schule gehört. Pause dazu die Grenzen ab und lege Rechtecke so über die Fläche, dass sich „zu viel“ und „zu wenig“ etwa ausgleichen. Überlege, diskutiere mit anderen, begründe deine Lösung.

3. Beurteile, ob der Umfang der aus Rechtecken zusammengesetzten Figur ungefähr beschreibt, wie lang die Grenze des Landes ist.

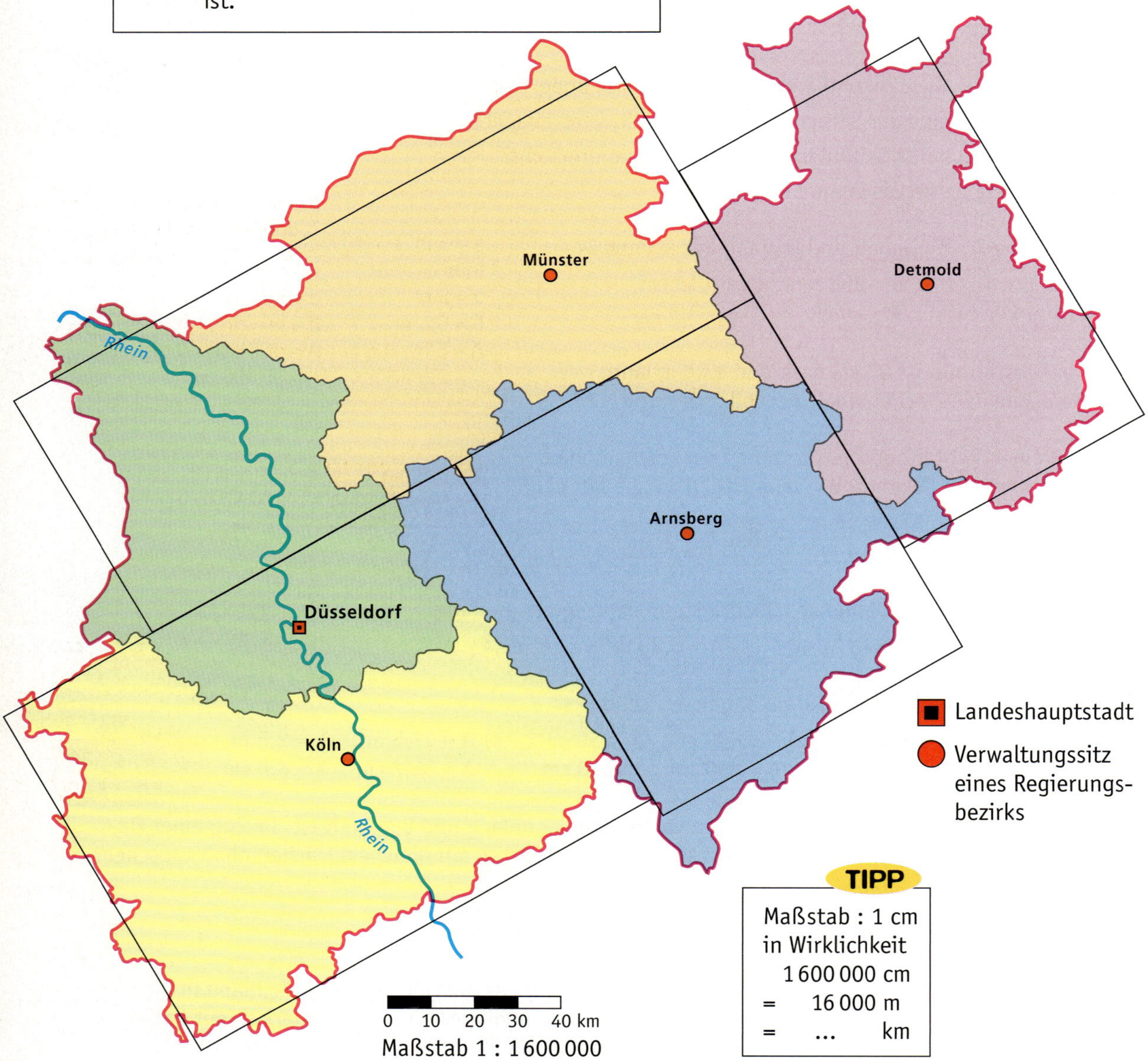

TIPP

Maßstab : 1 cm in Wirklichkeit
1 600 000 cm
= 16 000 m
= ... km

Familie Krügers neue Wohnung

!!!!

Familie Krüger wird in eine neue 4-Zimmer -Wohnung umziehen. Der Grundriss ist im Maßstab 1:100 abgebildet.

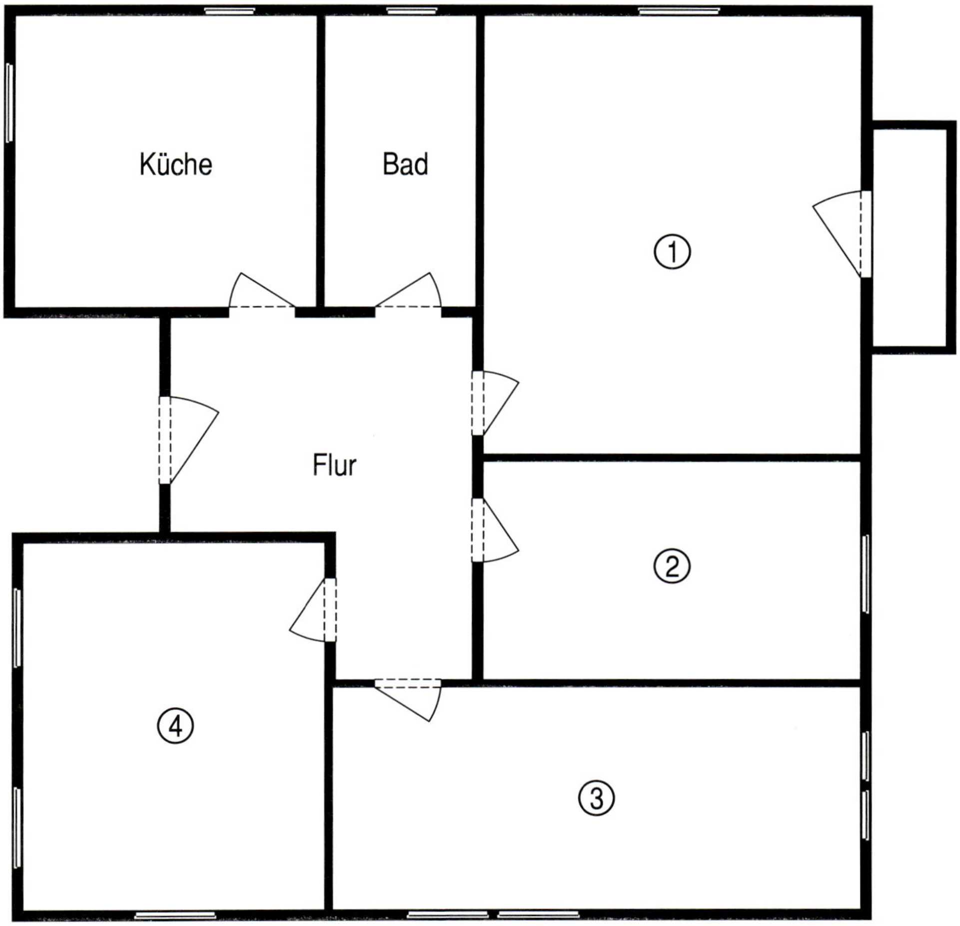

1. Übertrage die Tabelle ins Heft und fülle sie aus. Berechne jeweils den Anteil an der gesamten Wohnung als Dezimalzahl, auf 2 Stellen hinter dem Komma gerundet.

Raum	Flur	Küche	Bad	①	②	③	④
Größe							
Anteil							

2. Wie groß ist die Wohnung insgesamt?

3. Stelle die Anteile aus Aufgabe 1 im Säulendiagramm dar.

4. Sprich mit deinem Tischnachbarn. Macht einen Vorschlag, wie die Zimmer von den Familienmitgliedern genutzt werden könnten.

Flächeninhalt des Dreiecks

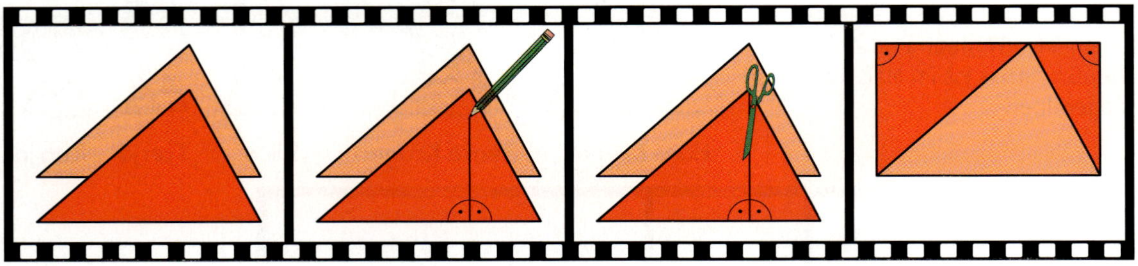

1. Schneide dir selbst zwei gleiche Dreiecke aus und demonstriere den anderen, wie in der Bildfolge vorgegangen wird. Besprich mit Mitschülerinnen und Mitschülern, was die ausgeführte Handlung mit dem Thema dieser Seite zu tun hat.

2. Partnerarbeit: Zeichnet ein großes Dreieck auf ein DIN-A4-Blatt, schneidet es aus und zerlegt es in 6 Teile, wie es die Linien in der Abbildung andeuten.
- Setzt die 6 Teile zweimal zu unterschiedlichen Rechtecken zusammen.
- Beschreibt, wie man die Inhalte der Rechtecke berechnet.
- Vergleicht eure Beschreibung mit dem Merkkasten unter dieser Aufgabe und tragt eure Ergebnisse vor.

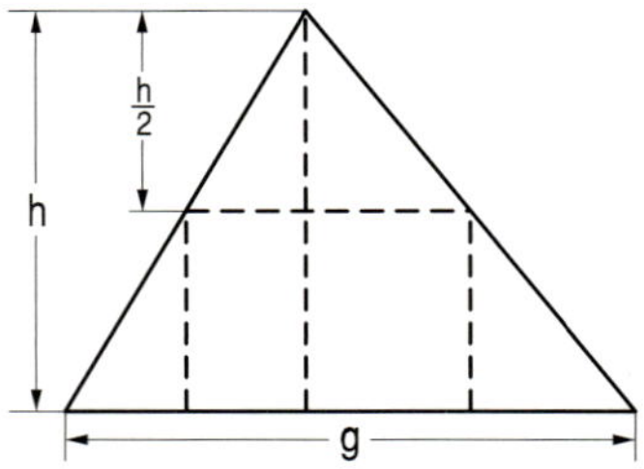

Flächeninhalt des Dreiecks:
Grundseite mal zugehörige Höhe, geteilt durch 2

$A = \frac{g \cdot h}{2}$

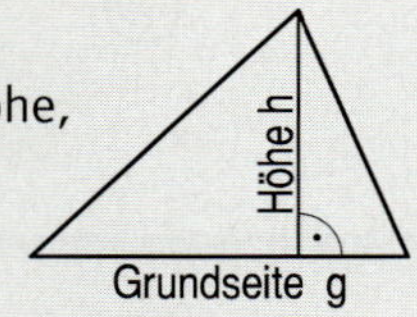

Beispiel:
Welchen Flächeninhalt hat ein Dreieck mit 4 cm langer Grundseite und 3 cm Höhe?

$A = \frac{4\text{ cm} \cdot 3\text{ cm}}{2} = \frac{12}{2}\text{ cm}^2 = 6\text{ cm}^2$

3. Miss die Grundseite g und die zugehörige Höhe h. Berechne dann den Flächeninhalt des Dreiecks.

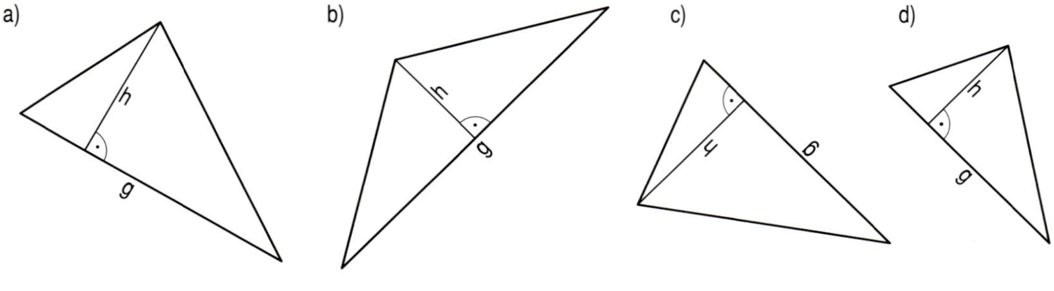

4. Zeichne das Dreieck ABC. Wähle eine Seite, die auf einer Gitterlinie (senkrecht oder waagerecht) liegt, als Grundseite und zeichne die zugehörige Höhe.
Bestimme beide Längen und berechne den Flächeninhalt.

a) A(1 | 6) B(3 | 6) C(2 | 8)
b) A(1 | 2) B(6 | 2) C(2,5 | 4)
c) A(2 | 0,5) B(10 | 0,5) C(7 | 5,5)
d) A(4 | 11) B(4 | 4) C(7,5 | 9)
e) A(1,5 | 10) B(4 | 12) C(0 | 12)
f) A(9 | 6) B(9 | 12) C(4,5 | 10)

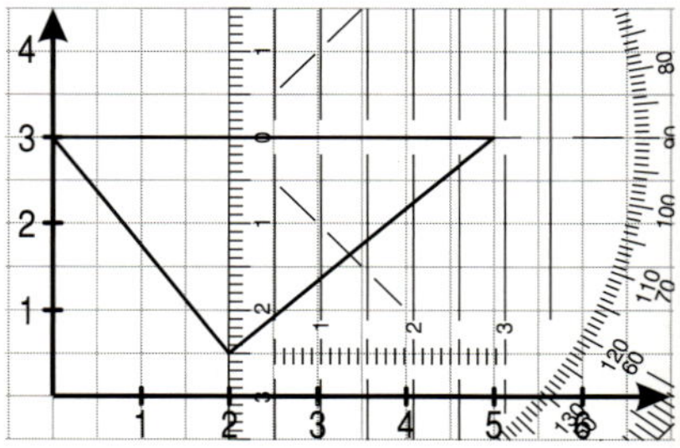

5. Ein Dreieck, aber drei Rechenwege für den Flächeninhalt:

a) Führe alle drei Rechenwege aus und vergleiche sie.

b) Erkläre die Unterschiede und miss selbst die benutzten Längenmaße.

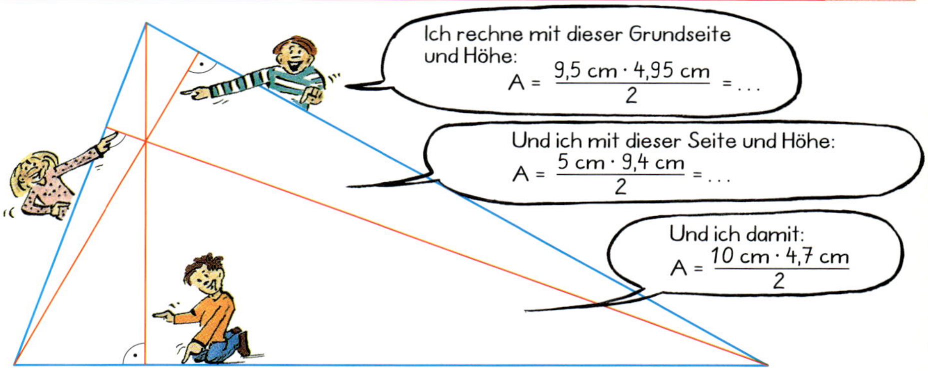

6. Übertrage das Dreieck ins Heft. Zeichne zur Grundseite die zugehörige Höhe. Miss beide Längen und berechne den Flächeninhalt des Dreiecks.

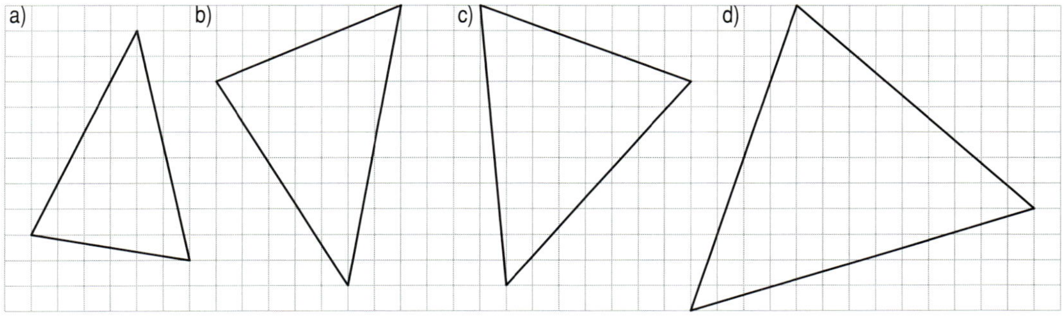

7. Bestimme den Flächeninhalt und außerdem den Umfang des Dreiecks.

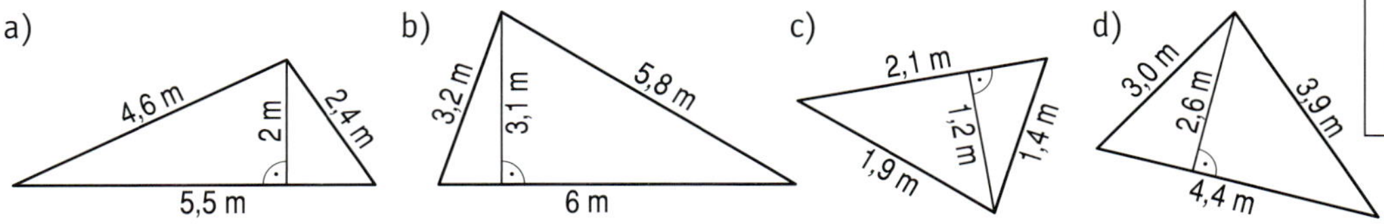

TIPP
Umfang = Summe aller Seitenlängen

8. Haben die abgebildeten Dreiecke alle denselben Flächeninhalt? Was meinst du, was meinen deine Mitschülerinnen und Mitschüler? Wie lässt sich entscheiden, wer Recht hat?

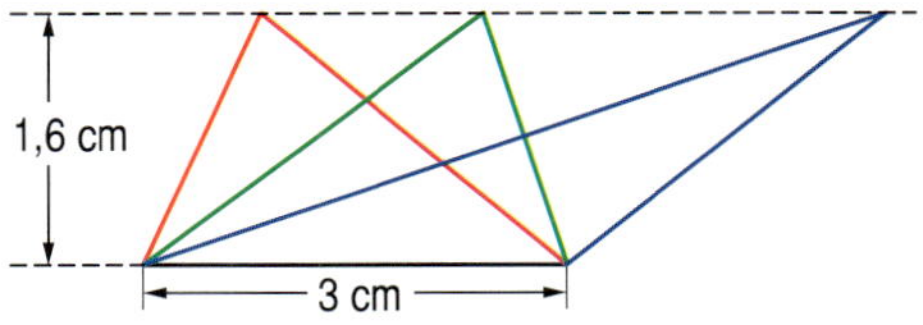

9. Das Dach einer Kirchturmspitze wird neu eingedeckt. Die Ziegel für die Dachfläche kosten 59 € pro m². Für die Seitenkanten braucht man spezielle Ziegel, die pro Meter 11,50 € kosten. Die quadratische Grundfläche wird mit einer Dachrinne versehen (1 m kostet 15,50 €). Stelle die Materialkosten in einer Liste zusammen und präsentiere in der Klasse.

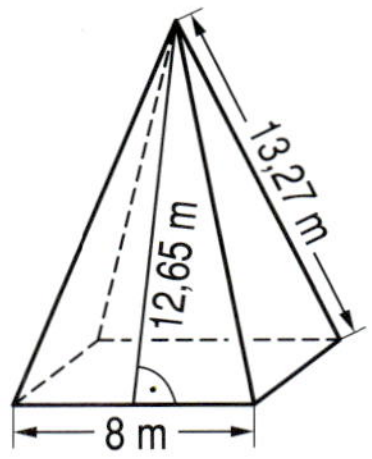

10. Anja und Paul berechnen den Flächeninhalt des Dreiecks auf verschiedenen Wegen.
Anja rechnet (4 cm · 3 cm) : 2.
Paul rechnet (5 cm · 3 cm) : 2 – (1 cm · 3 cm) : 2.
Erkläre, wie beide zu ihrem Rechenweg kommen, und ob er jeweils richtig ist.

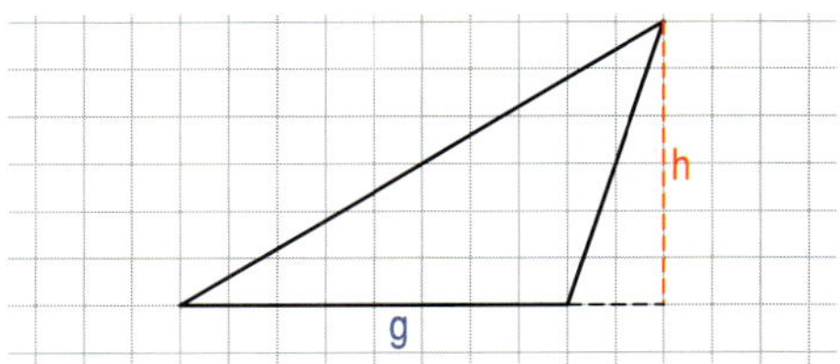

!!!!

Ein neues Wartehäuschen

1. Für das Dach wurden vier gleich große rechteckige Glasplatten eingesetzt. Berechne zuerst die Fläche einer Glasplatte, dann die gesamte Fläche.

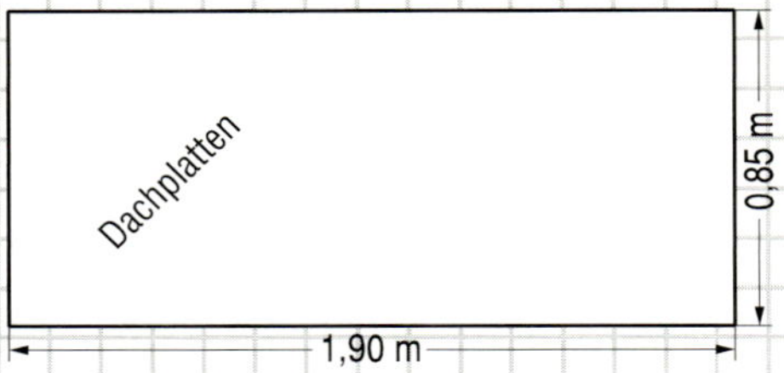

2. a) Wie groß ist ein rechteckiges Seitenteil?
b) Berechne die Fläche der beiden Seitenteile zusammen.

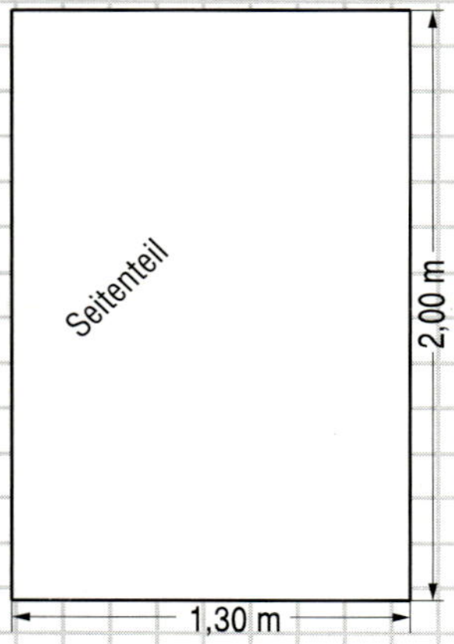

3. Wie groß ist die Fläche der Glaseinsätze auf der Rückwand?
a) Berechne die rechteckige Teilfläche.
b) Berechne die dreieckige Teilfläche.
c) Gib die gesamte Fläche der beiden Glaseinsätze an.

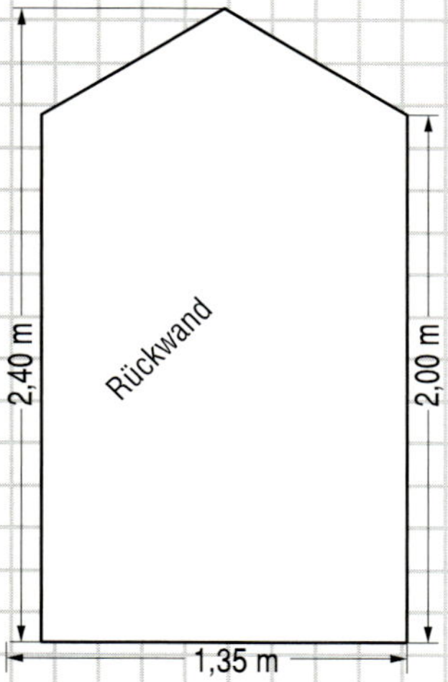

4. Gib die gesamte Fläche der Verglasung des Wartehäuschens in m^2 an.

5. Wie groß ist die überdachte rechteckige Bodenfläche ungefähr?

Bleib FIT!

Die Lösungen ergeben drei Spezialitäten aus Italien

1. Berechne.

a) ■ · 0,01 = 1,14 b) ■ : 100 = 0,16

c) ■ : 0,001 = 9000 d) ■ : 1000 = 0,017

2. Runde.

a) 2,45 (auf Zehntel)

b) 56,755 (auf Hundertstel)

c) 367,599 (auf Ganze)

3. Berechne.

a) $3\frac{1}{2} + 5\frac{1}{4}$ b) $6\frac{2}{3} + 7\frac{1}{2}$

c) $9\frac{5}{6} - 3\frac{2}{3}$ d) $8\frac{5}{8} - 3\frac{1}{2}$

4. Berechne den fehlenden Wert.

a) Wie viel € sind 15 % von 120 €?

b) Wie viel Prozent sind 45 m von 150 m?

c) 60 € sind 25 %. Wie viel € sind das Ganze?

5. Wandle um.

a) 125 mm = ■ cm

b) 297 cm = ■ m

c) 1 km 39 m = ■ m

6. Berechne.

a) 2,35 + 27,58 + 19,03

b) 97,26 – 23,39 – 15,92

c) 41,75 · 5

d) 117,6 : 12

7. Benenne den Winkel.

a)

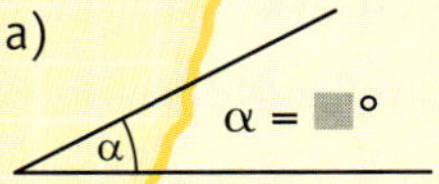

b)

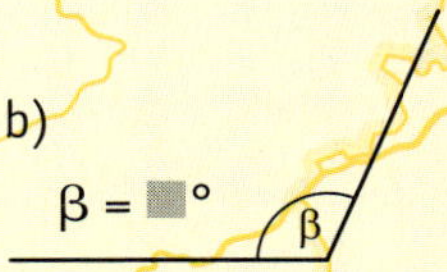

gestreckter Winkel (10) stumpfer Winkel (20) rechter Winkel (30) spitzer Winkel (40)

8. a) $1\frac{3}{4} : 4$ b) $\frac{2}{7} \cdot 3$

$\frac{2}{5}$	N
$\frac{6}{7}$	E
2,97	M
1,25	L
2,5	A
$6\frac{1}{6}$	A
$5\frac{1}{8}$	S
$8\frac{3}{4}$	A
9	A
9,8	T
12,5	E
$14\frac{1}{6}$	L
16	I
17	B
18	A
20	O
30	G
40	R
48,96	N
56,75	K
56,76	T
57,95	E
144	C
139	M
208,75	S
240	N
367	N
368	T
1039	I

!!!!

Ein Schluck aus dem Möhnesee

Aufgabe: Im nördlichen Sauerland liegt die Möhnetalsperre. Stell dir vor:
1. Der See hat keinen Zu- oder Abfluss.
2. Jeder Einwohner von Nordrhein-Westfalen schöpft einen Liter Wasser aus dem Möhnesee.

Um welche Höhe sinkt der Wasserspiegel des Möhnesees?

Schätzung

Der Wasserspiegel sinkt um ...

2 m (Lena)	1,20 m (Fahrid)
50 cm (Sebastian)	80 cm (Nicole)
20 cm (Yvonne)	4 m (Yasmin)

Was macht ihr da?
Wir zeichnen zum Möhnesee ein möglichst gleich großes Rechteck.
Das kann ich besser!
Jch suche im Jnternet die Einwohnerzahl von Nordrhein-Westfalen.
1 l = 1 dm³
1 l
1 dm³
Wie viele Personen können **gleichzeitig** Wasser aus dem See schöpfen?
Bestimmt 100 000.
Kannst du mir den Quader erklären?
Wir modellieren.
So stellen wir uns als Modell die Wassermenge vor, die aus dem Möhnesee geschöpft wird.
Möhnesee

Volumen des Quaders

1. Gruppenarbeit: Erstellt Lernplakate zum Thema „Volumen des Quaders und des Würfels", präsentiert die Plakate in der Klasse und hängt das beste von ihnen an der Klassenwand auf.

2. Berechne das Volumen des Quaders (Längenmaße in cm).

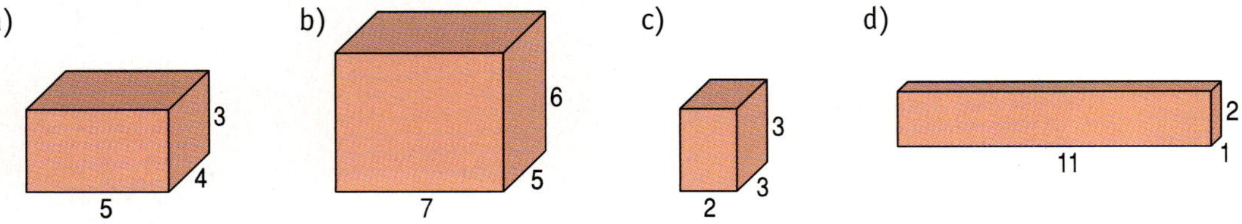

3. Berechne das Volumen eines Quaders mit den angegebenen Kantenlängen.

a)	b)	c)	d)	e)	f)
a = 5 cm	a = 9 cm	a = 12 cm	a = 20 cm	a = 35,1 cm	a = 24,5 cm
b = 8 cm	b = 11 cm	b = 7 cm	b = 40 cm	b = 20 cm	b = 20 cm
c = 7 cm	c = 4 cm	c = 10 cm	c = 55 cm	c = 11 cm	c = 28 cm

4. Berechne das Volumen eines Würfels mit a) a = 8 m b) a = 20 m c) a = 0,7 cm.

5. Wie viele Würfel mit $\frac{1}{2}$ m Kantenlänge passen in einen 1-m³-Würfel? Welches Volumen hat jeder?

6. Eine Blechdose ist 18,5 cm hoch und hat eine quadratische Grundfläche mit 12 cm Kantenlänge. Berechne ihren Rauminhalt in cm³ und verwandle dann in dm³ und *l*.

TIPP

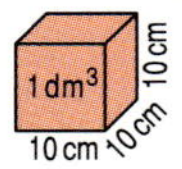

$10 \cdot 10 \cdot 10\ \text{cm}^3$
$= 1\ \text{dm}^3$
$= 1\ l$

7. Eine Autozeitschrift testet die Kofferraumgröße mit Hilfe von genormten Koffern. In den Kofferraum passen 2 Koffer der Größe A (Länge 70 cm, Breite 40 cm, Höhe 25 cm) und drei Koffer der Größe B (Länge 60 cm, Breite 35 cm, Höhe 20 cm).
Eine andere Zeitschrift testet mit Normwürfeln (Kantenlänge 10 cm). Sie gibt das Volumen mit 300 Litern an.
Erkläre die Messvorgänge und begründe die Unterschiede.

8. Wenn bei einem Würfel die Kantenlänge um 50% vergrößert wird, vergrößert sich auch das Volumen. Mit welchem Faktor ■ muss man V_1 multiplizieren, um V_2 zu erhalten? Es ist einer der folgenden Werte: 1,5 | 2,45 | 3,375 | 4,555 | 5 | 5,55 | 50. Überlege gemeinsam mit einer Partnerin oder einem Partner und stelle die Überlegungen der Klasse vor.

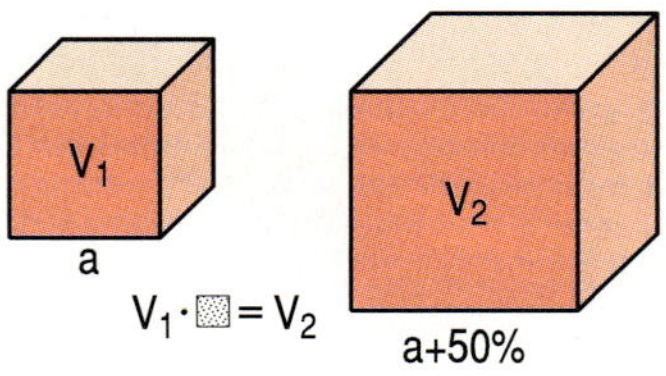

9. Sven hat mit Holzwürfeln der Kantenlänge 2 cm ein „Hochhaus“ gebaut. Aus wie vielen Würfeln besteht es? Wie groß ist sein Rauminhalt?

10. Janina hat mit Schachteln (5,2 cm x 3,6 cm x 1,6 cm) gebaut. Welches Volumen hat ihr „Haus“?

11. a) Berechne das Volumen eines Leimholzbretts mit 80 cm Länge, 20 cm Breite und 1,8 cm Dicke in cm^3 und verwandle in dm^3.

b) Wie schwer ist eine Ladung von 38 solchen Brettern in g und kg?

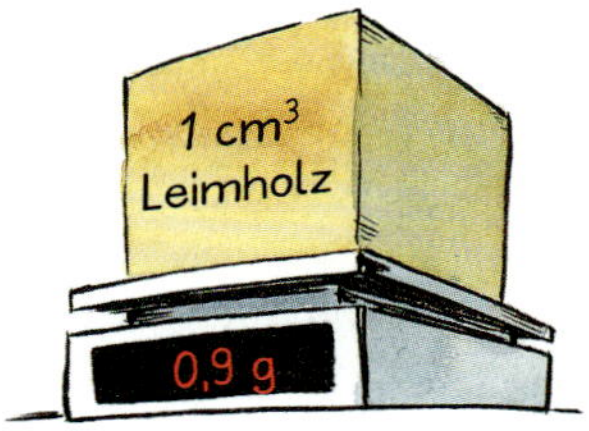

12. a) Eine Tür aus Leimholz ist 215 cm hoch, 60 cm breit und 2,8 cm dick. Berechne den Rauminhalt der Tür in cm^3 und in dm^3.

b) Wie schwer ist eine solche Tür? Berechne in g und kg.

13. Bestimme die fehlende Kantenlänge des Quaders.

a)	b)	c)	d)
$V = 36\ cm^3$	$V = 78\ cm^3$	$V = 120\ m^3$	$V = 605\ m^3$
$a = 2\ cm$	$a = 13\ cm$	$a = 12\ m$	$a = 11\ m$
$b = 3\ cm$	$b = 3\ cm$	$b = 5\ m$	$b = 11\ m$

$V = 30\ cm^3$, $a = 4\ cm$, $b = 5\ cm$
$V = a \cdot b \cdot c$
$30 = 4 \cdot 5 \cdot c$

!!!! **14.** Ein Quader hat ein Volumen von 480 cm^3. Beurteile, welche Angaben stimmen könnten.

① $a = 10\ cm$, $b = 12\ cm$, $c = 4\ cm$ ② $a = 48\ cm$, $b = 5\ cm$, $c = 5\ cm$ ③ $a = b = 4\ cm$, $c = 30\ cm$
④ $a = b = c = 8\ cm$ ⑤ $a = 4\ cm$, $b = 2 \cdot a$, $c = 15\ cm$ ⑥ $a = 4\ cm$, $b = 6\ cm$, $c = 5 \cdot a$

15. Schätze zuerst: In welchen Behälter passt mehr hinein? Berechne dann von beiden das Volumen in cm^3. Verwandle in dm^3 (= Liter) und runde ganzzahlig.

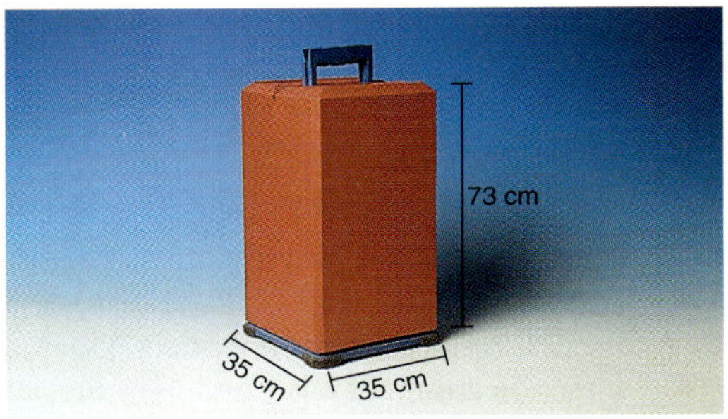

Oberfläche des Quaders

Oberfläche
= Summe aller Seitenflächen

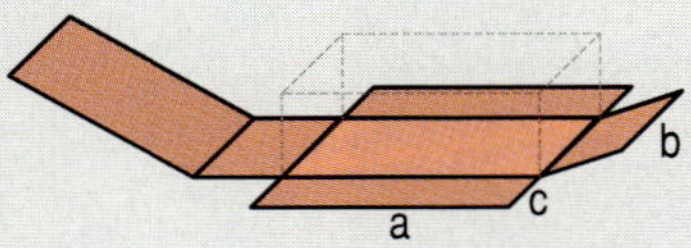

Beispiel: a = 25 cm b = 10 cm c = 5 cm

O = 2 · 25 cm · 10 cm	oben, unten
+ 2 · 25 cm · 5 cm	vorne, hinten
+ 2 · 10 cm · 5 cm	links, rechts
= 500 cm^2 + 250 cm^2 + 100 cm^2	
= 850 cm^2	

1. Schneide einen quaderförmigen Karton auf, zeige der Klasse die Oberfläche des Kartons und erkläre die Berechnung des Oberflächeninhalts.

2. Welche Oberfläche hat der Quader? (Die Längen sind in cm angegeben.)

a)
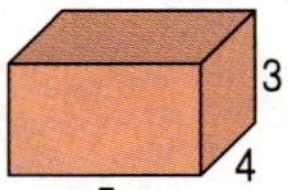

b)
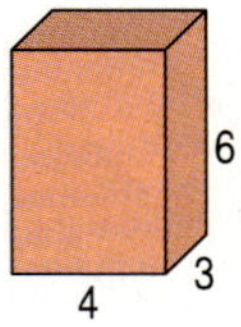

c)
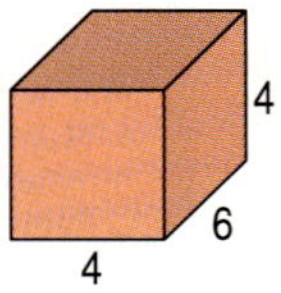

d)
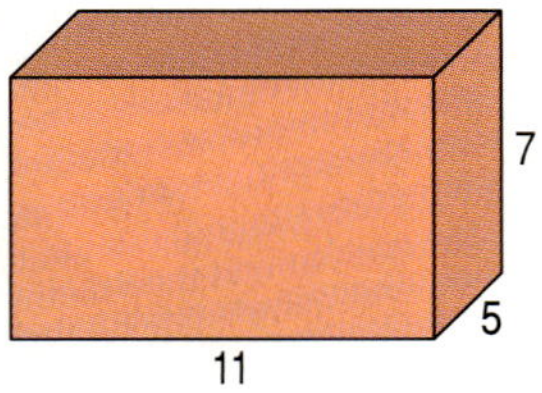

3. Berechne die Oberfläche und das Volumen des Quaders.

a) a = 4 cm, b = 7 cm, c = 6 cm
b) a = 12 cm, b = 5 cm, c = 2 cm
c) a = 20 cm, b = 10 cm, c = 35 cm
d) a = 9 m, b = 9 m, c = 11 m
e) a = 8 mm, b = 10 mm, c = 6 mm
f) a = 12 m, b = 7 m, c = 4,5 m

4. Berechne Oberfläche und Volumen eines Würfels. a) a = 7 cm b) a = 16 cm c) a = 30,5 cm

5. Ein quaderförmiger Briefkasten aus Blech ist 40 cm hoch, 45 cm breit und 11,5 cm tief.

a) Wie viel cm^3 Volumen hat er? Wie viel Liter sind das?
b) Wie viel cm^2 Blech braucht man für ihn mindestens?

TIPP
Umrechnungszahl 1000
1 m^3 = 1000 dm^3
1 dm^3 = 1000 cm^3 = 1 l

6. Ein Geschäft verschenkt Pappwürfel mit 14 cm Kantenlänge.

a) Wie groß ist das Volumen eines Würfels? b) Wie groß ist die Oberfläche eines Würfels?
c) Reichen 2 m^2 Pappe zur Herstellung von 20 Würfeln?

7. Familie Marten besitzt einen großen Reisekoffer.

a) Wie viel Liter Gepäck passen in den Koffer?
b) Auf die Seitenflächen möchten die Kinder Aufkleber (einen pro dm^2) der verschiedenen Reiseziele anbringen.

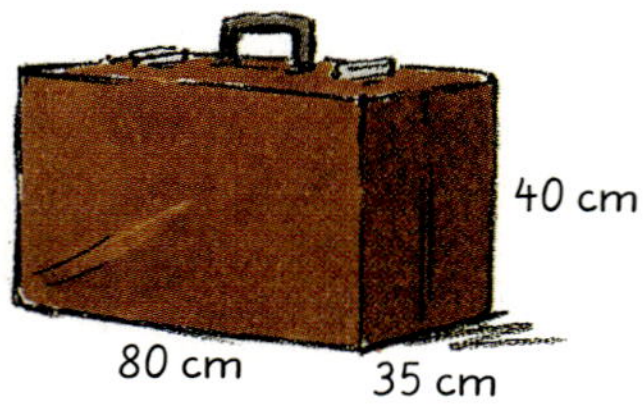

8. Ein Tennisball hat einen Durchmesser von 6 cm. Es sollen 4 Tennisbälle in einen quaderförmigen Karton verpackt werden.

a) Es gibt verschiedene Möglichkeiten. Bei welcher Form braucht man am wenigsten Karton?
b) Welche Möglichkeiten gibt es, wenn man 6 Tennisbälle in einen Karton packen möchte?

9. Die Seitenflächen eines Quaders haben drei Flächengrößen: 24 cm^2, 40 cm^2 und 60 cm^2. Überlege zusammen mit anderen, ob sich daraus auch das Volumen des Quaders bestimmen lässt.

10. a) Wie viel m³ Gerste fasst der Erntewagen, wenn er bis zum Rand gefüllt wird?

b) 1 m³ Gerste wiegt etwa 700 kg. Wie viel t wiegt die Ladung des vollen Wagens?

c) Gelagert wird die Gerste in einem quaderförmigen Raum: 3 m hoch, 5 m breit und 6 m lang. Wie viel m³ passen hinein? Wie viel t sind das etwa?

d) Wie viele Wagenladungen passen hinein?

11. Eine Tiefkühltruhe mit den Innenmaßen 85 cm x 50 cm x 50 cm fasst 200 *l*. Ein Innenmaß stimmt nicht. So steht es jedenfalls im Prospekt. Anke und Tanja prüfen nach und rufen die Firma an, die einen einzelnen kleinen Druckfehler zugibt. Erkläre der Klasse, um welchen Druckfehler es sich handelt.

12. Berechne das fehlende Innenmaß der Tiefkühltruhe.

a) V = 240 *l*; 100 cm lang, 40 cm breit

b) V = 540 *l*; 150 cm lang, 60 cm breit

13. Ein quaderförmiges Schwimmbecken kann mit 210 m³ Wasser gefüllt werden, bis es randvoll ist. Berechne seine Länge, wenn es 7 m breit und 2 m tief ist.

14. a) Die Oberfläche eines Würfels ist 600 cm² groß. Berechne zuerst die Größe einer Seitenfläche, dann die Kantenlänge und zuletzt das Volumen des Würfels.

b) Löse die entsprechende Aufgabe für einen Würfel mit 864 cm² Oberfläche.

!!! **15.** Ein quaderförmiges Schwimmbecken (Maße: 25 m x 15 m x 2 m) soll renoviert werden. Die Fliesen für 1 m² kosten 9,95 €. 1 m³ Wasser kostet 2,50 €. In einer Stunde können 25 m³ Wasser eingefüllt werden. Nach Abschluss der Renovierung schreibt die ausführende Firma eine Rechnung über 7 918 €. Stelle drei Fragen und beantworte sie.

!!! **16.** Martin will seiner Mutter eine oben offene Kiste für die Waschmittel bauen. Seine Mutter zeigt, welche Pakete stehend hineinpassen sollen (Längen in cm).

a) Skizziere eine rechteckige Grundfläche, auf der alle Pakete stehen können. Wie lang und breit ist sie?

b) Das Holz für die Kiste ist 1 cm dick. Welches sind die Außenmaße der Kiste, wenn sie 15 cm hoch sein soll? Wie viel cm² Holz braucht Martin?

!!! **17.** Das Holzgestell ist bis 5 cm unter den Rand mit Kompost gefüllt und soll geleert werden. Die Schubkarre fasst bis zum Rand gefüllt 85 *l*. Stelle zwei Fragen und beantworte sie zusammen mit Sitznachbarn.

!!!!

Zusammengesetzte Körper

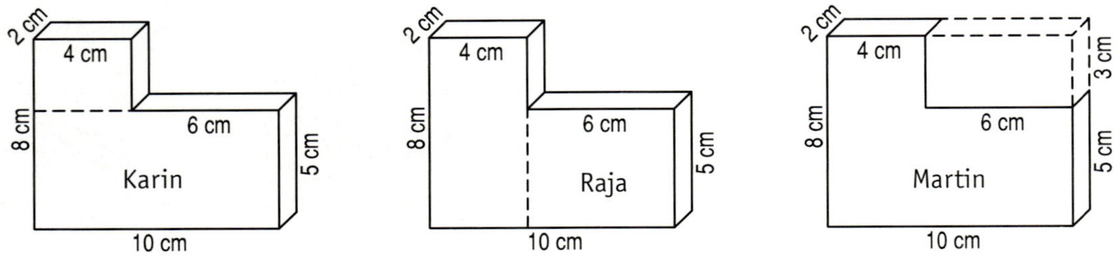

1. Karin, Raja und Martin haben das Volumen des aus Quadern zusammengesetzten Körpers auf unterschiedliche Weise durch *Zerlegen und Addieren* oder *Ergänzen und Subtrahieren* berechnet. Jeder hat skizziert, wie er den Körper zerlegt oder ergänzt hat. Ordne zu: Welches ist Karins Rechenweg, welcher ist der von Raja und der von Martin?

Rechnung ①:
$4 \cdot 2 \cdot 8 = 64$
$6 \cdot 2 \cdot 5 = 60$
$64 + 60 = 124$
$V = 124\ cm^3$

Rechnung ②:
$10 \cdot 2 \cdot 8 = 160$
$6 \cdot 2 \cdot 3 = 36$
$160 - 36 = 124$
$V = 124\ cm^3$

Rechnung ③:
$4 \cdot 3 \cdot 2 = 24$
$10 \cdot 5 \cdot 2 = 100$
$100 + 24 = 124$
$V = 124\ cm^3$

2. Berechne den Rauminhalt. Vergleiche deinen Lösungsweg mit anderen.

a)
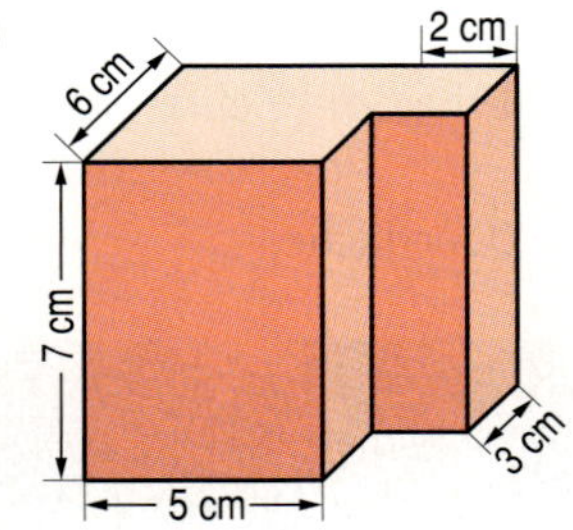

b)
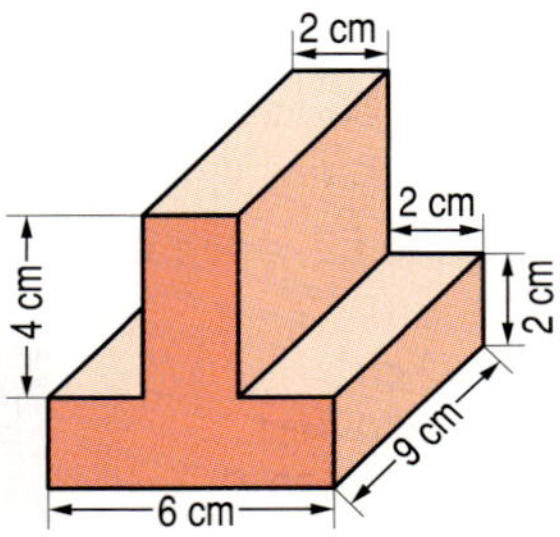

c)
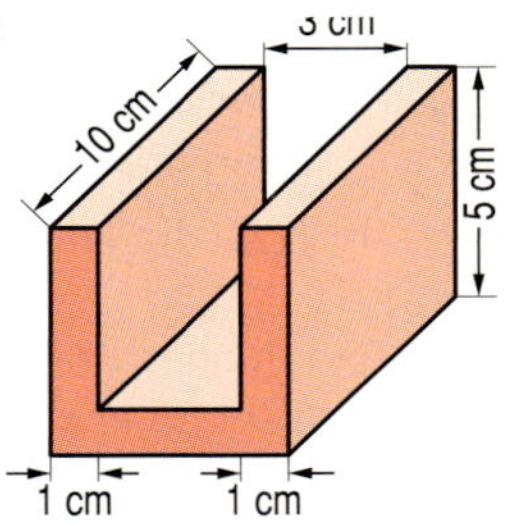

3. Bestimme den Rauminhalt des zusammengesetzten Körpers.

a)
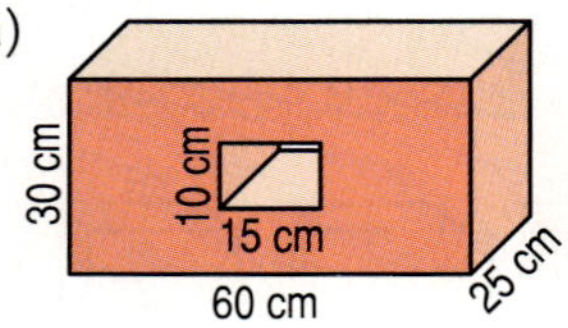

b)
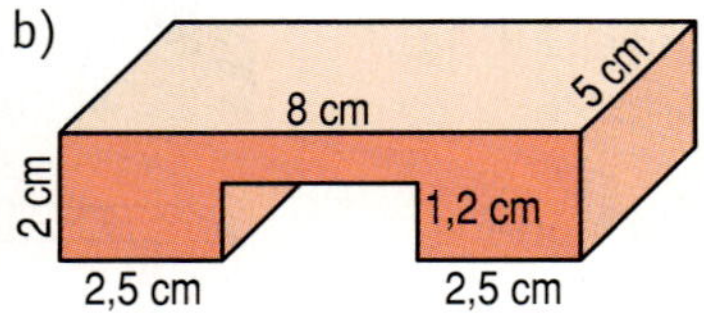

c)
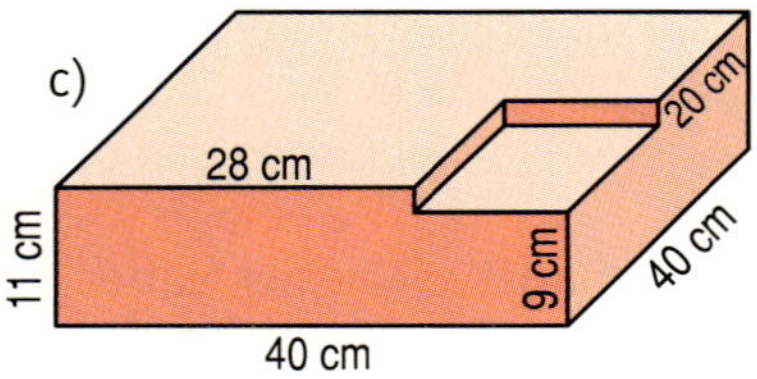

4. Dieses Kreuz soll aus einer 2,5 mm dicken Silberplatte zugesägt werden. Um die Kosten zu ermitteln, muss das Volumen berechnet werden.
Susanne benötigt für die Rechnung 10 Minuten, Adrian rechnet nach 30 Minuten immer noch und Timo war nach 1 Minute fertig.
Wie geht man am geschicktesten vor?
Überlege zusammen mit anderen, begründe.

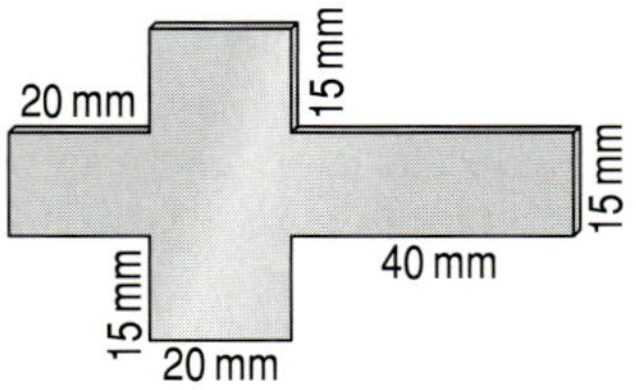

5. Von einem Würfel mit 6 cm Kantenlänge wird an jeder Ecke ein Würfel mit 1 cm Kantenlänge ausgeschnitten. Zeichne eine Seitenfläche des neuen Körpers und berechne seinen Rauminhalt.

6. Vier Würfel mit je 4 cm Kantenlänge werden auf verschiedene Weise zusammengelegt. Auf- oder aneinander liegende Würfel berühren sich dabei auf der ganzen Würfelseite. Wie viele verschiedene Körper findest du? Zeichne die Seitenflächen dieser neuen Körper. Berechne für zwei der Körper den Rauminhalt.

1. Berechne den Flächeninhalt und den Umfang des Rechtecks.

a) $a = 8{,}0$ m, $b = 6{,}0$ m b) $a = 5$ m, $b = 3{,}5$ m
c) $a = b = 8{,}5$ m d) $a = 9{,}5$ dm, $b = 7{,}1$ m

2. Berechne den Flächeninhalt und den Umfang des Quadrats.

a) $a = 12$ cm b) $a = 55$ m c) $a = 1{,}6$ dm
d) $a = 0{,}8$ m e) $a = 2{,}5$ m f) $a = 100$ m

3. Olivers Vater möchte eine Wand streichen, die 8,00 m lang und 2,50 m hoch ist. Ein Eimer Farbe reicht für 15 m^2.

4. Berechne den Flächeninhalt und den Umfang des Dreiecks (Maße in mm).

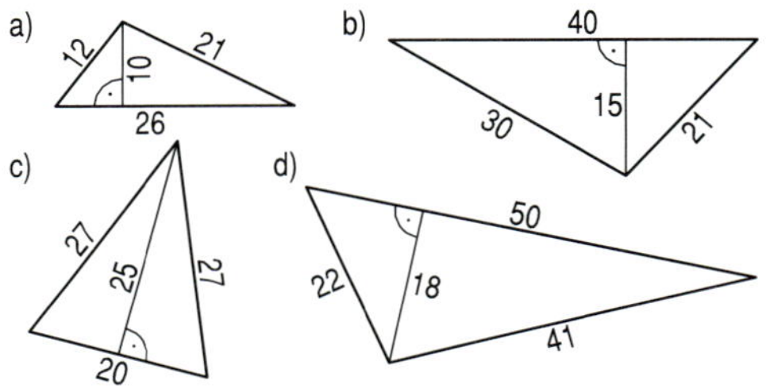

5. Berechne das Volumen des Quaders.

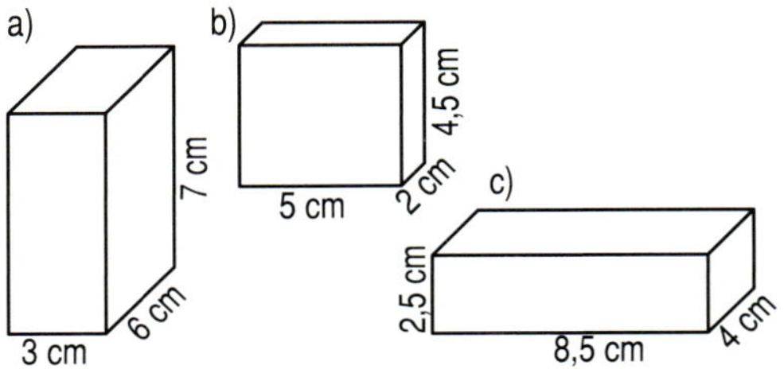

6. Berechne das Volumen des Würfels mit der Kantenlänge 5,5 cm.

7. Ein Würfel hat das Volumen $V = 125\,000$ cm^3. Wie lang sind die Kanten?

8. Berechne die Oberfläche des Quaders.

a) $a = 15$ cm, $b = 6{,}5$ cm, $c = 14$ cm
b) $a = 13$ cm, $b = 12$ cm, $c = 4{,}5$ cm
c) $a = 7$ dm, $b = 9$ dm, $c = 3{,}8$ dm

9. Berechne die Oberfläche des Würfels mit der Kantenlänge 13 cm.

10. Die Oberfläche eines Quaders mit $a = 3$ m und $b = 5$ m beträgt 94 m^2. Wie lang ist c?

Flächeninhalt und Umfang des Rechtecks / **des Quadrats**

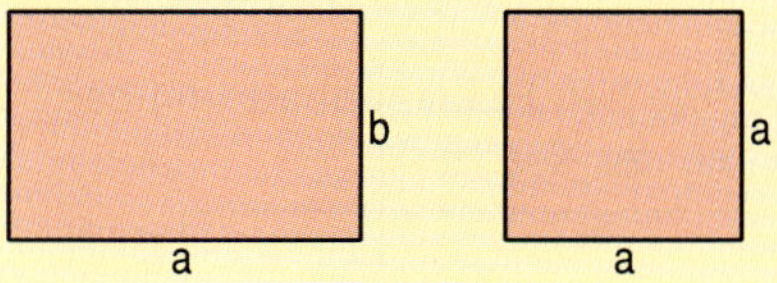

Rechteck: $A = a \cdot b$, $u = 2 \cdot a + 2 \cdot b$

Quadrat: $A = a \cdot a = a^2$, $u = 4 \cdot a$

Flächeninhalt und Umfang des Dreiecks

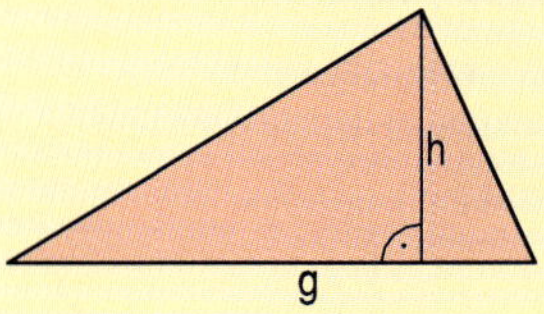

$A = \frac{g \cdot h}{2}$

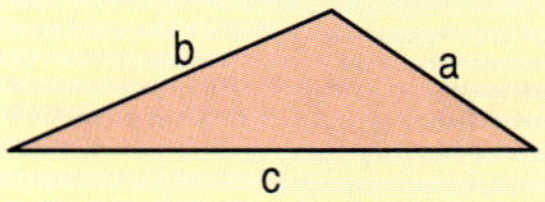

$u = a + b + c$

Volumen des Quaders

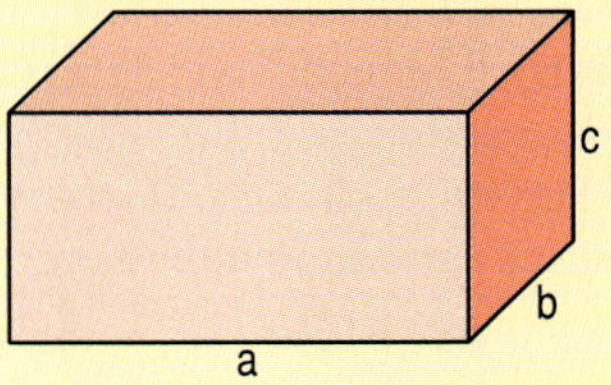

$V = a \cdot b \cdot c$

Volumen des Würfels

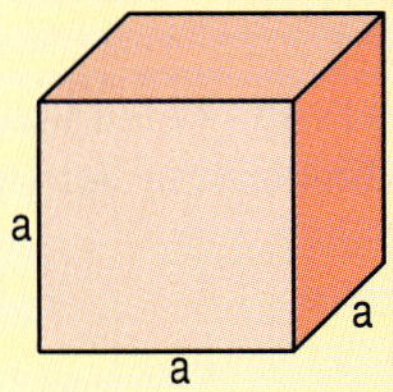

$V = a \cdot a \cdot a = a^3$

Oberfläche des Quaders

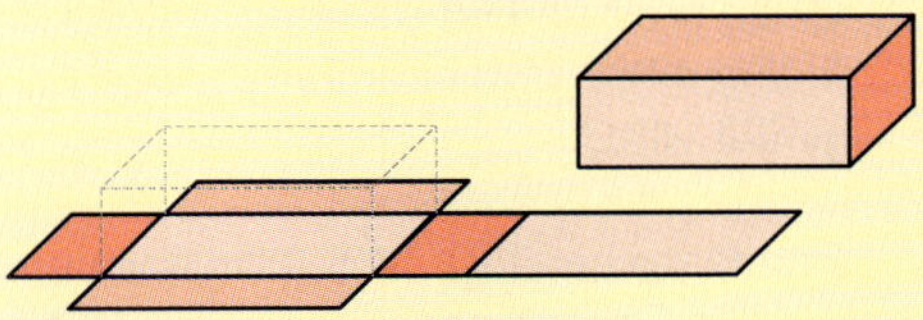

„Summe der Flächeninhalte aller Seitenflächen"

DIAGNOSETEST

1. Wandle in die angegebene Einheit um.

a) $135\ cm^2 = ■\ mm^2$ b) $2\,350\ dm^2 = ■\ m^2$ c) $1250 mm^2 = ■\ cm^2$ d) $255\ dm^3 = ■\ l$

2. Berechne den Flächeninhalt und den Umfang des Rechtecks.

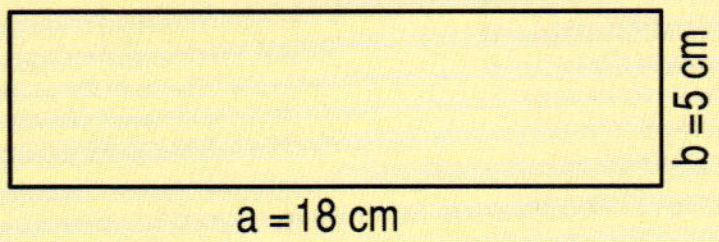

3. Berechne den Flächeninhalt des Dreiecks.

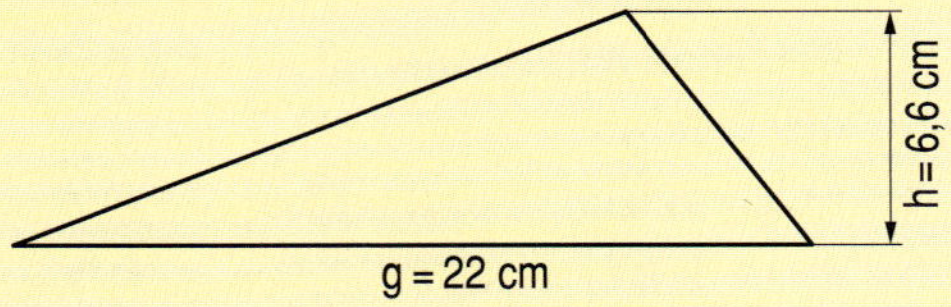

4. Berechne das Volumen und die Oberfläche eines Quaders mit a = 4 cm, b = 3,5 cm, c = 6 cm.

5. Abgebildet ist ein offener Würfel aus Metall und ein Messbecher. Wie oft muss man den Messbecher füllen und den Inhalt in den Würfel gießen, bis der Würfel gefüllt ist?

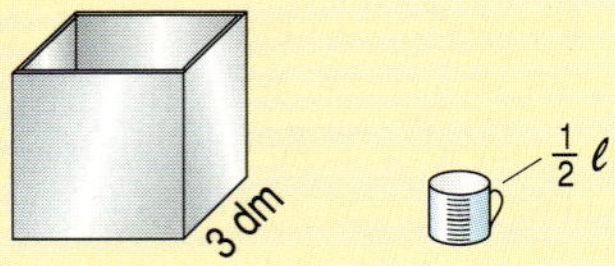

Wähle weitere 5 Aufgaben aus

1. Herr Pütz möchte den dreieckigen Balkon mit Estrich versehen, um ihn anschließend fliesen zu können.

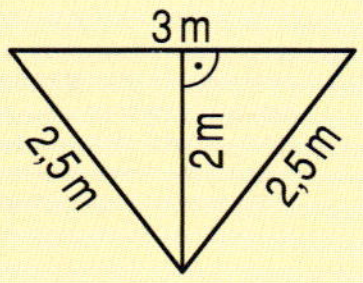

a) Zur Isolierung wird ringsum ein Band gelegt. Wie viel Meter Band muss Herr Pütz kaufen?

b) Wie viel Estrich braucht Herr Pütz, wenn er für einen Quadratmeter 18 kg benötigt?

2. Zeichne die Punkte in ein Koordinatensystem (Einheit 1 cm). Verbinde sie und berechne den Flächeninhalt des entstandenen Vierecks ABCD.

A(0 | 5)   B(2,5 | 5)   C(2,5 | 12)   D(0 | 12)

3. Zeichne die Punkte in ein Koordinatensystem (Einheit 1 cm). Verbinde sie und berechne den Flächeninhalt des entstandenen Dreiecks.

A(5,5 | 1,5)   B(10,5 | 1,5)   C(7,5 | 8,5)

4. Jeder Mietpartei eines Dreifamilienhauses stehen zwei gleich große rechteckige Stellplätze zur Verfügung. Wie breit ist ein Stellplatz?

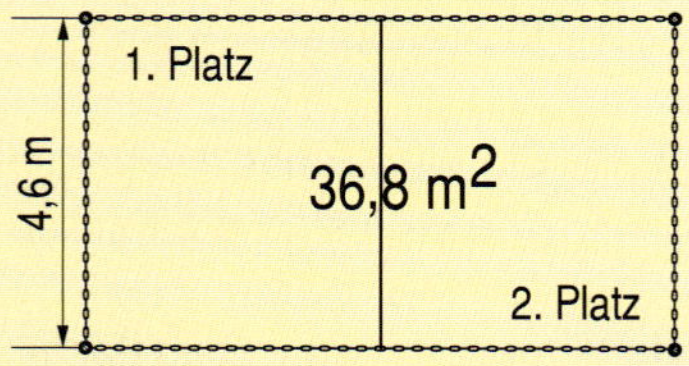

5. Ein Würfel hat eine Oberfläche von $150\ cm^2$. Berechne

a) seine Kantenlänge,   b) sein Volumen.

6. Ein Bauhaus bietet 25 cm hohe Pflanzsteine an. Sie sind innen 40 cm breit und 60 cm lang. Wie viel Liter Blumenerde kann man in einen Pflanzstein einfüllen, wenn er bis 5 cm unter dem Rand gefüllt wird?

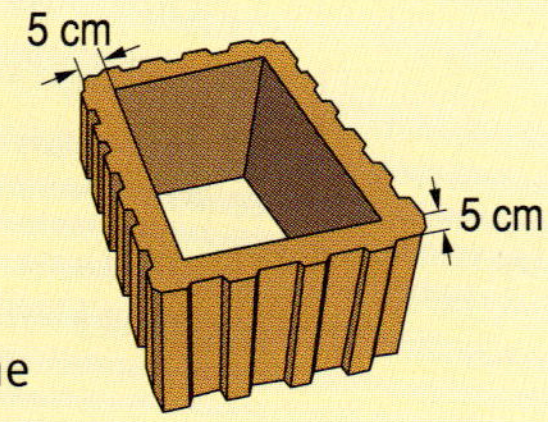

7. Eine Plätzchendose ist 6,5 cm hoch und hat eine rechteckige Grundfläche mit den Seitenlängen 25 cm und 18 cm. „Platz für 3 l Plätzchen", meint Sandra. Stimmt das?

6

Terme und Gleichungen

Spiel mit x

Spiel mit x (für 2 oder mehr Spieler)

Ihr benötigt einen Würfel und für jeden Spieler eine Spielfigur. Es wird der Reihe nach gewürfelt.

In der ersten Runde setzt jeder Spieler seine Figur auf das Startfeld, würfelt und rückt um die gewürfelte Augenzahl vor.

Beim nächsten Mal geht man um so viele Felder vor oder zurück, wie der Rechenausdruck auf dem aktuellen Feld angibt.

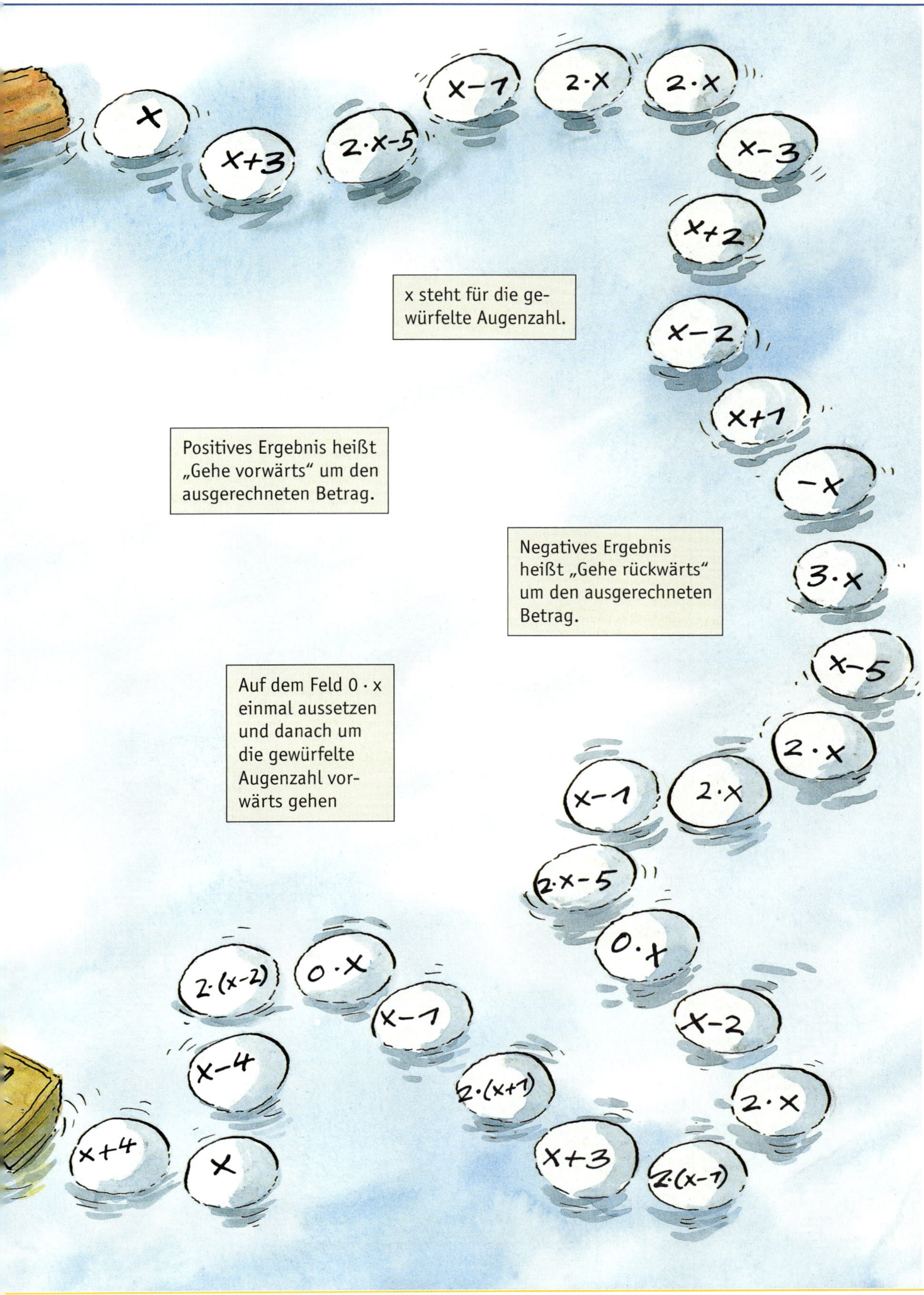

x steht für die gewürfelte Augenzahl.

Positives Ergebnis heißt „Gehe vorwärts“ um den ausgerechneten Betrag.

Negatives Ergebnis heißt „Gehe rückwärts“ um den ausgerechneten Betrag.

Auf dem Feld 0 · x einmal aussetzen und danach um die gewürfelte Augenzahl vorwärts gehen

!!!!

Rechenwege

Wie alt ist die kleine Schwester?

Eine Schulstunde dauert 45 Minuten. Wie lang ist ein Unterrichtstag mit x Schulstunden und Pausen von insgesamt 40 Minuten?

In der Klasse 7a sind x Schülerinnen und y Schüler. Wie viele Jugendliche sind es insgesamt?

Ein Briefumschlag wiegt x Gramm. 1 Bogen Briefpapier y Gramm. Wie schwer ist ein Umschlag mit 4 Bögen?

Wie viel kg wog der Elefant vorher?

Ein Brot wiegt x Gramm. Es werden 9 Scheiben zu je 9 Gramm abgeschnitten. Wie viel Gramm bleiben übrig?

Wie viel € sind nach dem Geburtstag im Sparschwein?

Kolja hat x Computerspiele. Seine Freundin Jasmin hat 8 mehr. Wie viele Spiele hat Jasmin?

Wie viel € bekommt jedes Kind?

Klaus wiegt x kg. Sein Vater wiegt doppelt so viel und 4 kg dazu. Wie viel kg wiegt der Vater?

Wie viel € muss die Familie bezahlen?

Eine Tüte mit Keksen wiegt x Gramm. Die Tüte allein wiegt y Gramm. Wie viel Gramm Kekse sind in der Tüte?

Terme mit Variablen

1. Im „Spiel mit x“ am Kapitelanfang stand x für eine gewürfelte Zahl in einem Rechenbefehl. Auch Zahlenrätsel und Sachaufgaben kann man häufig durch Rechenwege (Terme) kürzer als mit Worten beschreiben.

a) Sprich mit deinen Mitschülerinnen und Mitschülern über die oben geschilderten Situationen.

b) Überlege dir einen Rechenbefehl, ein Zahlenrätsel oder einen Sachtext, zu dem eine Mitschülerin oder ein Mitschüler einen Rechenweg aufschreiben soll.

Terme beschreiben Rechenwege. Sie können Buchstaben als **Variablen** enthalten.
Wenn man für die Variablen Zahlen einsetzt, erhält man eine Zahl als Ergebnis.
Beispiele: Berechne den Term $3 \cdot x + 7$ für $x = 4$. Berechne den Term $5 \cdot (x - 2)$ für $x = 8$.
$3 \cdot 4 + 7 = 12 + 7 = 19$ $5 \cdot (8 - 2) = 5 \cdot 6 = 30$

2. Eine Ferienwohnung kostet pro Tag 40 € plus 30 € für die Reinigung am Ende des Aufenthalts. Lege eine Tabelle an und berechne den Preis für 7, 10, 14 und 21 Tage Aufenthalt.

Tage x	Preis (€) $x \cdot 40 + 30$
7	$7 \cdot 40 + 30 = \ldots$

3. Im Getränkemarkt zahlt man Pfand: 0,15 € für jede Flasche und 1,50 € für den Kasten. Berechne das Pfand für einen Kasten mit 6, 10, 12, 24 oder 30 Flaschen.

Flaschen x	Pfand (€) $x \cdot 0{,}15 + 1{,}50$

4. Berechne für die x-Werte 1, 2, 3, 4 und 5. Ist das Ergebnis um so größer, je größer x ist?

a) $5 + x$ b) $2 + 3 \cdot x$ c) $20 - 4 \cdot x$ d) $5 \cdot (x - 2)$ e) $60 : x$

5. Berechne den Umfang eines Rechteckes mit den Seitenlängen a und b mit dem Term $2 \cdot a + 2 \cdot b$ für die Längen:

a) a = 5 m und b = 3 m b) a = 7,5 m und b = 2,5 m

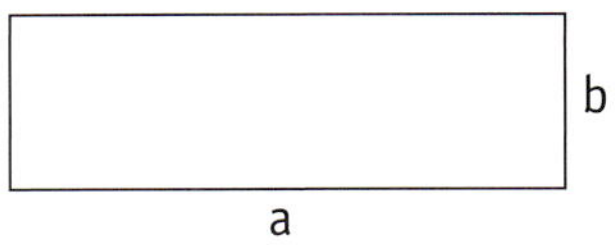

6. a) Zu dem Term $x + y$ hat sich Anne folgende Rechengeschichte ausgedacht:
Ein Zirkus hat x Löwen und y Tiger. Wie viele Raubtiere sind es insgesamt?
Schreibe selbst zwei Rechengeschichten, die ebenfalls zu diesem Term passen.

b) Schreibe je eine Rechengeschichte zu den Termen $x - y$ und $x : y$.

7. Daniel und seine Eltern bewohnen eine 3-Zimmer-Wohnung mit Flur, Bad und Küche. Das Zimmer von Daniel ist x m^2 groß, das Elternschlafzimmer 8 m^2 größer, das Wohnzimmer doppelt so groß wie Daniels Zimmer. Flur, Bad und Küche sind zusammen 9 m^2 kleiner als das Wohnzimmer. Welcher Term beschreibt die Größe der Wohnung? Beurteile die angegebenen Lösungen.

① $x + 8 \cdot 2 - 9$ ② $3 \cdot x + 8 - 9$ ③ $x + x + 8 + 2 \cdot x + 2 \cdot x - 9$ ④ $(3 \cdot x + 8) \cdot 2 - 9$ ⑤ $6 \cdot x - 1$

8. Eine Schachtel wiegt leer 25 g. Sie wird mit 4-g-Pralinen gefüllt. Der Term $4 \cdot x + 25$ beschreibt das Gesamtgewicht einer Schachtel mit x Pralinen. Lege eine Tabelle an und berechne das Gewicht mit 12, 20, 32 und 45 Pralinen.

Anzahl x	Gesamtgewicht $4 \cdot x + 25$
12	$4 \cdot 12 + 25 = 73$

9. Der Eintritt in den Zoo kostet für Kinder 4 €. Dazu kommen 20 € für eine Führung der Gruppe.

a) Welcher Term beschreibt den Gesamtpreis für x Kinder?

b) Lege eine Tabelle an und berechne den Gesamtpreis für 23, 25, 28 und 30 Kinder.

$20 \cdot x + 4$ | $4 \cdot x - 20$ | $20 \cdot x - 4$ | $4 \cdot x + 20$

10. In einem Gefäß befinden sich 150 cm³ Wasser. Pro Minute tropfen 15 cm³ hinein.

a) Welcher Term beschreibt die Wassermenge nach x Minuten?

b) Lege eine Tabelle an. Berechne die Wassermenge nach 15, 20, 25 und 45 Minuten.

$150 \cdot x + 15$ | $150 \cdot x - 15$ | $150 + 15 \cdot x$ | $150 - 15 \cdot x$

11. Ein Wohnmobil kostet für ein Wochenende 180 €. Darin enthalten sind 100 Freikilometer. Für jeden weiteren Kilometer sind 0,30 € zu zahlen. Berechne den Preis für 280 km, 350 km, 490 km und 620 km. Nenne die gefahrenen Kilometer x. Stelle einen Term auf, setze ein und rechne.

12. Bei einem Farbfilm kostet die Entwicklung 3,95 € und jedes Foto 0,29 €. Berechne mit Hilfe eines Terms den Preis für Filme mit 12, 24, 27 und 36 Fotos.

13. Gib einen Term an:

a) vermindert man eine Zahl um 7

b) das 10fache der gesuchten Zahl

c) subtrahiert man eine Zahl von 100

d) dividiert man eine Zahl durch 5

e) vermehrt man eine Zahl um 19

f) vermindert man 19 um eine Zahl

g) addiert man zur gesuchten Zahl 5

h) ein Drittel der gesuchten Zahl

i) eine angedachte Zahl, multipliziert mit 7

Termlexikon

x	gesuchte Zahl ich denke mir eine Zahl
x + 7	addiert man 7 zu einer Zahl vermehrt man eine Zahl um 7
x – 3	subtrahiere 3 von einer Zahl vermindert man eine Zahl um 3
9 – x	subtrahiert man eine Zahl von 9 vermindert man 9 um eine Zahl
3 · x	das Dreifache einer Zahl multipliziert man eine Zahl mit 3
x : 4	ein Viertel einer Zahl dividiert man eine Zahl durch 4

14. Ordne den richtigen Term zu. In der Reihenfolge der Aufgaben erhältst du ein Lösungswort.

① vermindert man das Doppelte einer Zahl um 3

② addiert man 3 zum Vierfachen einer Zahl

③ von einer Zahl wird 3 subtrahiert und das Ergebnis mit 4 multipliziert

④ vermehre eine Zahl um 4 und verdopple die Summe

⑤ vermindert man 4 um das Dreifache einer Zahl

⑥ zu einer Zahl wird 3 addiert und die Summe mit 4 multipliziert

⑦ subtrahiere von 4 das Doppelte einer Zahl

⑧ vermindert man 4 um eine Zahl und verdreifacht die Differenz

$(x + 4) \cdot 2$ I | $4 \cdot x + 3$ A | $3 \cdot x + 4$ U | $4 - 3 \cdot x$ A | $(x - 3) \cdot 4$ R | $4 - 2 \cdot x$ L | $2 \cdot x - 3$ V | $(x + 3) \cdot 4$ B | $(4 - x) \cdot 3$ E

15. Schreibe als Term, setze anschließend für die Variable die Zahl 8 ein und berechne.

a) Von einer Zahl wird 5 subtrahiert und die Differenz verdreifacht.

b) Zur Hälfte einer Zahl wird 12 addiert und die Summe mit 4 multipliziert.

Bleib FIT!

Die Ergebnisse der Aufgaben 1 – 8 ergeben drei Spezialitäten aus Südost-Europa.

1. a) $\frac{1}{2} + \frac{1}{5}$ b) $1\frac{1}{2} + 2\frac{3}{4}$ c) $4\frac{2}{5} - 1\frac{1}{6}$ d) $3 - \frac{2}{7}$

2. Wandle die angegebenen Einheiten um.

a) $\frac{1}{4}$ hl = ▒ *l* b) $\frac{7}{10}$ kg = ▒ g

c) $\frac{3}{5}$ m = ▒ cm d) $\frac{2}{3}$ h = ▒ min

3. Berechne den Winkel γ.

a)

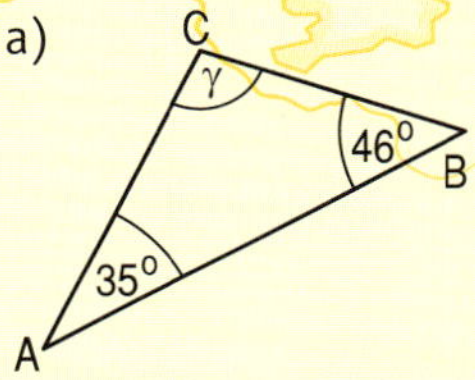

b)

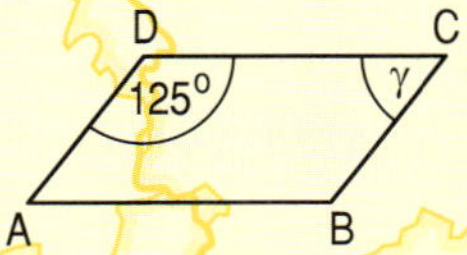

4. a) $2{,}34 \cdot 10$ b) $0{,}307 \cdot 100$

c) $2{,}3 : 100$ d) $2{,}34 : 1000$

5. Berechne die fehlende Größe vom Rechteck.

a) a = 1,6 cm b = 1,2 cm u = ▒ cm

b) a = 85 cm u = 240 cm b = ▒ cm

c) a = 6 cm b = 4,8 cm A = ▒ cm^2

d) a = 21 cm A = 399 cm^2 b = ▒ cm

6. Was gilt für jedes Parallelogramm?

- Gegenüberliegende Seiten sind gleich lang (1)
- je zwei Seiten sind zueinander senkrecht (2)
- die Diagonalen bilden 4 rechte Winkel (3)
- Gegenüberliegende Winkel sind gleich groß (4)

7. a) Berechne die Summe aus 12,04; 213,8 und 48,13.

b) Berechne das Produkt aus 72,45 und 32.

c) Addiere 485 und 738, verdopple das Ergebnis.

8. a) 3 Hefte kosten 1,80 €. Wie teuer sind 5 Hefte derselben Sorte?

b) Wenn Petra im Urlaub täglich 6 € ausgibt, reicht ihr Taschengeld 15 Tage. Wie lange reicht das Geld, wenn sie 10 € pro Tag ausgibt?

0,00234	V
0,023	J
$\frac{7}{10}$	P
1	V
$2\frac{5}{7}$	E
3	C
$3\frac{7}{30}$	J
$4\frac{1}{4}$	L
4	A
5,6	A
4,50	P
19	E
9	I
25	S
23,4	A
25,38	Z
28,8	C
30,7	A
35	R
50	B
40	V
55	C
60	A
66	T
70	T
99	I
273,97	P
500	M
700	K
2 318,4	C
2 446	I

Lösen von Gleichungen durch Probieren

1. Welches Zahlenrätsel wird hier gelöst? Beschreibe den Lösungsweg und gib die Lösung an. Würdest du auch so die Lösung suchen, wenn das Ergebnis 180 sein soll?

In einer **Gleichung** steht zwischen zwei Termen das Gleichheitszeichen. Wenn man für die Variablen Zahlen einsetzt, erhält man entweder eine wahre (w) oder eine falsche (f) Aussage.
Eine Zahl, die beim Einsetzen eine wahre Aussage liefert, heißt Lösung. Oft kann man sie durch Probieren finden.

Gleichung: $2 \cdot x + 1 = 5$

x	2 · x + 1	= 5	w/f
0	2 · 0 + 1 = 1	5	f
1	2 · 1 + 1 = 3	5	f
2	2 · 2 + 1 = 5	5	w
3	2 · 3 + 1 = 7	5	f

Lösung: $x = 2$

2. Setze die angegebenen Zahlen ein und bestimme die Lösung.

a) ⑥ ⑦ ⑧ ⑨ $3 \cdot (x - 5) = 12$
b) ③ ② ① ⓪ $4 \cdot x + 3 = 11$
c) ① ② ③ ④ $2 \cdot x + 7 = 9$
d) ⑨ ⑧ ⑦ ⑥ $2 \cdot (x - 6) = 2$

3. Löse die Gleichung durch Probieren. Übertrage ins Heft und ergänze bis $x = 6$.

a) Gleichung: $3 \cdot x + 2 = 17$

x	**3 · x + 2**	**= 17**	**w/f**
1	3 · 1 + 2 = 5	17	f
2	3 · 2 + 2 = 8	17	f
3	3 · 3 + 2 =		

b) Gleichung: $3 \cdot (2 + x) = 18$

x	**3 · (2 + x)**	**= 18**	**w/f**
1	3 · (2 + 1) = 9	18	f
2	3 · (2 + 2) = 12	18	f
3	3 · (2 + 3) =		

4. Setze für die Variable die natürlichen Zahlen von 1 bis 8 ein und bestimme die Lösung.

a) $3 \cdot y - 1 = 5$ b) $2 \cdot (x + 3) = 16$ c) $2 \cdot x + 3 = 11$ d) $9 \cdot y - 4 = 5$ e) $4 \cdot (y - 1) = 4$
f) $4 \cdot a + 2 = 30$ g) $3 \cdot (2 + y) = 24$ h) $2 \cdot x - 1 = 13$ i) $4 \cdot a - 3 = 17$ j) $(x + 3) \cdot 5 = 55$

5. Drei Geschwister haben zusammen 54 € gespart. Lara hat dreimal so viel gespart wie Dana. Tobias hat 2 € weniger gespart als Lara. Wie viel Euro hat jedes Kind gespart?

Dana x	Lara + 3 · x	Tobias + 3 · x − 2 =	zusammen 54	w/f
1	3	1	5	f
3	9			

6. Über zwei Zahlen steht immer ihre Summe. Welche Zahlen muss man wählen? Überlegt euch ähnliche Aufgaben für Partnerarbeit.

a)
x
x | y
7 | 9 | 11

b)
40
y | y
x | x | x

c)
30
z | z
x | y | x

Lösen von Gleichungen mit Tabellenkalkulation

1. Ein Tabellenkalkulationsprogramm soll dir helfen, die Gleichung
$3 \cdot x + 7 - 4 \cdot x - 9 + 7 \cdot x = 88$ zu lösen.

a) Welche Formeln stehen in den Zellen B5 und B6?

b) Lege selbst eine Tabelle an, die die linke Seite der Gleichung für die Einsetzungen $x = 1$ und $x = 2$ berechnet.

c) Klicke zum Kopieren auf die rechte untere Ecke der Zelle B6. Ziehe bei gedrückter Maustaste so weit nach unten, dass die Berechnung bis $x = 20$ fortgesetzt wird. Gib die Lösung der Gleichung an.

A5 = 1

	A	B
1		
2	Gleichung:	3*x+ 7 - 4*x - 9 + 7*x = 88
3		
4	Einsetzung für x	Berechnung linke Seite
5	1	4
6	2	10
7	3	
8	4	
9	5	
10	6	
11	7	
12	8	
13	9	
14	10	

Zellenblock markieren und hier ziehen.

2. Löse die Gleichung durch Probieren mit einer Tabellenkalkulation.

a) $49 + 5 \cdot x + 17 - 13 \cdot x + 6 = 0$

b) $15 + 4 \cdot x - 7 + 13 \cdot x - 8 = 204$

c) $3{,}5 - 7{,}5 \cdot x + 13 + 9 \cdot x - 7{,}8 = 13{,}2$

d) $47{,}5 - (3 \cdot x + 4{,}5) + 2{,}5 \cdot x = 39$

e) $4 \cdot x - 3 \cdot (4 - 7 \cdot x + 6) = 270$

f) $15 \cdot x - 4 \cdot (3 \cdot x + 9) + 36 = 33$

g) $12 \cdot (x - 7) - 3 \cdot (x + 1) = 84$

h) $3 \cdot (7{,}5 + 4 \cdot x) + 8 \cdot (3{,}5 \cdot x + 7) - 78{,}5 = 800$

3. Tim hat eine Tabelle angelegt zum Lösen der Gleichung
$13 - 4 \cdot x - 81 + 13 \cdot x + 4 = -100$.

a) In welchem Zahlenbereich vermutest du die Lösung der Gleichung? Begründe.

b) Lege die Tabelle so an, dass du die Lösung der Gleichung ablesen kannst.

B6 = 13-4*A6-81+13*A6+4

	A	B
1		
2	Gleichung:	13 - 4*x - 81 + 13*x + 4 = -100
3		
4	Einsetzung für x	Berechnung linke Seite
5	1	-55
6	2	-46
7	3	-37
8	4	-28
9	5	-19
10	6	-10
11	7	-1
12	8	8
13	9	17
14	10	26
15	11	35

4. Löse die Gleichung durch Probieren mit einer Tabellenkalkulation.

a) $-8 + 5 \cdot x - 71 - 19 \cdot x + 3 = 22$

b) $4 \cdot (3 \cdot x + 9 - 4 \cdot x) - 12 = 68$

c) $45 - 3 \cdot (-2 \cdot x + 15 - 9 \cdot x) - 19 \cdot x = -70$

5. Vera hat eine Tabelle angelegt zum Lösen der Gleichung
$-2 \cdot x + 17 - 9 \cdot x - 43 + 5 \cdot x = -47$.

a) In welchem Bereich muss die Lösung liegen? Begründe.

b) Lege die Tabelle so an, dass du die Lösung der Gleichung ablesen kannst.

A5 = 1

	A	B
1		
2	Gleichung:	-2*x + 17 - 9*x - 43 + 5*x = -47
3		
4	Einsetzung für x	Berechnung linke Seite
5	1	-32
6	2	-38
7	3	-44
8	4	-50
9	5	-56
10	6	-62
11	7	-68
12	8	-74
13	9	-80
14	10	-86
15	11	-92

6. Löse die Gleichung durch Probieren mit einer Tabellenkalkulation.

a) $48 - 12 \cdot x + 21 - 7 \cdot x + 32 = 21{,}2$

b) $3{,}5 \cdot x + 7 - 8{,}7 \cdot x + 12{,}3 = -13{,}98$

c) $(4 \cdot x + 3 - 7{,}2 \cdot x) \cdot 9 + 19{,}88 = -100$

Lösen von Gleichungen mit Umkehroperatoren

1. Partnerarbeit: Diskutiert den Trick des Zahlenzauberers.

a) Welches Ergebnis hätte die Testperson für 100 als gedachte Zahl nennen müssen?

b) Die Testperson nennt das Ergebnis 88. Wie war seine gedachte Zahl?

c) Überlegt euch selbst ähnliche Zaubertricks.

Viele Gleichungen kann man mit Operatoren darstellen und ihre Lösungen mit Umkehroperatoren berechnen.

Gleichung: $x \cdot 5 + 2 = 62$

Operatoren: $x \xrightarrow{\cdot 5} \square \xrightarrow{+2} 62$

Umkehroperatoren: $\mathbf{12} \xleftarrow{:5} 60 \xleftarrow{-2} 62$

Probe:
$12 \cdot 5 + 2$
$= 60 + 2$
$= 62$

---

2. Finde die Zahl x mithilfe von Umkehroperatoren.

a) $x \xrightarrow{\cdot 2} \square \xrightarrow{+8} 22$
b) $x \xrightarrow{:8} \square \xrightarrow{+9} 15$
c) $x \xrightarrow{:5} \square \xrightarrow{+17} 26$
d) $x \xrightarrow{\cdot 3} \square \xrightarrow{-7} 17$
e) $x \xrightarrow{:6} \square \xrightarrow{+18} 27$
f) $x \xrightarrow{\cdot 12} \square \xrightarrow{-35} 25$
g) $x \xrightarrow{:4} \square \xrightarrow{+29} 37$
h) $x \xrightarrow{\cdot 17} \square \xrightarrow{-28} 40$

3. Schreibe mit Operatoren und löse mit Umkehroperatoren.

a) $x \cdot 7 = 63$
b) $y + 19 = 24$
c) $z - 48 = 60$
d) $a : 5 = 9$
e) $b - 17 = 38$
f) $y \cdot 15 = 30$
g) $\frac{a}{9} = 7$
h) $b + 39 = 52$
i) $\frac{x}{12} = 6$
j) $z \cdot 5 = 100$

4. a) $x \cdot 4 + 3 = 31$ b) $y \cdot 5 - 7 = 73$ c) $a \cdot 3 - 9 = 27$ d) $x : 2 - 28 = 22$ e) $b : 6 - 27 = 3$

5. Schreibe als Gleichung und löse sie. Mache eine Probe.

a) Vermehrt man das Dreifache einer Zahl um 7, so erhält man 31.

b) Subtrahiert man 17 vom Doppelten einer Zahl, so erhält man 3.

c) Die Summe aus dem Fünffachen einer Zahl und 45 ist 100.

d) Vermindert man das Zehnfache einer Zahl um 48, so erhält man 82.

Aufgabe: Vermindert man das Dreifache einer Zahl um 5, so erhält man 7.

Gleichung: $3 \cdot x - 5 = 7$

6. Wie hoch ist das monatliche Taschengeld? Vergleiche deine Lösung mit den Lösungen anderer.

a) b) c)

TESTEN • ÜBEN • VERGLEICHEN

Terme beschreiben Rechenwege. Sie können Buchstaben als **Variablen** enthalten.
Wenn man für die Variablen Zahlen einsetzt, erhält man eine Zahl als Ergebnis.
Beispiel:
Term $3 \cdot x + 7$ für $x = 4$: $3 \cdot 4 + 7 = 19$

Wenn man für die Variable in einer Gleichung Zahlen einsetzt, erhält man entweder eine wahre oder eine falsche Aussage. Eine Zahl, die beim Einsetzen eine wahre Aussage liefert, heißt Lösung.
Man kann sie durch Probieren finden.
Beispiel: $5 + 2 \cdot x = 13$

x	$5 + 2 \cdot x$	= 13	w/f
1	$5 + 2 \cdot 1 = 7$	13	f
2	$5 + 2 \cdot 2 = 9$	13	f
3	$5 + 2 \cdot 3 = 11$	13	f
4	$5 + 2 \cdot 4 = 13$	13	<u>w</u>

Viele Gleichungen kann man mit Operatoren schreiben und dann lösen.
Beispiel: $x \cdot 3 + 2 = 11$

$x \xrightarrow{\cdot 3} \blacksquare \xrightarrow{+2} 11$

$3 \xleftarrow{:3} 9 \xleftarrow{-2} 11$

Lösung: $x = 3$

Probe:
$3 \cdot 3 + 2$
$= 9 + 2$
$= 11$

1. Berechne den Term für x = 1 und x = 5.
a) $x + 5$ b) $2 \cdot x - 1$ c) $8 - x$
d) $3 \cdot x + 2$ e) $19 - 2 \cdot x$ f) $20 - 3 \cdot x$

2. Ein Mietklavier kostet einmalig 90 € Grundgebühr und dann 20 € pro Monat.
a) Welcher Term beschreibt die Kosten für x Monate?
b) Berechne ihn für 6, 10 und 15 Monate.

3. Setze die natürlichen Zahlen von 1 bis 5 ein und notiere „w“ oder „f“ (Tabelle).
a) $3 \cdot x + 4 = 13$ b) $7 \cdot y + 8 = 15$
c) $15 - 2 \cdot x = 9$ d) $(y - 1) \cdot y = 2$

4. Löse die Gleichung durch Probieren.
a) $2 \cdot x + 7 = 23$ b) $2 \cdot x - 3 = 15$
c) $12 - 2 \cdot x = 2$ d) $3 + 3 \cdot x = 18$

5. Schreibe mit Operatoren und löse.
a) $a \cdot 17 = 51$ b) $x - 19 = 35$
c) $z \cdot 8 + 14 = 86$ d) $b : 4 + 13 = 20$

6. Schreibe als Gleichung und löse sie.
a) Subtrahiert man vom Doppelten einer Zahl 8, so erhält man 2.
b) Die Summe aus dem Sechsfachen einer Zahl und 18 ist 60.

7. Von einer Rolle mit 20 m Schleifenband werden 0,5 m lange Stücke abgeschnitten.
a) Nenne die Anzahl der abgeschnittenen Stücke x und stelle einen Term für die Länge des restlichen Bands der Rolle auf.
b) Berechne, wie viel m Band noch auf der Rolle sind, wenn 4, 6, 10, 15, 20 oder 25 Stücke abgeschnitten sind.

8. Schreibe als Term mit einer Variablen und setze dann für die Variable 2 ein. Berechne den Term.
a) Zu einer Zahl wird 9 addiert und die Summe verdoppelt.
b) Vermindere das Dreifache einer Zahl um 3 und multipliziere das Ergebnis mit 8.

9. Schreibe die Gleichung mit Operatoren und löse sie mit Umkehroperatoren.
a) $x \cdot 3 - 4 = 17$ b) $a : 12 + 8 = 14$ c) $z \cdot 17 - 4 = 47$ d) $y : 9 - 2 = 7$
e) $(b + 5) \cdot 14 = 98$ f) $(x + 4) \cdot 8 - 12 = 60$ g) $(y \cdot 4 - 9) \cdot 6 = 90$ h) $(a + 3) \cdot 4 = 44$

10. Schreibe als Gleichung und löse mit einem Verfahren deiner Wahl.
a) Von einer Zahl wird 8 subtrahiert und das Ergebnis mit 6 multipliziert. Man erhält 30.
b) Das Doppelte einer Zahl wird um 10 vermindert. Verdreifacht man die Differenz, erhält man 24.

11. Erfinde ein Zahlenrätsel mit der Lösung 5.

DIAGNOSETEST

1. a) Gib einen Term für das Gewicht der leeren Tüten an:
Eine Tüte mit Keksen wiegt 187 g. Die Kekse wiegen x Gramm.

b) Gib einen Term für den Gesamtbetrag an:
Der Eintritt ins Schwimmbad kostet für Erwachsene x Euro und für Kinder y Euro. Frau Tibbe bezahlt für sich und ihre 4 Kinder.

2. Berechne den Term für $x = 1$ und $x = 4$. a) $25 - x$ b) $3 \cdot x + 17$

3. Thomas ist x Jahre alt, sein Bruder Till 4 Jahre älter.

a) Welcher Term beschreibt das Alter von Till?

b) Lege eine Tabelle für das Alter beider Kinder an, wenn Thomas 2, 4, 9 und 12 Jahre alt ist.

4. Löse die Gleichung. a) $2 \cdot a + 17 = 29$ b) $8 \cdot y + 13 = 37$

5. Schreibe als Gleichung und löse sie:
Addiert man 9 zum Dreifachen einer Zahl, so erhält man 30.

Wähle weitere 5 Aufgaben aus

1. Ein Rechteck ist x Zentimeter lang und y Zentimeter breit. Welcher Term beschreibt

a) den Umfang b) den Flächeninhalt des Rechtecks?

2. Ein Rechteck hat die Breite x. Die Länge ist 5 cm größer. Gib einen Term für den Umfang an.

3. Berechne den Term für $x = 7$. a) $85 - 28 : x + 4$ b) $17 \cdot (48 - 6 \cdot x) + 14$

4. Eine Schachtel wiegt leer 35 g. Sie wird mit 6 g schweren Pralinen gefüllt. Gib einen Term an für das Gewicht einer Schachtel mit x Pralinen. Lege eine Tabelle an für das Gewicht einer Schachtel mit 20, 24, 30 und 36 Pralinen.

5. Löse die Gleichung. a) $3 \cdot x - 7 = 20$ b) $(x + 8) : 2 = 7$

6. Verdopple die Summe aus dem Dreifachen einer Zahl und 8, anschließend vermindere das Ergebnis um 7. Welche Terme beschreiben den Rechenvorgang richtig?

① $2 \cdot 3 \cdot x + 8 - 7$ ② $(3 \cdot y + 8) \cdot 2 - 7$ ③ $7 - 2 \cdot 3 \cdot x + 8$

④ $2 \cdot (3 \cdot x + 8) - 7$ ⑤ $2 \cdot (3 \cdot x + 8 - 7)$ ⑥ $(6 \cdot y + 8) - 7$

7. Schreibe die Gleichung und löse sie:
Zum Fünffachen einer Zahl wird 17 addiert und das Ergebnis mit 3 multipliziert. Man erhält 81.

8. Für 3 Flaschen Limo und 2 Päckchen Erdnüsse zahlt Evin 6,40 €. Eine Flasche Limo kostet 1,20 €. Wie teuer ist ein Päckchen Erdnüsse?

9. Familie Walger mietet für 14 Tage eine Ferienwohnung. Für die Endreinigung zahlen sie einmalig 35 €. Insgesamt lautet die Rechnung auf 623 €. Wie teuer ist die Ferienwohnung pro Tag?

10. Gib einen Term für den Umfang an: a)

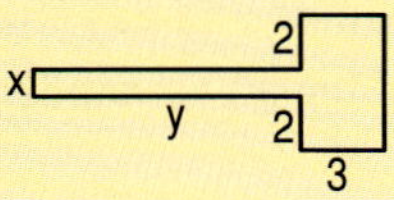

b)

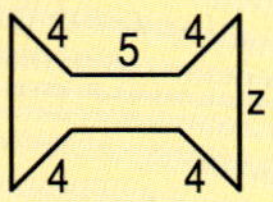

Daten und Zufall

7

!!!!

Mit dem Zug unterwegs

Frank (16 Jahre) und Jenny (15 Jahre) wohnen in Frankfurt am Main. Sie sind begeisterte Bahnfahrer.

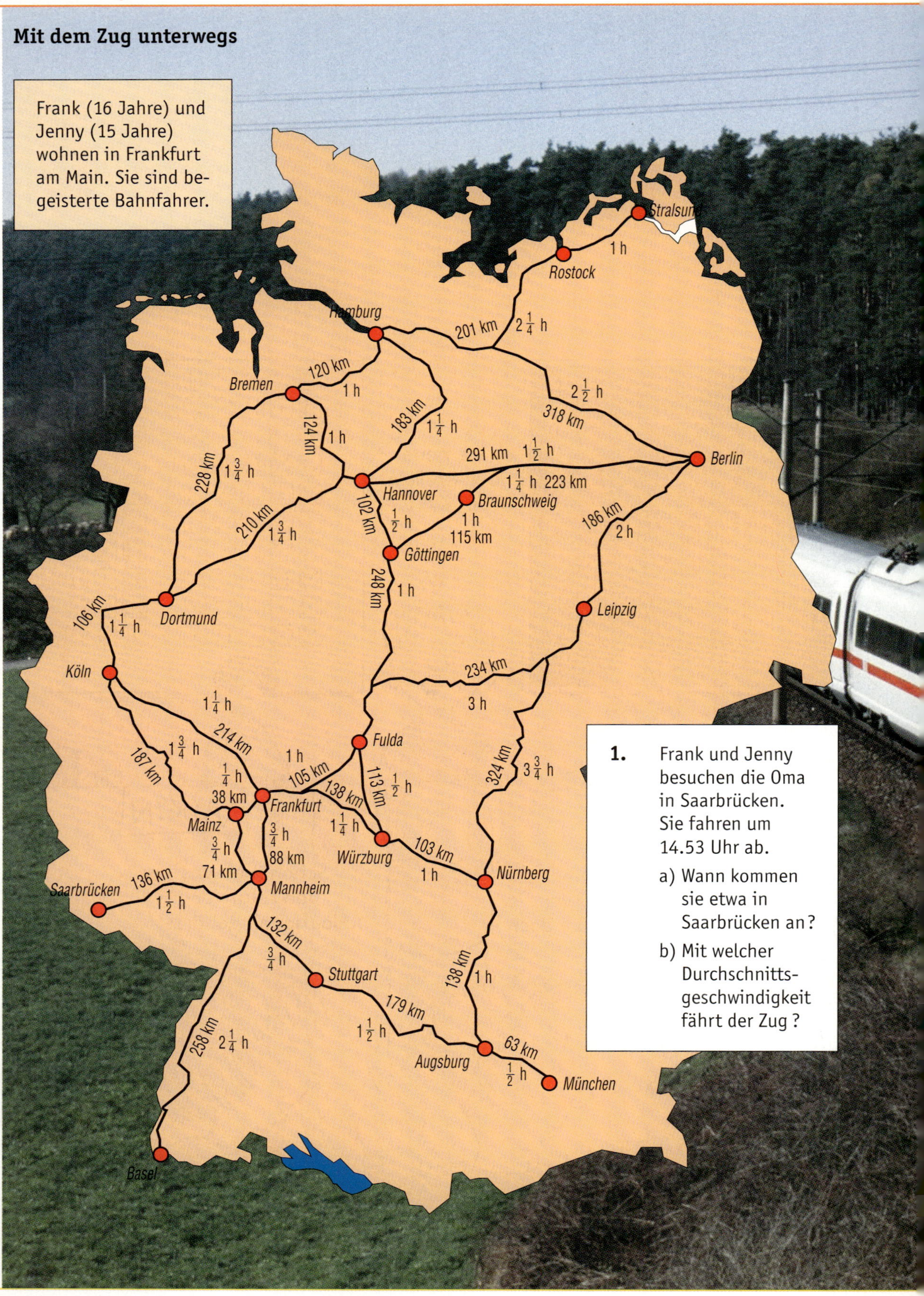

1. Frank und Jenny besuchen die Oma in Saarbrücken. Sie fahren um 14.53 Uhr ab.

a) Wann kommen sie etwa in Saarbrücken an?

b) Mit welcher Durchschnittsgeschwindigkeit fährt der Zug?

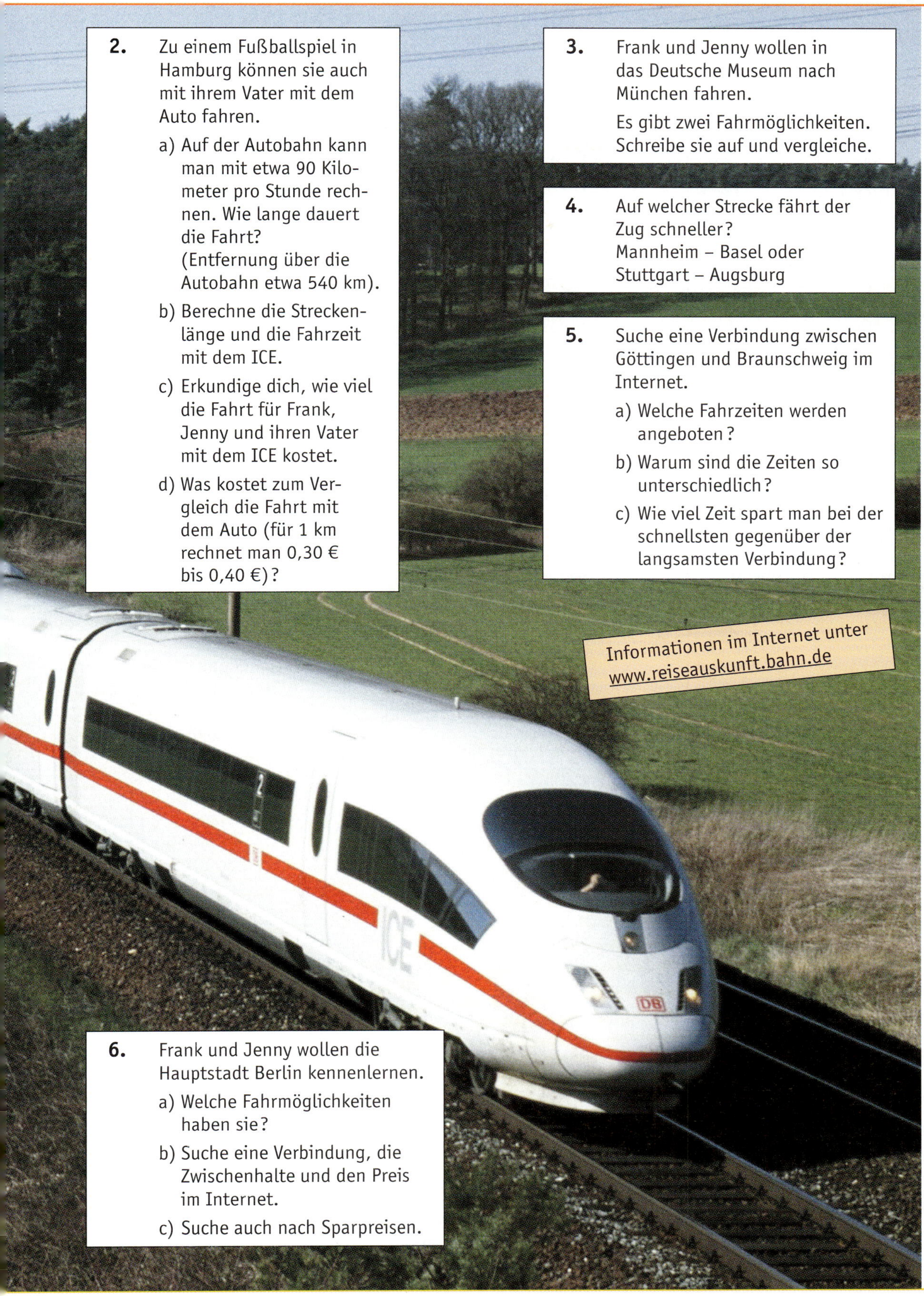

2. Zu einem Fußballspiel in Hamburg können sie auch mit ihrem Vater mit dem Auto fahren.

a) Auf der Autobahn kann man mit etwa 90 Kilometer pro Stunde rechnen. Wie lange dauert die Fahrt? (Entfernung über die Autobahn etwa 540 km).

b) Berechne die Streckenlänge und die Fahrzeit mit dem ICE.

c) Erkundige dich, wie viel die Fahrt für Frank, Jenny und ihren Vater mit dem ICE kostet.

d) Was kostet zum Vergleich die Fahrt mit dem Auto (für 1 km rechnet man 0,30 € bis 0,40 €)?

3. Frank und Jenny wollen in das Deutsche Museum nach München fahren.

Es gibt zwei Fahrmöglichkeiten. Schreibe sie auf und vergleiche.

4. Auf welcher Strecke fährt der Zug schneller?
Mannheim – Basel oder
Stuttgart – Augsburg

5. Suche eine Verbindung zwischen Göttingen und Braunschweig im Internet.

a) Welche Fahrzeiten werden angeboten?

b) Warum sind die Zeiten so unterschiedlich?

c) Wie viel Zeit spart man bei der schnellsten gegenüber der langsamsten Verbindung?

Informationen im Internet unter
www.reiseauskunft.bahn.de

6. Frank und Jenny wollen die Hauptstadt Berlin kennenlernen.

a) Welche Fahrmöglichkeiten haben sie?

b) Suche eine Verbindung, die Zwischenhalte und den Preis im Internet.

c) Suche auch nach Sparpreisen.

!!!!

Rund ums Glücksrad

Anna	04894	78165
	45674	12091
	28121	46494
	39237	26409
	44031	11852
	62899	83919
	91173	04467
	09562	69913
	16812	54367
	22138	69276
Beate	19709	93671
	26931	58271
	47319	69337
	64764	32681
	29192	94654
	28738	76199
	65704	18570
	93858	65180
	21614	71214
	43135	94226
Carsten	06460	94813
	49784	40281
	50539	16397
	87515	97569
	80679	79885
	48733	30723
	24048	91413
	88140	55546
	22504	25301
	09969	27511
Daniel	81404	80588
	74193	32203
	41427	16091
	67754	74294
	49900	53159
	62845	20159
	94510	33890
	42380	64570
	24707	85244
	80371	81121
Eva	79147	50318
	70920	78485
	55199	57361
	75151	09946
	12490	38391
	69867	79467
	69438	32447
	35259	55322
	43741	70647
	57352	31314

1.

Ziffer	0	1	2	3	4	5	6	7	8	9
geschätzte Häufigkeit										

2.

Einnahmen:	Einsatz mal Anzahl Spiele
Ausgaben:	Hauptpreis mal Anzahl „1“
	Trostpreis mal Anzahl „2, 3, 5, 7“
in der Kasse:	

3.

Annas Spiele

Ziffer	Anzahl (卌) Für jedes Vorkommen der Ziffer ein „I“	Anzahl
0	卌 I	6
1	卌 卌 卌	15
2	卌 卌 II	12
3	卌 III	8
4	卌 卌 III	13
5	卌	5
6	卌 卌 II	12
7	卌 II	7
8	卌 III	8
9	卌 卌 IIII	14

Summe: 100

4.

	0	1	2	3	4	5	6	7	8	9
Anna	6	15	12	8	13	5	12	7	8	14
Beate										
Carsten										
Daniel										
Eva										
abs. H.										
rel. H.										

$\frac{\text{absolute Häufigkeit}}{500}$ = relative Häufigkeit

5.

Einnahmen:	
Ausgaben:	
in der Kasse:	

Wahrscheinlichkeit

1. Beurteile die Vorschläge in den Abbildungen. Welche sind „fair"?

Bei einem Zufallsversuch mit gleichwahrscheinlichen Ausfällen ist p die **Wahrscheinlichkeit eines Ereignisses.**

$$p\ (\text{Ereignis}) = \frac{\text{Anzahl der günstigen Ausfälle}}{\text{Anzahl aller möglichen Ausfälle}}$$

Die Wahrscheinlichkeit gibt an, wie groß die relative Häufigkeit für ein Ereignis ungefähr sein wird, wenn man den Zufallsversuch sehr oft wiederholt.

Würfeln mit einem fairen Würfel: Es sind sechs Ausfälle (Augenzahlen) möglich. Zwei davon sind günstig für das Ereignis „5 oder 6".

Wahrscheinlichkeit für 5 oder 6:

$p\ (5 \text{ oder } 6) = \frac{2}{6} = \frac{1}{3} \approx 0{,}33 = 33\%$

2. Bestimme für einen fairen Würfel die Wahrscheinlichkeit.

a) p (1 bis 3) b) p (gerade Zahl) c) p (keine 6) d) p (weder 1 noch 6)

3. Das Glücksrad mit den Ziffern 0 bis 9 wird gedreht. Bestimme die Wahrscheinlichkeit.

a) p (3 bis 7) b) p (ungerade Zahl) c) p (keine 0) d) p (Teiler von 12)
e) p (Primzahl) f) p (keine Primzahl) g) p (höchstens 3) h) p (mindestens 3)

4. In einer Klasse mit 24 Schülerinnen und Schülern gibt jeder einen Zettel mit seinem Namen in eine Kiste. Es wird gemischt und dann ein Zettel gezogen. Mit welcher Wahrscheinlichkeit ist es der Name

a) von einem der 16 Mädchen b) von einem der 6 ausländischen Jungen und Mädchen?

5. Gut mischen und dann eine Kugel ziehen, mit welcher Wahrscheinlichkeit ist es eine weiße?

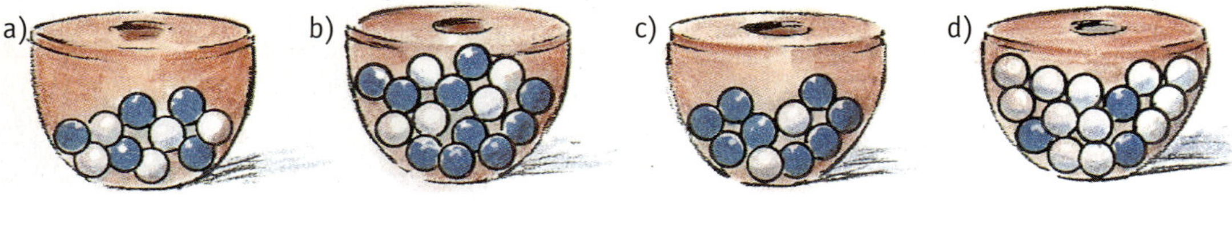

6. a) Wie viele Flächen eines Würfels sind rot zu färben, damit die Wahrscheinlichkeit für das Ereignis „rot" zwei Drittel ist?

b) Kann man den Würfel auch so färben, dass die Wahrscheinlichkeit p (rot) = $\frac{1}{4}$ ist?

7. a) Eine Münze wird 3 000-mal geworfen. Wie oft ungefähr erwartest du „Wappen"?

b) Ein Würfel wird 3 000-mal geworfen. Wie oft ungefähr erwartest du „1 oder 6"?

c) Ein Glücksrad mit zehn gleichen Feldern für die Ziffern 0 bis 9 wird 3 000-mal gedreht. Wie oft ungefähr erwartest du eine Primzahl?

TIPP
Primzahlen haben genau zwei Teiler.

8. Aus einem gut gemischten Skatspiel (32 Karten) wird eine Karte blind gezogen. Mit welcher Wahrscheinlichkeit ist es

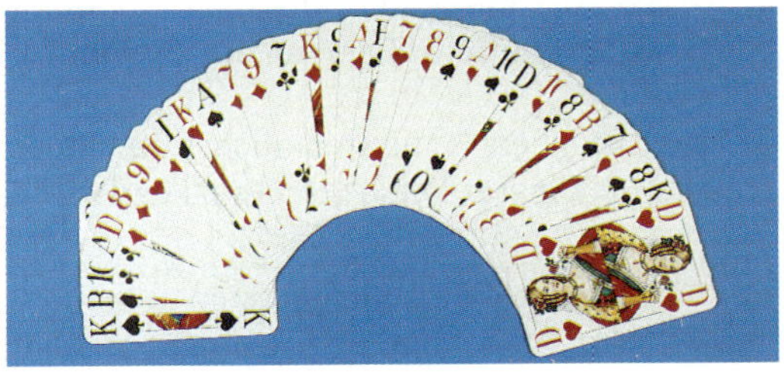

a) eine rote Karte; b) eine Kreuz-Karte;
c) eine Dame; d) keine Dame;
e) ein Bube oder König; f) die Pik-Zehn;
g) ein rotes As; h) eine 7, 8, 9 oder 10?

9. In einer Schachtel liegen gut gemischt hundert Zettel mit den Zahlen von 1 bis 100. Ein Zettel wird blind gezogen. Mit welcher Wahrscheinlichkeit ist es

a) eine Zahl mit zwei gleichen Ziffern; b) eine Zahl mit zwei verschiedenen Ziffern;
c) eine zweistellige Zahl ohne 0 als Ziffer; d) eine Zahl mit zwei ungeraden Ziffern;
e) eine durch 9 teilbare Zahl; f) eine nicht durch 9 teilbare Zahl;
g) eine Zahl ohne 7 als Ziffer; h) eine durch 4 teilbare Zahl?

!!! **10.** Rot gewinnt und du bist dran. Wäre es dir egal, mit welchem der beiden Würfel oder Glücksräder du spielen müsstest? Begründe deine Meinung.

a)
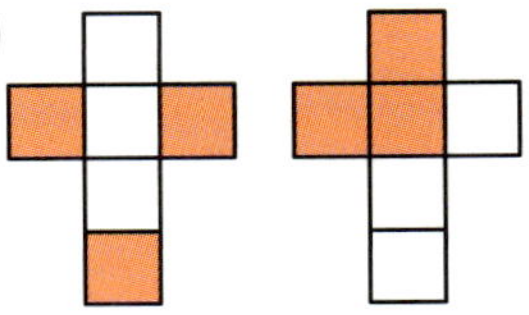

b)
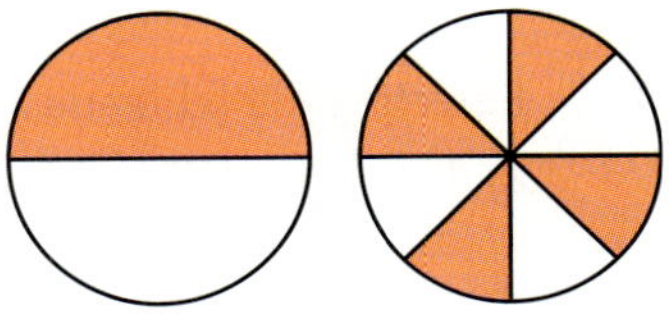

11.

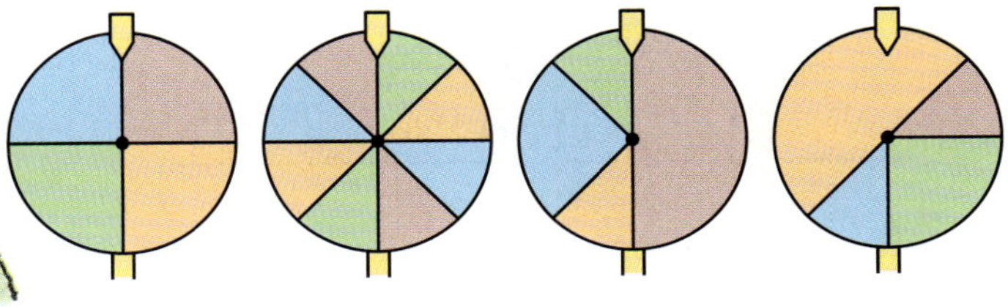

!!! **12.** Auf dem Tisch stehen verkehrt herum drei Tassen, außerdem liegt ein 2-€-Stück bereit. Du musst dich umdrehen, und ein Spielleiter versteckt das Geldstück unter einer Tasse. Danach darfst du auf eine Tasse tippen.

a) Mit welcher Wahrscheinlichkeit tippst du auf die Tasse mit dem Geldstück und gewinnst?

b) Der Spielleiter ändert die Regel: Nachdem du auf eine Tasse getippt hast, dreht er eine andere Tasse um, unter der die 2-€-Münze nicht liegt. Danach darfst du entscheiden, ob du bei deiner ursprünglichen Tasse bleibst oder zur dritten Tasse wechselst.

- Wie hoch ist die Gewinnwahrscheinlichkeit, wenn du bei deiner Tasse bleibst?
- Wie hoch ist die Gewinnwahrscheinlichkeit, wenn du zur dritten Tasse wechselst?
- Vergleiche deine Ansicht mit der von Mitschülerinnen und Mitschülern und überprüft eure Meinungen durch eine große Anzahl von Versuchen in Gruppen von je 3 Personen. Stellt die relativen Häufigkeiten des Gewinnens bei „Bleiben" und bei „Wechseln" grafisch dar.

Bleib FIT!

Die Ergebnisse der Aufgaben ergeben die Namen leckerer Speisen aus Süddeutschland.

1. a) Wie viele Minuten brauchst du, um eine 1 Mio. Millimeter lange Strecke zu gehen?
■ 1 ■ 10 ■ 60

b) Wie viele Personen können auf einem Quadrat mit 1 Mio. mm^2 Flächeninhalt stehen?
■ 3 ■ 30 ■ 300

c) Wie viele Tennisbälle haben Platz in einer Schachtel mit 1 Mio. mm^3 Rauminhalt?
■ 1 ■ 10 ■ 20

2. Welche Figur entstand aus (11) durch Spiegelung?

3. Berechne die fehlende Zahl.

a) 12 · ■ = 1044 b) ■ · 18 = 2 790

4. Berechne den Winkel, notiere die Gradzahl.

a)
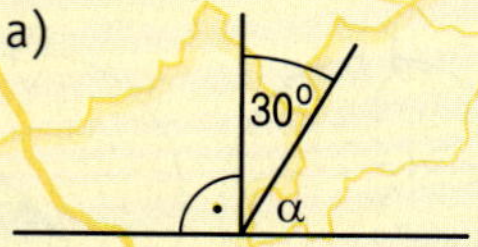

b)
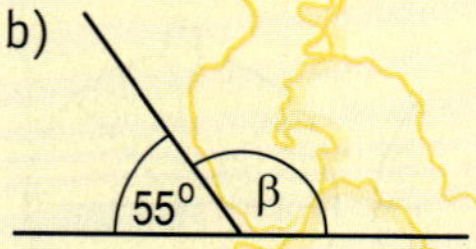

5. Ergänze die fehlende Ziffer.

a) 57 58■ ist durch 5 teilbar.
b) 34 67■ ist durch 9 teilbar.
c) 57 62■ ist durch 2 und durch 3 teilbar.

6. Eine Pyramide mit quadratischer Grundfläche passt genau auf eine Fläche eines Würfels und wird dort festgeklebt. Bestimme für den neuen Körper die Anzahl der

a) Ecken, b) Kanten, c) Flächen.

7. Wie viele kreisrunde Scheiben von 2 cm Radius kann man aus einem quadratischen Stück Pappe von 20 cm Kantenlänge höchstens ausschneiden?

8. Rechne ohne Taschenrechner.

a) 2 : 500 b) 0,02 · 3
c) 0,16 : 2 d) 0,25 · 8

0	M
0,004	C
0,06	H
0,08	E
0,4	K
0,6	W
0,8	R
1	A
2	N
3	P
4	U
5	M
7	A
9	A oder L
9	A oder L
10	S
14	V
16	T
20	O
22	U
25	S
30	B
33	E
44	G
55	I
60	L
87	T
125	E
155	Z
300	D

!!!!

Alles Müll

1. Wie viel Kilogramm Müll werden durchschnittlich von jedem Einwohner in Deutschland produziert?

Jeder der 82 Mio. Einwohner Deutschlands (vom Baby bis zum Greis) produziert im Jahr eine beachtliche Menge Müll. Das Aufkommen pro Kopf beträgt ___ kg.

36 Mio. t Müll im Jahr aus deutschen Haushalten und Kleingewerbe.

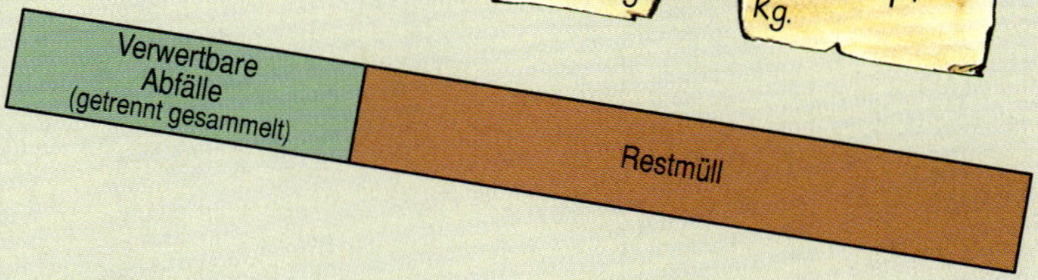

2. a) Wie hoch ist der prozentuale Anteil der verwertbaren Abfälle am gesamten Müllaufkommen?

b) Wie viel Tonnen verwertbare Abfälle, wie viel Tonnen Restmüll sind das im Jahr?

c) Wie viel Kilogramm verwertbare Abfälle entfallen auf jeden Einwohner in Deutschland?

3. Welchen prozentualen Anteil haben die rechts aufgeführten Materialien am verwertbaren Müllaufkommen?

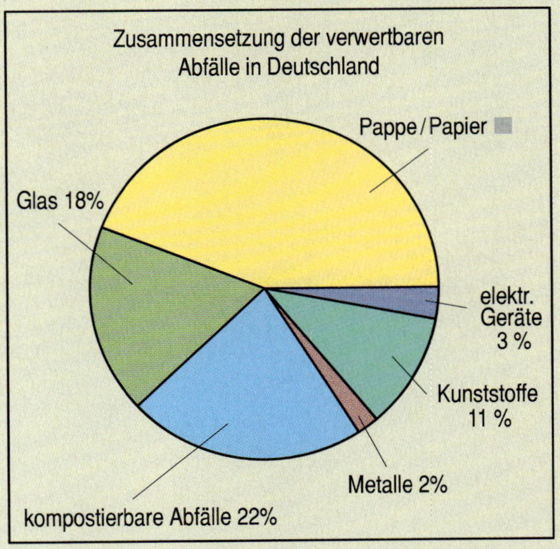

4. Übertrage den Sachverhalt in ein Säulendiagramm.

5. Stelle in einer Tabelle dar, wie viel Mio. t von den angegebenen verwertbaren Materialien in einem Jahr eingesammelt wurden.

6. Wie viel Kilogramm hat jeder Bundesbürger durchschnittlich in der entsprechenden Tonne im Jahr getrennt gesammelt?

!!!!

Flugverbindungen von Köln aus

Eine 7. Realschulklasse aus Düsseldorf hat sieben Flugverbindungen von Köln aus hinsichtlich Entfernung und Flugzeit mit einem Tabellenkalkulationsprogramm bearbeitet.

	A	B	C	D
1	Flugstrecke	Karte (cm)	Luftlinie (km)	Flugzeit ( )
2	Köln - Warschau	6,5		
3	Köln - Helsinki			
4	Köln - Algier			
5	Köln - London			
6	Köln - Iraklion			
7	Köln - Budapest			
8	Köln - Paris			

1. Rufe das Tabellenkalkulationsprogramm am Computer auf und trage die abgebildeten Informationen ein. Miss auf der Landkarte (Nebenseite) die fehlenden Entfernungen und ergänze die Eintragungen auf den Feldern B3 bis B8.

2. Die Schülerinnen und Schüler in Düsseldorf schrieben in das Feld C2: =B2/12,5*1850. Erkläre die Eintragung und führe sie selbst aus. Klicke anschließend in der Kopfzeile das grüne Zeichen „✔“ an oder betätige die Eingabetaste „↵“.

3. Klicke nun das Feld C2 unten rechts an und halte die Maustaste gedrückt. Im Bild ist ein Kreuz zu sehen: 947,2✚

Ziehe das Kreuz ✚ bei gedrückter Maustaste bis C8 nach unten und lass die Maustaste los. Erkläre die Zahlen in C2 bis C8.

4. a) Alle Arbeitsgruppen haben in das Feld D2 =C2/650 geschrieben. Erkläre den Eintrag, führe ihn selbst aus (einschließlich „✔“) und kopiere ihn von D2 bis D8 nach unten.

b) Mit der vom Computer berechneten Flugzeitangabe waren alle Gruppen unzufrieden. Warum?

c) Drei Gruppen haben D2 bis D8 markiert und dann nacheinander Format → Zellen → Bruch → ... → ok angeklickt. Eine Gruppe hat A2 bis A8 und D2 bis D8 gleichzeitig markiert (Steuerungstaste Strg gedrückt halten!) und das Grafikprogramm über 📊 aufgerufen. Erkläre die Tabellen und die Grafik, beurteile sie und erstelle sie selbst.

D
Flugzeit ( )
1 5/10
2 3/10
2 4/10
8/10
3 4/10
1 5/10
6/10

D
Flugzeit ( )
1 2/4
2 1/4
2 2/4
3/4
3 2/4
1 2/4
2/4

D
Flugzeit ( )
1 1/2
2 1/3
2 2/5
3/4
3 2/5
1 1/2
3/5

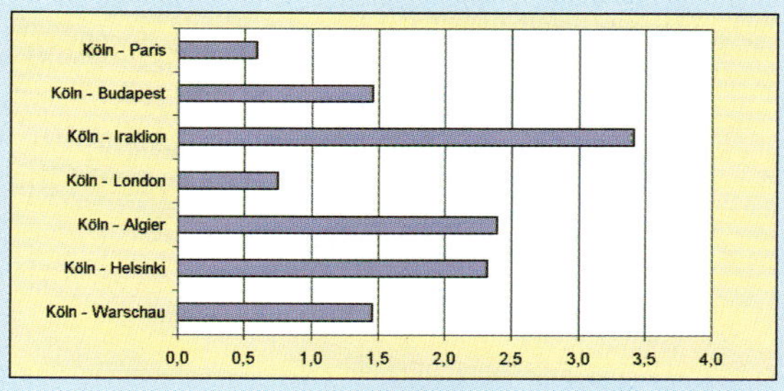

Energieverbrauch

51 % Heizen

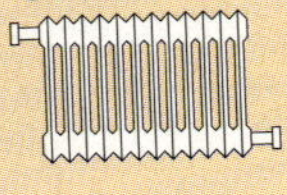

1 % Beleuchtung

2% Prozesswärme

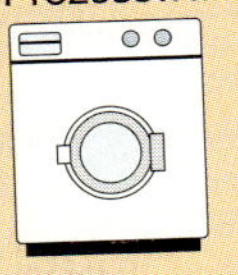

Rund 40 % der gesamten Energie, die in Deuschland zur Verfügung gestellt wird, wird in Privathaushalten (einschließlich Autofahren) verbraucht. Wie sie sich dort verteilt, siehst du in der Darstellung.

34 % Autofahren

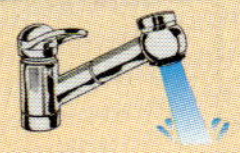

8 % Warmwasser-versorgung

4 % mechanische Energie

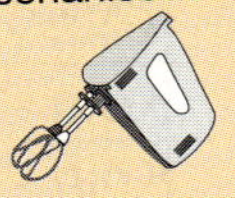

1. Stelle den Energieverbrauch der privaten Haushalte in einem Kreisdiagramm dar.

2. „Die Unterschiede bei Anschaffungskosten und Lebensdauer gleichen sich aus." Erkläre die Aussage.

3. Was bedeutet die Angabe „Brenndauer / 1 € Stromkosten"?

Information: (Durchschnitts-werte)	**Energie-sparlampe** 	**Herkömmliche Glühlampe** 
Lebensdauer	10 000 h	1000 h
Anschaffungs-kosten	10 €	1 €
Brenndauer/ 1 € Stromkosten	500 h	100 h

Buckingham Palace – Königliche Sparlampen

Königin Elisabeth ließ in ihrer Residenz alle Glühlampen auswechseln. Mit den neuen Energiesparlampen spart die Hausherrin jährlich eine halbe Million Euro an Stromkosten. Damit ist das energiesparende Leuchtmittel definitiv geadelt.

4. Wie viele Lampen müsste es im Buckingham Palace geben, wenn jede im Durchschnitt 6 Stunden am Tag leuchtet und die Zeitungsmeldung stimmt?

Ein Kühlschrank aus dem Jahr 1995 verbraucht 1,2 kWh (Kilowattstunden) pro Tag.

5. Familie Maier kauft sich einen neuen Kühlschrank, obwohl das alte Gerät noch einwandfrei arbeitet. Ist diese Anschaffung für 249 € aus Kostengründen sinnvoll? Trage mit Mitschülerinnen und Mitschülern wichtige Informationen zusammen und führe eine Pro- und Contra-Diskussion.

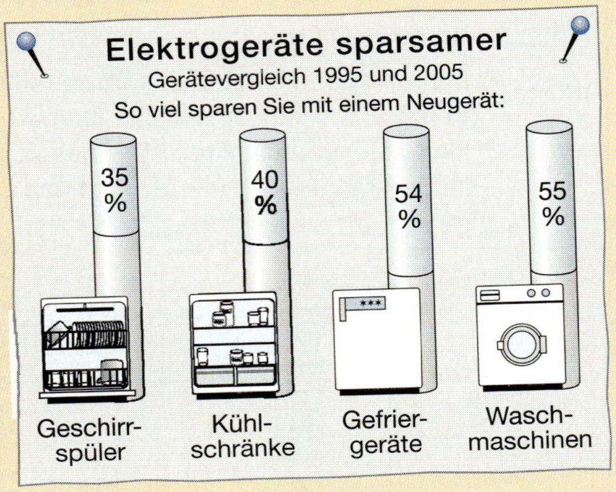

Merkwürdige Rekorde

!!!!

1.

Am 11. März 1995 gab es in Basel eine 462,40 m lange Erdbeerschnitte. 1,2 t Erdbeeren und 300 kg Vanillecreme wurden benötigt. Wie viele Portionen wurden verkauft, wenn jedes Stück 12 cm lang war?

2.

In Albi (Frankreich) setzten 350 Schulkinder aus 153 664 Teilen ein riesiges Puzzle zusammen. In fünfstündiger Arbeit entstand auf einer 368 m^2 großen Fläche ein Bild zum Thema „Eure Stadt im Jahr 2000“.
Stelle Fragen und berechne die Lösungen.

3.

Im August 2003 stellte Richard Rodriguez aus Chicago auf der Achterbahn „Expedition GeForce“ in Hassloch nach den Regeln des Guinness-Buchs der Rekorde mit 192 Stunden einen neuen Weltrekord im Achterbahnfahren auf. In diesen 192 Stunden sind die zulässigen Pausen von 15 Minuten alle acht Stunden enthalten.
Die „Expedition GeForce“ hat 1 300 m Streckenlänge. Die Fahrtzeit beträgt je nach Besucherzahl 2 bis 3 Minuten.
Stelle Fragen und berechne die Lösungen.

4.

Die Haare der Inderin Mata Jagdamba hatten am 21. Februar 1994 eine Länge von 4,23 m. Menschenhaar wächst täglich ungefähr 0,4 mm.
Stelle Fragen und berechne die Lösungen.

Taschenrechner

1. Wie viele Ziffern kann dein Taschenrechner anzeigen? Hat er eine Vorzeichentaste?

2. Prüfe die Ergebnisse mit deinem Taschenrechner.

a) $123 + 789 = 912$; $912 - 789 = 123$
b) $45 \cdot 369 = 16\,605$; $16\,605 : 369 = 45$
c) $852 - 741 = 111$; $159\,159 : 159 = 1001$
d) $246\,246 : 123 = 2002$; $3003 \cdot 123 = 369\,369$

3. *Vorsicht,* beim Eintippen keine Ziffern vertauschen! Ursel hat das nicht beachtet und aus Versehen zwei Ziffern vertauscht. Findest du heraus, was Ursel tatsächlich gerechnet hat?

a) $23 \cdot 15 = 480$ *f*
b) $125 + 357 = 572$ *f*
c) $357 - 159 = 216$ *f*
d) $1623 : 68 = 24$ *f*
e) $42\,568 + 14\,216 = 56\,874$ *f*
f) $5472 \cdot 49 = 514\,368$ *f*

4. Wenn du richtig rechnest, treten in jeder Gleichung alle Ziffern 1, 2, ... 9 auf.

a) $4 \cdot 1963 =$ ■
b) $198 \cdot 27 =$ ■
c) $12 \cdot 483 =$ ■
d) $9 \cdot 3607 \cdot 3803 =$ ■

5. a) Zweiundsiebzig mal achtzehn
b) fünfzehntausend durch zwölf
c) Siebenundzwanzig plus einundachtzig
d) elftausend minus neunhundert

6. Zur Probe kannst du zweimal rechnen. Schneller geht es meistens durch „Rückwärtsrechnen“ für die Umkehraufgabe.

a) $159 \cdot 63$
b) $1245 : 15$
c) $17{,}26 \cdot 3{,}5$
d) $767676 : 76$

17 [×] 54 [=] 918
918 [÷] 54 [=] 17

7. Schreibe die Aufgabe mit dem Ergebnis auf. Kontrolliere durch Rückwärtsrechnen.

a) $357 \xrightarrow{+753}$ ●
b) $951 \xrightarrow{-159}$ ●
c) $6{,}02 \xrightarrow{\cdot 3{,}5}$ ●
d) $54{,}12 \xrightarrow{:12}$ ●

8. Berechne durch Rückwärtsrechnen. Schreibe wie im Beispiel.

a) ● $\xrightarrow{\cdot 31}$ 1457
b) ● $\xrightarrow{:147}$ 258
c) ● $\xrightarrow{:1{,}23}$ 0,456

● $\xrightarrow{\cdot 13}$ 754, 754 $\xrightarrow{:13}$ ●
$754 : 13 = 58$
$58 \cdot 13 = 754$

9. Das Vorzeichen „–“ (minus) liefert die [+/–]-Taste oder die [+⇄–]-Taste. Rechne und teste dein Kopfrechnen-Können und deinen Taschenrechner.

a) $-10 + 20$; $10 + (-20)$; $10 - (-20)$
b) $6 \cdot (-1{,}2)$; $-6 \cdot 1{,}2$; $-6 \cdot (-1{,}2)$
c) $7{,}5 : 1{,}5$; $7{,}5 : (-1{,}5)$; $-7{,}5 : (-1{,}5)$
d) $-2 \cdot (-3) - (-4)$; $-2 \cdot 3 + (-4)$; $2 \cdot (-3) + (-4)$

10. Erforsche, was die %-Taste deines Taschenrechners leistet, z. B. mit Aufgaben wie:
① Wie viel % sind 5 von 50? ② Wie viel sind 50 plus 10 % von 50?
③ Was liefert die Tastenfolge 100 [+] 10 [%], was liefert 100 [+] 10 [%] [–] 10 [%]?

Rechenketten mit und ohne Klammern

Aufgabe	Tastenfolge und Ergebnis (auf Hundertstel gerundet)
$5 \cdot 4 + 3 - 2 : 6$	5 [×] 4 [+] 3 [−] 2 [÷] 6 [=] 22,66… ≈ 22,67
$5 \cdot (4 + 3) - 2 : 6$	5 [×] [(] 4 [+] 3 [)] [−] 2 [÷] 6 [=] 34,66… ≈ 34,67
$(5 + 4) : 3 + 2 : 6$	[(] 5 [+] 4 [)] [÷] 3 [+] 2 [÷] 6 = 3,33… ≈ 3,33
$\frac{2+3}{4+5} + 6$	[(] 2 [+] 3 [)] [÷] [(] 4 [+] 5 [)] [+] 6 [=] 6,555… ≈ 6,56

1. Rechne mit deinem Taschenrechner. Kontrolliere durch Kopf- und Überschlagsrechnen.

a) $6 \cdot 7 - 8 + 16$ b) $19 \cdot 3{,}8 - 2{,}2 + 30$ c) $90 : 12 + 7{,}5 - 15$

d) $5{,}2 : 4 + 3{,}7 - 5$ e) $85{,}6 : 5 + 2{,}88 - 10$ f) $9{,}9 \cdot 50 - 95 + 100$

2. Runde auf Hundertstel, wenn nötig. Kontrolle mit Überschlagsrechnen.

a) $8 \cdot (17 + 9) - 8$ b) $20 - 16 : 3$ c) $(15 - 3{,}78) : 3 + 9{,}8$

d) $(8 + 17) : 6 - 4$ e) $2{,}3 + (4{,}5 + 6{,}7) \cdot 8{,}9$ f) $5{,}1 \cdot (3{,}7 - 4{,}9) + 10{,}5$

g) $2 : 4 + 4 : 5 + 6 : 7$ h) $(3{,}7 + 5{,}1) : 9 - 0{,}5$ i) $0{,}9 - (1{,}4 + 4{,}1) : 7$

TIPP
Nächste Ziffer 0, 1, 2, 3 oder 4 abrunden, sonst aufrunden.

3. a) $1{,}75 \cdot 3{,}45 + \frac{2}{3}$ b) $14{,}5 \cdot 41{,}6 - \frac{125}{6}$ c) $\frac{2}{3} \cdot 4{,}5 - 3$

d) $(3{,}91 - 1{,}35) : 4 - \frac{4}{5}$ e) $12 \cdot (45{,}3 - 25{,}6) : 7{,}8$ f) $\frac{3}{7} \cdot 4{,}9 - \frac{4}{9}$

4. a) $\frac{16 + 18}{0{,}5}$ b) $\frac{5}{1{,}3 + 7{,}7}$ c) $\frac{37 \cdot 3}{333 + 666}$ d) $\frac{56}{3 \cdot 333}$ e) $\frac{12 + 13}{1{,}4 + 1{,}5} + 16$

5. Welcher Term hat dasselbe Ergebnis wie die Operatordarstellung?

a) $6 \xrightarrow{+14} \xrightarrow{\cdot 5} \xrightarrow{:4}$ ● b) $6 \xrightarrow{\cdot 14} \xrightarrow{+5} \xrightarrow{+4}$ ●

c) $6 \xrightarrow{\cdot 14} \xrightarrow{:5} \xrightarrow{\cdot 4}$ ● d) $6 \xrightarrow{\cdot 14} \xrightarrow{:5} \xrightarrow{+4}$ ●

① $\frac{6 \cdot 14}{5} + 4$ ② $(6 + 14) \cdot \frac{5}{4}$
③ $6 \cdot \frac{14}{5} \cdot 4$ ④ $6 \cdot 14 + 5 + 4$

6.

Frankfurt/Main (Februar 2004)

Zahlen die beeindrucken: 458 865-mal landete oder startete 2003 auf dem Frankfurter Flughafen ein Passagier- oder Frachtjet. Gut 1,5 Mio. Tonnen Fracht wurden umgeschlagen; knapp 48,4 Millionen Passagiere verließen Frankfurt über den Flughafen oder kamen dort an.

a) Berechne die Anzahl der Starts und Landungen pro Tag, pro Stunde und pro Minute.

b) Berechne das Frachtgewicht (Tonnen), das täglich bzw. stündlich transportiert wurde.

c) Berechne die Zahl der Passagiere, die täglich und pro Sekunde den Flughafen verließen oder dort ankamen.

Gesamtzahl pro Jahr
[÷] 365 [=] … pro Tag
[÷] 24 [=] … pro Stunde
[÷] 60 [=] … pro Minute
[÷] 60 [=] … pro Sekunde

7. Welcher (periodische) Dezimalbruch ist es? Was entdeckst du hier?

a) $\frac{1}{9}, \frac{2}{9}, \ldots, \frac{8}{9}$ b) $\frac{1}{99}, \frac{23}{99}, \frac{40}{99}, \frac{98}{99}$ c) $\frac{5}{999}, \frac{67}{999}, \frac{980}{999}, \frac{998}{999}$ d) $\frac{246}{9999}, \frac{406}{9999}, \frac{1020}{9999}, \frac{9998}{9999}$

8. Hat dein Taschenrechner eine Speichertaste [STO], mit der man Zwischenergebnisse speichern kann? Erkundet in Partnerarbeit, wie man gespeicherte Zahlen wieder in die Anzeige bringt.

Bedienungsfehler und Grenzen des Taschenrechners

1. In diesem Test durfte mit dem Taschenrechner gerechnet werden.

a) Bei welchen Aufgaben erkennst du durch Überschlagsrechnung, dass falsch gerechnet wurde? Berichtige die Fehler.

b) Manche Fehler hätte man ohne Taschenrechner nicht gemacht. Was wurde falsch gemacht?

a) 13 · 720 = 22320 f
131 · 18 = 10611 f

b) 12,5 + 73 = 198 f
17,8 + 128 = 306 f

c) (0,7 + 3) · 4,1 = 13 f
(0,9 + 3) · 2,1 = 7,2 f

d) 85 + 34 = 128 f
67 + 57 = 133 f

e) 5100 · 42000 = 214200000 f
3600 · 510000 = 1836000000 f

f) $\frac{12}{2 \cdot 5} = 30$ f
$\frac{18}{3 \cdot 6} = 36$ f

g) 21,3 · 4,5 = 9,585 f

2. Berechne das Zehnfache der Zahlen. Schafft das auch dein Taschenrechner?

a) 123 456 789 012 488,88888888 0,12345678123 321,00044

b) 111 222 333 200 500,06 18 Milliarden 23 Billionen 0,3 Billionen

3. Das kannst du im Kopf rechnen! Wie weit schafft es dein Taschenrechner?

a) 123 · 10 · 10 · 10…
2 348 · 100 · 100 · 100…
10 · 20 · 30 · 40…
1 000 · 2 000 · 3 000 · 4 000…

b) 987 : 10 : 10 : 10…
4 318 : 100 : 100 : 100…
5 412 : 1 000 : 1 000 : 1 000…
48 000 : 1 000 : 1 000 : 1 000…

4. Bis zu welcher Aufgabe rechnet dein Taschenrechner genau?
8 · 8 88 · 88 888 · 888 8 888 · 8 888 88 888 · 88 888 888 888 · 888 888

5. Rechnet dein Taschenrechner die Aufgaben richtig? Prüfe durch Kopfrechnen oder schriftliches Rechnen.

a) 123 450 + 1,23456
456 789 + 11,678901

b) 1 234 567 890 − 0,11
9 876 543 210 − 0,1

c) 1 111 111 111 · 11
1 111 111 111 : 11

6. Das sinnvolle Runden nimmt dir der Taschenrechner nicht ab. Überprüfe das Taschenrechnerergebnis am Sachverhalt und runde.

a) 100 € sollen unter drei Personen gleich verteilt werden. Wie viel bekommt jede Person?

b) Ein Zimmer mit einer Breite von 4,28 m und einer Länge von 5,12 m soll einen neuen Teppichboden erhalten. Ein Quadratmeter Teppichboden kostet 23,95 €. Wie viel Quadratmeter Teppichboden werden benötigt? Wie hoch sind die Kosten?

c) Eine Gartenmauer mit einer Länge von 14,18 m, einer Höhe von 1,18 m und einer Dicke von 0,22 m soll aus Beton gegossen werden. Wie viel Kubikmeter Beton müssen bestellt werden?

d) Eine Terrasse mit einer Länge von 3,21 m und einer Breite von 4,12 m soll mit quadratischen Fliesen (30 cm x 30 cm) gefliest werden. Wie viele Fliesen braucht man?

Spielen, Staunen und Entdecken mit dem TR

1. a) Du hast sicher eine „Lieblingsziffer". Multipliziere sie mit 37 und das Ergebnis mit 3. Was stellst du fest?

b) Übertrage die Tabelle in dein Heft und fülle sie aus.

multipliziere die Zahl	2	3	4	5	6	7	8	9
mit 37 und 3				555				
mit 11 und 101								
mit 41 und 271								

2. Wähle eine 2-, 3- bzw. 4-stellige Zahl. Was erkennst du im Ergebnis?

a) (2-stellige Zahl) $\xrightarrow{\cdot 101}$ (??)

b) (4-stellige Zahl) $\xrightarrow{\cdot 73}$ ■ $\xrightarrow{\cdot 137}$ (????)

c) (3-stellige Zahl) $\xrightarrow{\cdot 7}$ ■ $\xrightarrow{\cdot 11}$ ■ $\xrightarrow{\cdot 13}$ (???)

3. Wähle eine natürliche Zahl zwischen 3 und 27 (z. B. 13).
Multipliziere sie mit 37 (ergibt im Beispiel 481).
Setze im Ergebnis die erste Ziffer nach hinten (ergibt im Beispiel 814).
Kannst du die neue Zahl ohne Rest durch 37 teilen (ergibt im Beispiel 814 : 37 = ■)?

4. Rechne aus und setze fort. Was fällt dir auf?

a) $1 \cdot 1$	$11 \cdot 11$	$111 \cdot 111$	…
b) $1 \cdot 8 + 1$	$12 \cdot 8 + 2$	$123 \cdot 8 + 3$	…
c) $1 \cdot 9 + 2$	$12 \cdot 9 + 3$	$123 \cdot 9 + 4$	…
d) $9 \cdot 9 + 7$	$98 \cdot 9 + 6$	$987 \cdot 9 + 5$	…

5. Rechne, genau und nicht gerundet, teilweise im Kopf und teilweise mit dem Taschenrechner wie im Beispiel.

a) $1200 \cdot 340 \cdot 560 \cdot 890$ b) $3\,700 \cdot 40\,000 \cdot 70$
c) $1000 \cdot 147\,000 \cdot 85\,200$ d) $1\,300 \cdot 7\,060 \cdot 200$
e) $180 \cdot 97\,000 \cdot 2\,500$ f) $1\,590 \cdot 1000 \cdot 35$
g) $2\,050 \cdot 67\,000 \cdot 900$ h) $750 \cdot 803 \cdot 2\,060$

$10 \cdot 365 \cdot 24 \cdot 60 \cdot 60$
$= 365 \cdot 24 \cdot 6 \cdot 6 \cdot 1000$
365 [×] 24 [×] 6 [×] 6 [=]
Ergebnis: $315\,360 \cdot 1000$
$= 315\,360\,000$

6. a) Erkans kleine Schwester ist gerade 10 Jahre alt geworden. Erkan meint: „Jetzt lebt sie schon 315 360 000 Sekunden". Hat Erkan Recht? Wie hat er gerechnet?

b) Erkans Oma ist 85 Jahre alt. Wie viele Sekunden sind es?

c) Erkan ist seit 14 Tagen 14 Jahre alt. Wie viele Sekunden lebt er schon?

Bearbeite alle 10 Aufgaben.

1. Tina ist $9\frac{1}{2}$ Jahre alt, ihr großer Bruder Tim ist doppelt so alt. Wie alt ist Tim?

2. Ein Krug enthält $1\frac{1}{2}$ Liter Saft. Wie viele $\frac{1}{4}$ *l*-Gläser lassen sich damit füllen?

3. a) Die Pacht einer Lagerhalle kostet für 5 Monate 3 850 €. Wie viel kostet sie für 12 Monate?
b) 3 m Gartenzaun kosten im Baumarkt 25,50 €. Herr Schemberg zahlt 102,00 €. Wie viel Meter Gartenzaun hat er gekauft?

4. a) Bei 1,20 m Schnittbreite muss der Rasenmäher genau 80 Bahnen fahren, um die rechteckige Rasenfläche zu mähen. Wie viele Bahnen sind es für einen Mäher mit nur 60 cm Schnittbreite?
b) Drei Maschinen erledigen einen Auftrag in 12 Tagen. Wie viele Maschinen muss man einsetzen, wenn der Auftrag in 4 Tagen erledigt werden soll?

5. a) Von den 125 Mitgliedern eines Tennisvereins sind 20 % älter als 50. Wie viele Mitglieder sind das?
b) Von den 28 Kindern einer Schulklasse haben 21 zusätzlichen Unterricht für ein Musikinstrument. Wie viel Prozent sind das?

6. Ein Rechteck mit a = 4 cm und b = 5 cm ist durch die Mittelsenkrechten der Rechteckseiten in vier gleich große Teilflächen zerlegt.
a) Zeichne das Rechteck mit den Mittelsenkrechten seiner Seiten.
b) Wie groß ist der Flächeninhalt einer der vier Teilflächen des Rechtecks?

7. Berechne den fehlenden Winkel.

a)
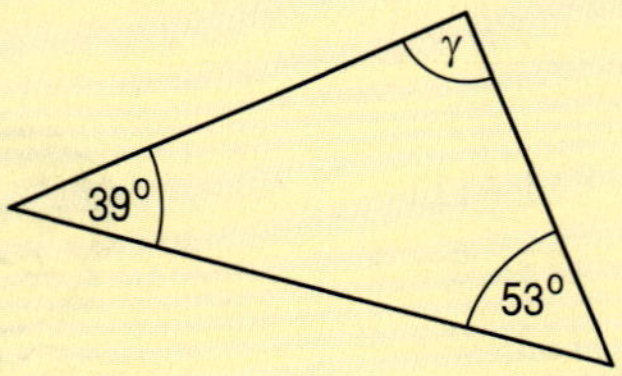

b)
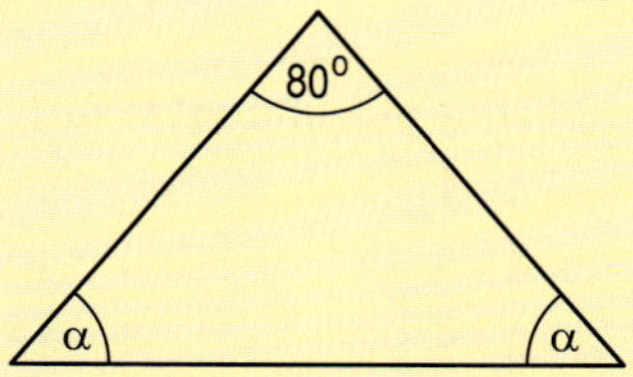

8. Berechne die Größe der Rasenfläche.

a)
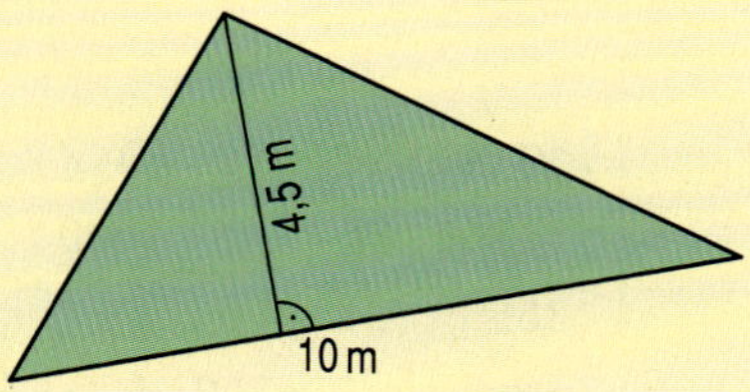

b)
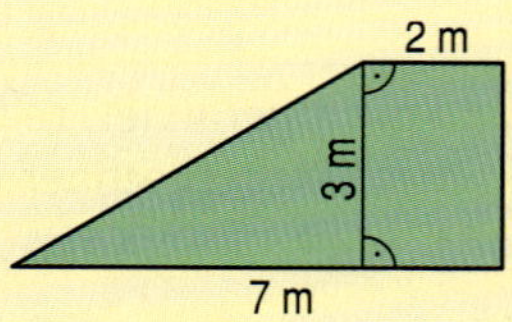

9. Eine quaderförmige Pappschachtel für Reis ist 19 cm hoch, 15 cm breit und 4,5 cm tief.
a) Berechne das Volumen der Schachtel.
b) Berechne die Oberfläche der Schachtel.

10. Löse die Gleichung:
a) $6 \cdot x + 14 = 41$
b) $(x + 7) : 3 = 6$

Wähle weitere 10 Aufgaben dieser oder der folgenden Seite aus.

1. Berechne: a) $4\frac{3}{4} + 1\frac{1}{3}$ b) $4\frac{3}{5} - 2\frac{7}{10}$ c) $1\frac{2}{3} \cdot 3$ d) $2\frac{2}{3} : 3$

2. Ein Lkw darf maximal mit 4,5 t beladen werden. Drei Kisten zu jeweils 0,7 t, 830 kg und 2,14 t sind schon auf der Ladefläche. Wie viel Kilogramm dürfen maximal noch zugeladen werden?

3. Wandle um in die kleinere Einheit: a) $1\ km^2 = ▆\ ha$ b) $1\ m^3 = ▆\ hl$

4. Bei einer Gruppenarbeit ist eine Schulklasse in 6 Gruppen zu je 4 Schülern eingeteilt.
a) Wie viele Gruppen wären es, wenn jede aus nur 3 Schülern bestünde?
b) Welche anderen Einteilungen in gleich große Gruppen wären möglich? Notiere alle in einer Tabelle.

5. Eine 2,5-kg-Packung Hundefutter kostet 4,75 €. Ein anderes Hundefutter wird in einer 6,5-kg-Packung für 11,70 € angeboten. Welches Angebot ist preislich günstiger?

6. Löse die Aufgabe, wenn sie sinnvoll lösbar ist, oder begründe, warum dies unmöglich ist.
a) Jan kann 5 km in 20 min laufen. Wie lange braucht er für eine Marathonstrecke von 42 km?
b) Drei Wasserpumpen schaffen 900 *l*. Wie viel Liter schaffen 6 Pumpen in derselben Zeit?
c) Jan lässt 3 Frühstückseier 3 Minuten kochen. Wie lange dauert es, wenn er 5 Eier kocht?
d) Irene fährt auf einem Radweg 18 km in 1 Stunde. Wie weit fährt sie in 15 Minuten?

7. Ein Arbeiter erhält einen festgesetzten Stundenlohn und eine Zulage von 12 € pro Tag. Für einen Tag mit 6 Arbeitsstunden erhält er 69 €. Wie hoch ist sein Lohn pro Arbeitsstunde?

8. Corinna hat in der 7. Klasse zwei Diktate geschrieben. Im ersten Diktat mit 125 Wörtern hatte sie 5 Fehler, im zweiten mit 160 Wörtern hatte sie 8 Fehler. Vergleiche die Ergebnisse.

9. Das Sechsfache einer Zahl ist um 30 größer als das Vierfache der Zahl.

10. Die Schülerzeitung *i-Punkt* hat vor den großen Ferien eine Umfrage bei den Schülerinnen und Schülern gestartet. Gefragt wurde:
„Wohin wirst du in den Sommerferien verreisen?“
a) Wie viele Antworten wurden gezählt?
b) Bestimme die prozentualen Anteile der Antworten.

Reiseziel	Anzahl
Verreise nicht	88
Deutschland	180
europ. Ausland	96
außerhalb Europas	36

11. Bei einer vorweihnachtlichen Umfrage an der Kepler-Schule sollten die Schülerinnen und Schüler ihren dringlichsten Weihnachtswunsch nennen. Das Diagramm ist mit 1 mm für 1 % gezeichnet.
a) Miss die Längen der Säulen und notiere die Prozentsätze der einzelnen Nennungen. Stimmt die Gesamthöhe aller gezeichneten Rechtecke?
b) 68 Befragte waren ohne Wunsch. Wie viele Personen wurden befragt, und wie viele wünschten sich ein Fahrrad?

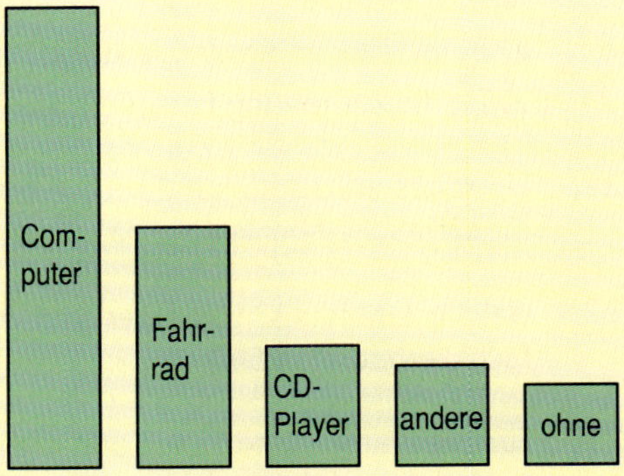

12. Das Diagramm zeigt, wofür Familie Gill ihr Monatseinkommen braucht. Familie Gill zahlt 650 € Monatsmiete.

a) Wie hoch ist das monatliche Einkommen der Familie?

b) Stelle die Ausgaben in einem Kreisdiagramm dar.

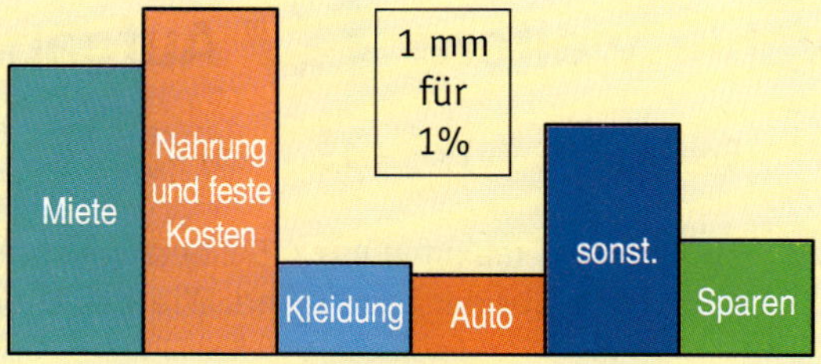

13. Zeichne die Strecke mit den Eckpunkten A(1 | 1); B(7 | 1). Wähle einen Punkt C oberhalb dieser Strecke und gib seine Koordinaten an, sodass das Dreieck ABC folgende Eigenschaft hat:

a) spitzwinklig und gleichschenklig, b) rechtwinklig und gleichschenklig.

14. Berechne den unbekannten Winkel β.

a)

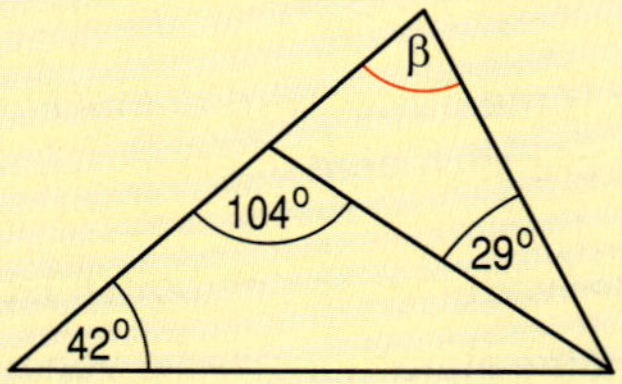

b)

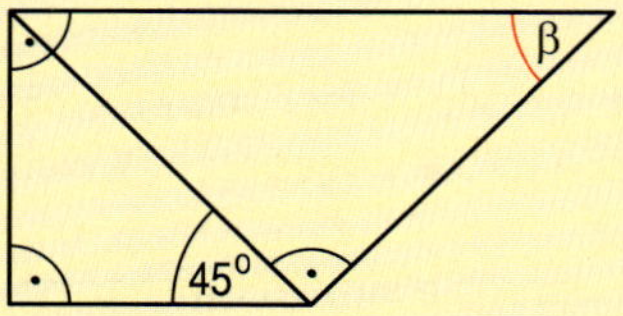

15. a) Zeichne zwei Rechtecke mit einem Flächeninhalt von 24 cm^2 und notiere die Seitenlängen.

b) Zeichne zwei Dreiecke mit einem Umfang von 18 cm und notiere jeweils die Seitenlängen.

16. Zeichne das Dreieck mit den Eckpunkten A(2 | 1) B(10 | 4) C(2 | 10) in ein Koordinatensystem (1 cm Längeneinheit). Miss benötigte Längen und berechne

a) den Flächeninhalt, b) den Umfang.

17. Zeichne die Punkte A(2 | 1) B(7 | 3) C(7 | 11) D(2 | 9) in ein Koordinatensystem (1 cm Längeneinheit) und verbinde sie zu einem Viereck ABCD. Miss benötigte Längen und berechne

a) den Flächeninhalt, b) den Umfang.

18. Zeichne zwei verschiedene Schrägbilder eines Quaders mit den Kantenlängen 6 cm, 5 cm, 4 cm. Schreibe die Maße an deine Zeichnung.

19. Eine quaderförmige Tischplatte aus Eichenholz ist 2,5 m lang, 1,2 m breit und 3 cm dick. Wie viel Kilogramm wiegt die Tischplatte? 1 cm^3 Eichenholz wiegt 0,7 g.

20. Der Eintritt ins Museum kostet pro Person 2,50 €. Dazu kommen für die ganze Gruppe 15,00 € für eine Gruppenführung.

a) Berechne den Gesamtpreis für 10, 20 und 25 Personen und notiere die Preise in einer Tabelle.

b) Ist die Zuordnung Personenzahl → Gesamtpreis proportional? Begründe.

21. Ein faires Glücksrad hat 2 rote, 3 grüne und 5 blaue Felder. Wie groß ist bei einmaligem Drehen die Wahrscheinlichkeit a) für „grün", b) für „grün oder blau"?

22. Welche Zahl ist es? Von einer Zahl wird 19 subtrahiert; wenn man dann dieses Ergebnis verdreifacht, erhält man 54.

23. Für zwei Tafeln Schokolade und drei Trinkpäckchen bezahlt Tim 2,43 €. Ein Trinkpäckchen kostet 0,29 €. Wie viel kostet eine Tafel Schokolade?

Lösungen der TÜV-Seiten

Seite 29

1. a) $\frac{4}{5}$ b) $1\frac{1}{3}$ c) $\frac{1}{4}$ **2.** a) $1\frac{1}{6}$ b) $\frac{7}{12}$ c) $\frac{1}{10}$ **3.** a) $6\frac{9}{10}$ b) $2\frac{7}{20}$ c) $4\frac{13}{21}$

4. a) $\frac{3}{20}$ b) $\frac{1}{7}$ c) $\frac{1}{12}$ **5.** a) $\frac{7}{30}$ b) $\frac{1}{15}$ c) $\frac{1}{24}$

6. a) 8 b) 12 c) 9 d) $3\frac{4}{7}$ e) $3\frac{1}{2}$ f) $\frac{1}{2}$

7. a) 1,9 b) 2,8 c) 6,1 **8.** a) 5,52 b) 7,18 c)20,293 **9.** a) 434,98 b) 400,09 c) 669,4

10. a) 4513,2 b) 83,2 c) 0,0915 d) 0,6304 e) 0,01783 f) 0,0419

11. a) 9,581 b) 43,2696 c) 1341,681 d) 420,4872 e) 3,83112 f) 0,357035

12. a) 26,7 b) 5,62 c) 1,082 d) 0,056 e) 0,852 f) 0,054

13. a) −2; −1; 0; 1; 2; 3 b) −8; −7; ...; −1 **14.** a) $-5 < 2$ b) $-7 > -9$ c) $6 > -1{,}5$

15. a) −3 b) 5 c) −3,5 d) −15 e) 14 f) 7,7

16. a) −20; −25; −30; ... b) −2; −6; −10; ...

17. a) −36; −48; −8,4; −1,2 b) 9; −12; −2,1; −0,3 c) 6; −8; −1,4; −0,2

Seite 49

1. a) 62 (kg) b) 65 (km) c) 11 (g) d) 13 (€) e) 2 (kg) f) 36 (g)

2.

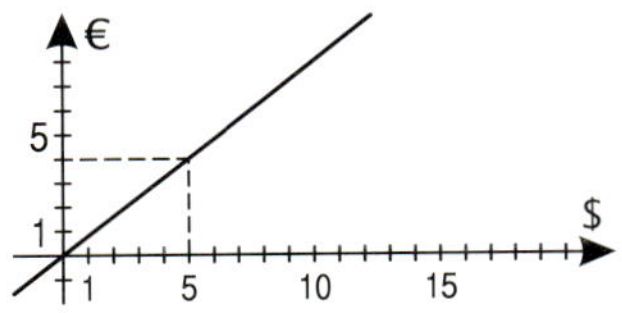

a) 9,60 € (2,40 €; 6,40 €)
b) 25 $ (16,25 $; 7,50 $)

3.

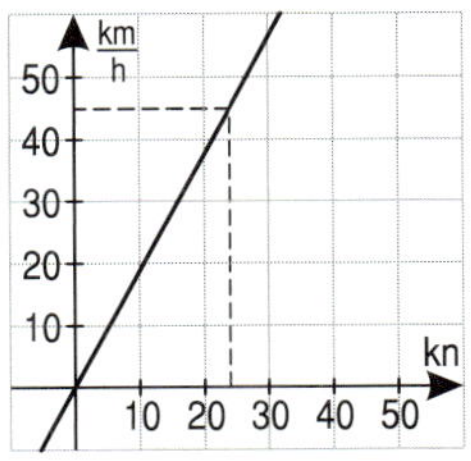

a) ungefähr 65 $\frac{km}{h}$ (exakt: 65,625 $\frac{km}{h}$)
b) ungefähr 21 kn (exakt: $21,\overline{3}$ kn)

4. proportionale Zuordnung; 6 € für 12 Brötchen.

5. proportionale Zuordnung; 8 Flaschen kosten 20,00 €.

6. a) 22 (cm) b) 9 (h) c) 63 (h) d) 750 (km) e) 4 f) 5 (Tage)

7. umgekehrt proportionale Zuordnung; 64 Seiten mit je 40 Zeilen.

8. umgekehrt proportionale Zuornung; 2 000 Scheine zu je 20 €.

9. a) umgekehrt proportionale Zuordnung, 50 6er-Beutel. b) proportionale Zuordnung; 5 Karten kosten 32,50 €.

Seite 67

1. a) SSS b) WSW c) SWS

2.

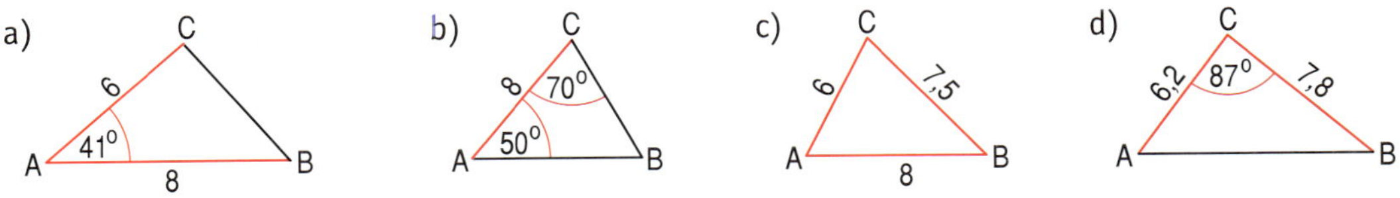

3. a) 48° b) 53° c) 39°

4. a) gleichseitig b) rechtwinklig c) gleichschenklig d) stumpfwinklig e) gleichschenklig
f) spitzwinklig g) gleichschenklig

5. a) 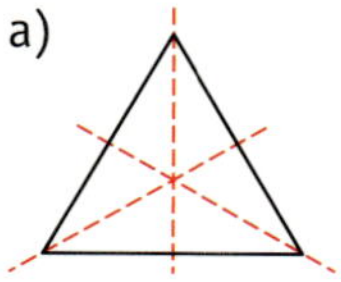

b) 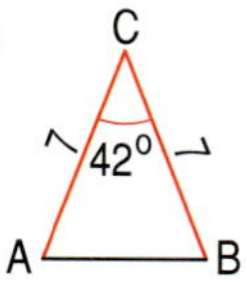

7. 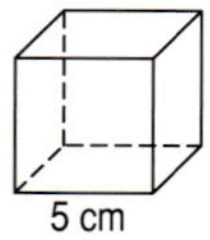

8. 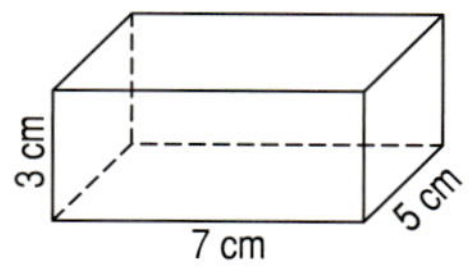

6. 1 und 5; 2 und 4; 6, 7 und 8

Seite 91

1. a) $\frac{4}{100}$ b) $\frac{12}{100}$ c) $\frac{86}{100}$ d) $\frac{10}{100}$ **2.** a) 14 % b) 3 % c) 50 % d) 23 % e) 50 % f) 75 % g) 40 % h) 35 %

3. a) 15 € b) 30 € c) 13,5 kg d) 10 kg e) 7 m f) 36,4 m g) 18 € h) 12 €

4. 75 Mitarbeiterinnen

5. a) 9 % b) 42 % c) 21 % d) 16 % e) 20 % f) 30 % g) 25 % h) 50 % **6.** 20 %

7. a) 900 € b) 900 € c) 300 kg d) 700 kg e) 1 400 kg f) 2 500 € g) 3 600 m h) 1 200 €

8. 20 m **9.** 33,60 €

10. 1 190 € **11.** Unterkunft: 63,5 % (229°); Verpflegung: 22,3 % (80°); Ausflüge: 14,2% (51°)
In Klammern stehen die Winkel im Kreisdiagramm.

Seite 109

1. a) A = 48 m², u = 28 m b) A = 17,5 m², u = 17 m c) A = 72,25 m², u = 34 m d) A = 674,5 dm², u = 161 dm

2. a) A = 144 cm², u = 48 m b) A = 3 025 m², u = 220 m c) A = 2,56 dm², u = 6,4 dm d) A = 0,64 m², u = 3,2 m e) A = 6,25 m², u = 10 m f) A = 10 000 m², u = 400 m

3. Wandfläche A = 20 m²; man braucht einen zweiten Farbeimer

4. a) A = 130 mm², u = 59 mm b) A = 300 mm², u = 91 mm c) A = 250 mm², u = 74 mm d) A = 450 mm², u = 113 mm

5. a) V = 126 cm³ b) V = 45 cm³ c) V = 85 cm³ **6.** V = 166,375 cm³ **7.** a = 50 cm

8. a) O = 797 cm² b) O = 537 cm² c) O = 247,6 dm² **9.** O = 1014 cm² **10.** c = 4 cm

Seite 121

1. für x = 1: a) 6 b) 1 c) 7 d) 5 e) 17 f) 17
für x = 5: 10 9 3 17 9 5

2. a) Kosten y, y = 90 + 20 · x (in €) b) für 3 Monate: 210 €; 10 Monate: 290 €; 15 Monate: 390 €.

3. a)

x	3 · x + 4 =	13	w/f
1	3 · 1 + 4 = 7	13	f
2	3 · 2 + 4 = 10	13	f
3	3 · 3 + 4 = 13	13	w
4	3 · 4 + 4 = 16	13	f
5	3 · 5 + 4 = 19	13	f

b)

y	7 · y + 8 =	15	w/f
1	15	1	w
2	22	1	f
3	29	1	f
4	36	1	f
5	43	1	f

c)

x	15 − 2 · x =	9	w/f
1	13	9	f
2	11	9	f
3	9	9	w
4	7	9	f
5	5	9	f

d)

y	(y − 1) · y =	2	w/f
1	0	2	f
2	2	2	w
3	6	2	f
4	12	2	f
5	20	2	f

4. a) x = 8 b) x = 9 c) x = 5 d) x = 5

5. a) a —· 17→ 51; 3 ←: 17— 51; **a = 3**
b) x —− 19→ 35; 54 ←+ 19— 35; **x = 54**
c) z —· 8→ ■ —+ 14→ 86; 9 ←: 8— 72 ←− 14— 86; **z = 9**
d) b —: 4→ ■ —+ 13→ 20; 28 ←· 4— 7 ←− 13— 20; **b = 28**

6. a) 2 · x − 8 = 2; x = 5 b) 6 · x + 18 = 60; x = 7 **7.** a) 20 − 0,5 · x b) 18 m; 17 m; 15 m; 12,5 m; 10 m; 7,5 m

8. a) (x + 9) · 2; für x = 2 → 22 b) (3 · x − 3) · 8; für x = 2 → 24

9. Hier ohne Operatoren: a) x = 7 b) a = 72 c) z = 3 d) y = 81 e) b = 2 f) x = 5 g) y = 6 h) a = 8

10. a) (x − 8) · 6 = 30; x = 13 b) (2 · x − 10) · 3 = 24; x = 9 **11.** –

Lösungen der Diagnosetests

Seite 30

Grundaufgaben

1. a) $\frac{4}{9}$ b) $1\frac{1}{40}$ c) 9,63 d) 7,22

2. a) $\frac{7}{15}$ b) $\frac{5}{18}$ c) $\frac{1}{48}$ d) $1\frac{7}{8}$

3. a) 6,2 b) 0,6259 c) 2,0831 d) 53,2

4. a) 2 b) −11 c) −1,5 d) −53

5. a) −8 b) −4,5 c) −1,1 d) −0,4

Wahlaufgaben

1. a) $7\frac{5}{6}$ b) $4\frac{19}{30}$ c) $8\frac{4}{9}$ d) $1\frac{1}{2}$ **2.** $\frac{5}{12}$ **3.** $\frac{1}{4}$

4. 7 Stücke; Rest: 0,25 m

5. Es fehlen 13,20 €.

6. 15 Fahrten

7. Geschwindigkeit: 39,818 $\frac{km}{h}$ **8.** nach ca. 36 h. **9.** 30 € pro m^2 bzw. 32,50 € pro m^2

10. Sie hat 7 € übrig. **11.** −8; −5; −2; 1; 4

12. a) 52 b) 2,5 c) 3 d) −9,5 e) −20 f) 0,7 g) 5 h) −333 **13.** 6 €

Seite 50

Grundaufgaben

1. a) 5 640 €
b) 6 Stunden

2.

Strecke (km)	7	4	**21**
Zeit (min)	28	**16**	84

3. Je 14 Fahrten

4. 70 €

5.

Personen	Gewinn in €
2	90 000
3	60 000
4	45 000
6	30 000

Wahlaufgaben

1.

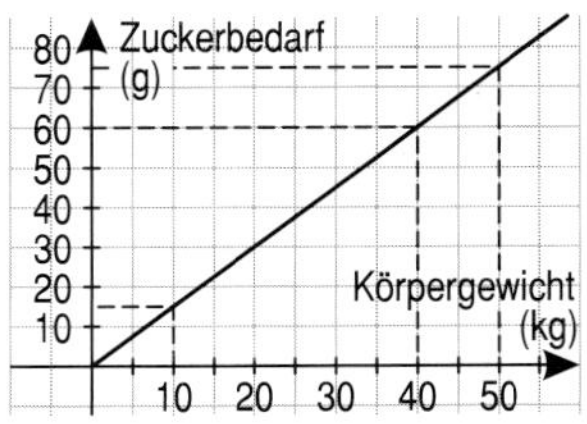

Zuckerbedarf bei
40 kg Körpergewicht: 60 g
50 kg Körpergewicht: 75 g

2. a) proportionale Zuordnung
b) sonstige Zuordnung
c) antiproportionale Zuordnung
d) sonstige Zuordnung

3. 63 *l* b) 30 min

4.

Länge (cm)	120	30	5	0,5
Anzahl	**2**	**8**	**48**	**480**

5. a) 8 Tage b) 16 Stunden **6.** 27 Bretter

7. a) Paketgebühren sind keine proportionale Zuordnung. Alle Pakete, die weniger als 5 kg wiegen, kosten 6,70 €.
b) 40,20 € (falls die Fracht auf 6 Pakete aufgeteilt werden kann)

Seite 68

Grundaufgaben

1. 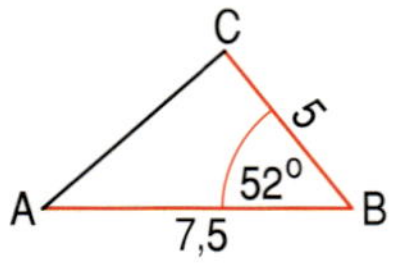

2. 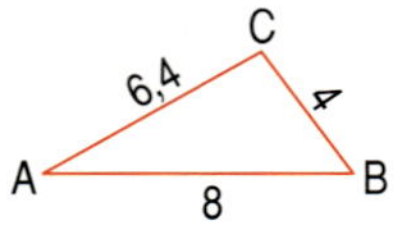

3. a) $\beta = 70°$
   b) Nur einen (Begründung über Winkelsumme)

4. a) gleichschenklig b) rechtwinklig

5. 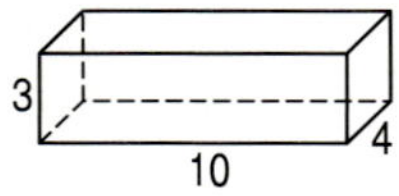

Wahlaufgaben

1. a) $\alpha = \gamma = 40°$ b) $b \approx 12{,}3$ cm

2. a) z.B.:  b) Ein solches Dreieck gibt es nicht (im gleichseitigen Dreieck sind alle Winkel 60°).

3. a) $\alpha + \beta = 180°$. b) $a + b = 8 \text{ cm} < c$

4. ca. 5,9 km

5. ca. 50 m

6. bei A: 305°; bei B: 272°; bei C: 323° (Kursänderungen)

7. a) Kongruent: Die Seitenlängen sind gleich, man kann das Dreieck eindeutig konstruieren nach SSS.
   b) ABC: $\gamma = 110°$ (Winkelsumme)

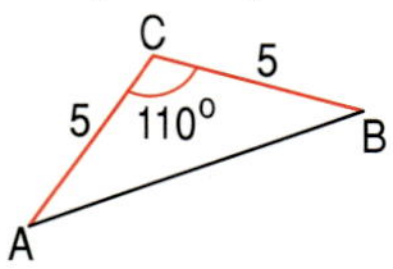

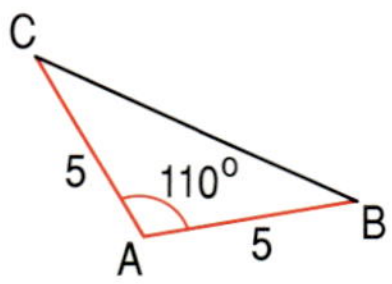

Die Dreiecke sind kongruent nach SWS.

8. 30°; 60° und 90°.

9. 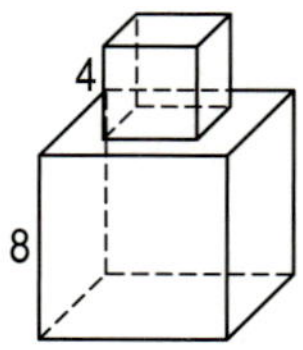

Seite 92

Grundaufgaben

1. a) $\frac{1}{5}$ b) 75 %

2. a) 70 *l* b) 18 €

3. a) 5 % b) 15 %

4. A 35 %, B 20 %, C 20 %, D 25 %

5. a) Ermäßigung um 5,40 € b) Ermäßigter Preis 30,60 €

Wahlaufgaben

1. a) 30 % – Diagramm A; 52 % – F; 94 % – D; 45 % – C

2. a) $49\,\% \approx \frac{1}{2}$; $\frac{1}{2}$ von 3 000 € = 1 500 €

   b) $11\,\% \approx \frac{1}{10}$; $\frac{1}{10}$ von 1 kg = 100 g

3. a) 15% b) 85%

4. 207,20 €

5. 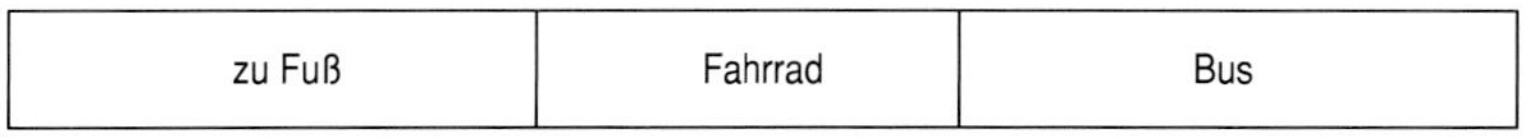

oder 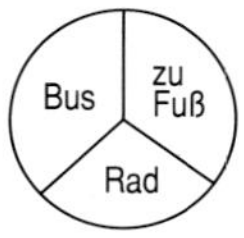

Zeichnung von Lehrer/Lehrerin kontrollieren lassen.

6. Abzüge: 540 €, Nettolohn: 1260 €

7. a) 254,40 €

8. a) 842,80 €

9. a) 166 g   b) 2,49 kg

10. a) Marion wird Klassensprecherin, Markus kam auf Platz 2.
b) 3 ungültige Stimmen

Seite 110

Grundaufgaben

1. a) 13 500 mm^2 b) 23,5 m^2 c) 12,5 cm^2 d) 255 *l*

2. $A = 90\ cm^2$, $u = 46\ cm$

3. $A = 72{,}6\ cm^2$

4. $V = 84\ cm^3$ $O = 118\ cm^2$

5. Man muss 54-mal den Messbecher füllen und umgießen.

Wahlaufgaben

1. a) 8 m   b) $A = 3\ m^2$, Bedarf 54 kg

2. 17,5 cm^2

3. 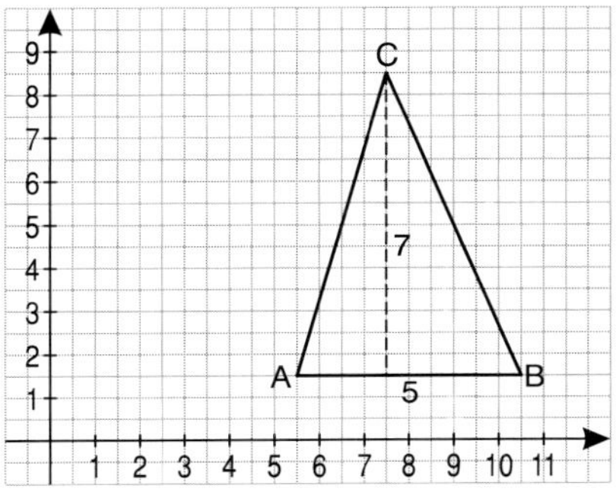

$A = \frac{5 \cdot 7}{2} = 17{,}5\ cm^2$

Zeichnungen von Lehrerin/Lehrer kontrollieren lassen.

4. 4 m breit

5. a) a = 5 cm; $V = 125\ cm^3$

6. 48 *l*

7. $V = 2{,}925\ dm^3$, also fast 3 *l*.

Seite 122

Grundaufgaben

1. a) $187 - x$ b) $1 \cdot x + 4 \cdot y$

2. a) für x = 1 → 24
für x = 4 → 21
b) für x = 1 → 20
für x = 4 → 29

3. a) $x + 4$ b)

Thomas	2	4	9	12
Till	6	8	13	16

4. a) a = 6   b) y = 3

5. $3 \cdot x + 9 = 30$ x = 7

Wahlaufgaben

1. a) $U = x + x + y + y = 2 \cdot x + 2 \cdot y$ b) $A = x \cdot y$

2. $u = x + x + 5 + x + x + 5 = 4 \cdot x + 10$

3. a) 85   b) 116

4. Term: $6 \cdot x + 35$

Anzahl	20	24	30	36
Gewicht (g)	155	179	215	251

5. a) x = 9   b) x = 6

6. Terme ② und ④

7. $(5 \cdot x + 17) \cdot 3 = 81$ x = 2

8. $3 \cdot 1{,}20 + 2 \cdot x = 6{,}40$ x = 1,40 €

9. $14 \cdot x + 35 = 623$, x = 42 €

10. a) $3 \cdot x + 2 \cdot y + 14$ b) $2 \cdot z + 26$

Lösungen der Diagnosearbeit

Seite 140
Grundaufgaben

1. Rechnung: $2 \cdot 9\frac{1}{2} = 19$ Antwort: Tim ist 19 Jahre alt.

2. Rechnung: $1\frac{1}{2} : \frac{1}{4} = \frac{3}{2} : \frac{1}{4} = 6$ Antwort: 6 Gläser.

3. a) 9 240 € b) 12 m

4. a) 160 Bahnen b) 9 Maschinen

5. a) 25 Mitglieder b) 75%

6. a)

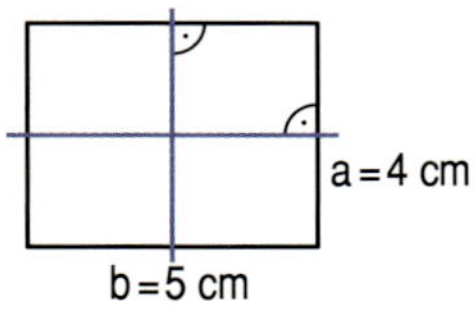

b) 5 cm²

7. a) $\gamma = 88°$ b) $\alpha = 50°$

8. a) $A = \frac{1}{2} \cdot 10 \cdot 4{,}5\ m^2 = 22{,}5\ m^2$
b) $A = \frac{3\ m \cdot 5\ m}{2} + 2\ m \cdot 3\ m = 13{,}5\ m^2$

9. a) $V = 1\,282{,}5\ cm^3$ b) $0 = 876\ cm^2 = 8{,}76\ dm^2$

10. $x = 4{,}5$ b) $x = 11$

Seite 141
Wahlaufgaben (es werden die 10 besten Aufgaben gewertet)

1. a) $6\frac{1}{12}$ b) $1\frac{9}{10}$ c) 5 d) $\frac{8}{9}$

2. Rechnung: $4{,}5 - 0{,}7 - 0{,}83 - 2{,}14 = 0{,}83$ Antwort: Es dürfen noch 0,83 t = 830 kg zugeladen werden.

3. a) 1 km² = 100 ha b) 1 m³ = 10 hl

4. a) 8 Gruppen zu je 3 Schülern.

b)

Anzahl Gruppen	1	2	3	4	6	8	12	24
Anzahl Schüler pro Gruppe	24	12	8	6	4	3	2	1

5. Rechnung: $\frac{4{,}75}{2{,}5} \cdot 6{,}5 = 12{,}35$. Antwort: Die 6,5 kg-Packung zu 11,70 € ist günstiger.

6. a) Nicht sinnvoll lösbar; Jan würde das Tempo nicht durchhalten.
b) 1800 *l* (proportionale Zuordnung)
c) 5 Eier müssen auch 3 Minuten lang kochen.
d) 4,5 km in 15 Min. (proportionale Zuordnung). Vorausgesetzt, Irene fährt gleichmäßig.

7. Rechnung: Stundenlohn: $(69 - 12) : 6 = 9{,}5$, also 9,50 € pro Stunde

8. 1. Diktat: $\frac{5}{125} = 4\%$ Fehler; 2. Diktat: $\frac{8}{160} = 5\%$ Fehler.
Im 1. Diktat hatte Corinna auch relativ weniger Fehler.

9. Die Zahl ist 15.

10. a) 400 Antworten b)

Anzahl		p%
verreisen nicht	88	22%
Deutschland	180	45%
Europa	96	24%
außerhalb Europas	36	9%
insgesamt	400	

11. a) Computer 46%, Fahrrad 24%, CD-Player 12%, andere 10%, ohne 8%
b) 8 % = 68 Schüler
100 % = 850 Schüler

Seite 142

12. a) Miete 25%, Nahrung etc. 30%, Kleidung 8%, Auto 7%, Sonstiges 20%, Sparen 10%
25% = 6,50 €, 100% = 2 600 €; Das Gesamteinkommen ist 2 600 €.
b)

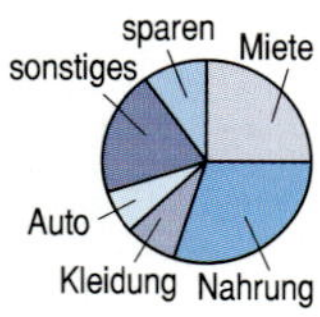

13. a) z. B. C(4|5)
b) C(7|7) oder C(1|7) oder C(4|4)

14. a) $\beta = 75°$ b) $\beta = 45°$

15. a) z.B. a = 4 cm, b = 6 cm oder
a = 1,5 cm, b = 16 cm
b) z.B. a = 8 cm, b = 6 cm, c = 4 cm.

16.

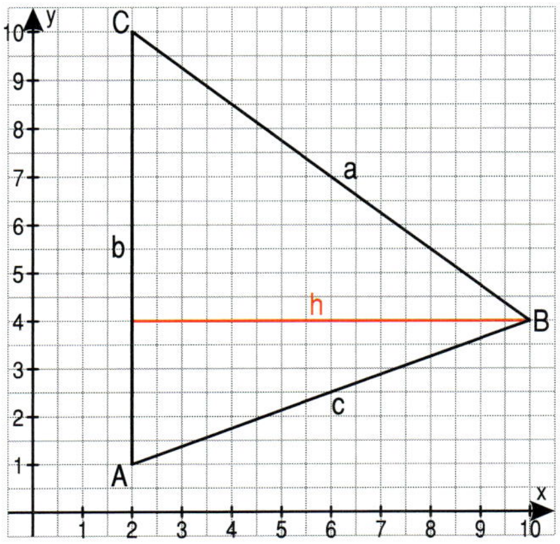

Seitenlängen: a = 10 cm
b = 9 cm
c = 8,5 cm
Höhe: h = 8 cm

a) $A = \frac{1}{2} \cdot 9 \cdot 8\ \text{cm}^2 = 36\ \text{cm}^2$
b) u = 27,5 cm

17.

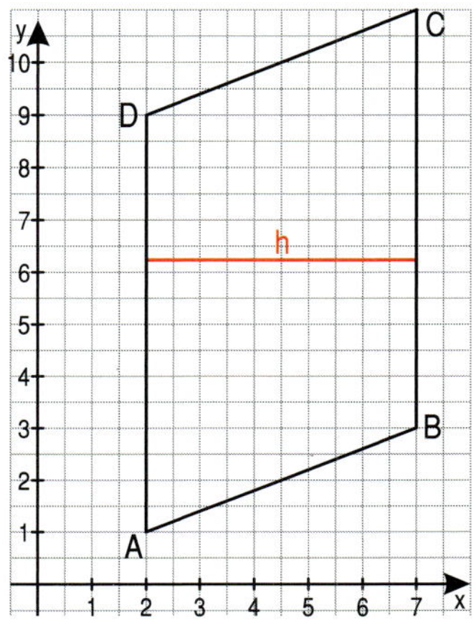

a) $A = 8 \cdot 5 = 40\ \text{cm}^2$
b) u = 26,8 cm

Zeichnung kontrollieren lassen!

18.

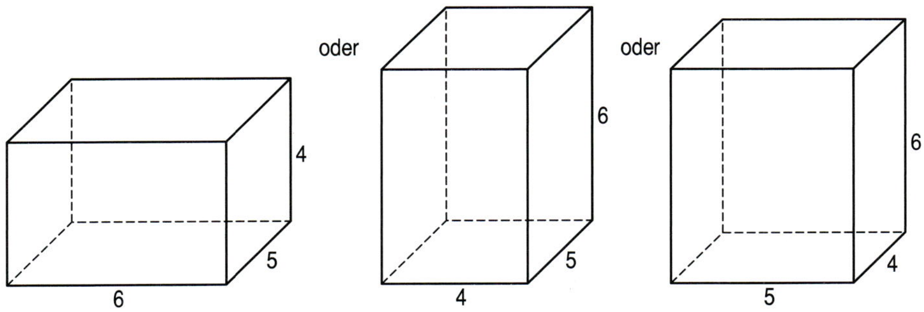

19. Volumen $V = 250 \cdot 120 \cdot 3\ \text{cm}^3 = 90\,000\ \text{cm}^3$
Gewicht $m = 90\,000 \cdot 0{,}7\ \text{g} = 63\,000\ \text{g} = 63\ \text{kg}$

20. a)

Personen	10	20	25
Kosten	40 €	65 €	77,50 €

b) Nicht proportional, da z.B. der Eintritt für 20 Personen nicht doppelt so groß ist wie für 10 Personen.

21. a) $0{,}3 = \frac{3}{10} = 30\%$ b) $0{,}8 = \frac{8}{10} = 80\%$

22. Die Zahl ist 37.

23. $2 \cdot x + 3 \cdot 0{,}29 = 2{,}43$ $x = 0{,}78$
Eine Tafel Schokolade kostet 0,78 €.

Maßeinheiten

Kilometer	Meter	Dezimeter	Zentimeter	Millimeter
1 km	= 1000 m			
	1 m	= 10 dm	= 100 cm	= 1000 mm
		1 dm	= 10 cm	= 100 mm
			1 cm	= 10 mm

Quadratkilometer	Hektar	Ar	Quadratmeter
1 km^2	= 100 ha	= 10 000 a	
	1 ha	= 100 a	= 10 000 m^2
		1 a	= 100 m^2

Quadratmeter	Quadratdezimeter	Quadratzentimeter	Quadratmillimeter
1 m^2	= 100 dm^2	= 10 000 cm^2	
	1 dm^2	= 100 cm^2	= 10 000 mm^2
		1 cm^2	= 100 mm^2

Kubikmeter	Kubikdezimeter	Kubikzentimeter	Kubikmillimeter
1 m^3	= 1000 dm^3		
	1 dm^3	= 1000 cm^3	
		1 cm^3	= 1000 mm^3

1 dm^3 = 1 *l*

Hektoliter	Liter	Zentiliter	Milliliter
1 hl	= 100 *l*		
	1 *l*	= 100 cl	= 1000 ml
		1 cl	= 10 ml

Tonne	Kilogramm	Gramm	Milligramm
1 t	= 1000 kg		
	1 kg	= 1000 g	
		1 g	= 1000 mg

Tag	Stunde	Minute	Sekunde
1 d	= 24 h		
	1 h	= 60 min	
		1 min	= 60 s

Vorsilben für Maßeinheiten

Vorsilbe	Zeichen	Vielfaches der Maßeinheit	Vorsilbe	Zeichen	Vielfaches der Maßeinheit
Deka	da	10	Dezi	d	0,1
Hekto	h	100	Zenti	c	0,01
Kilo	k	1 000	Milli	m	0,001
Mega	M	1 000 000	Mikro	μ	0,000 001
Giga	G	1 000 000 000	Nano	n	0,000 000 001
Tera	T	1 000 000 000 000	Pico	p	0,000 000 000 001

Formeln

Geometrie

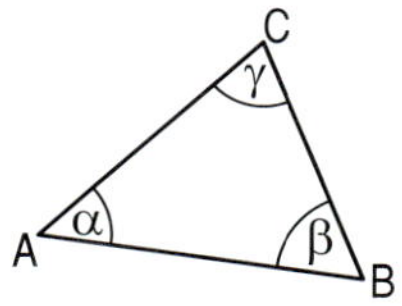

In jedem Dreieck ist die Winkelsumme 180°.

Im Dreieck schneiden sich:

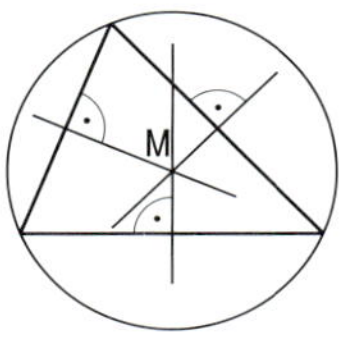

die drei Mittelsenkrechten im Mittelpunkt des Umkreises.

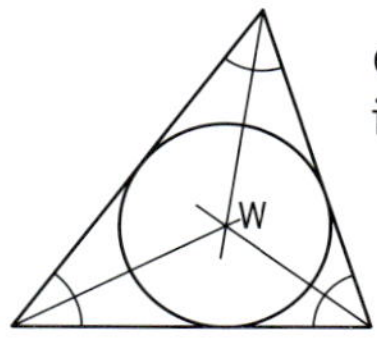

die drei Winkelhalbierenden im Mittelpunkt des Inkreises.

Rechteck	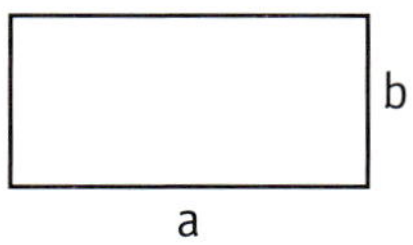	Flächeninhalt: $A = a \cdot b$ Umfang: $u = 2a + 2b$
Dreieck	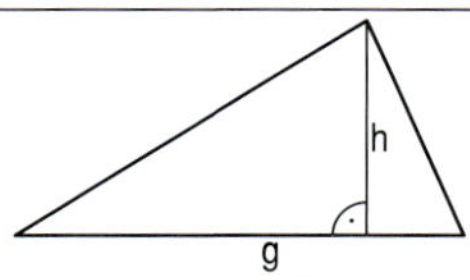	Flächeninhalt: $A = \frac{g \cdot h}{2}$
Parallelogramm	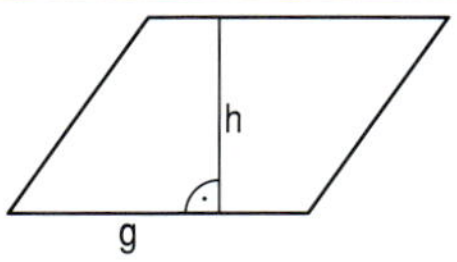	Flächeninhalt: $A = g \cdot h$
Trapez	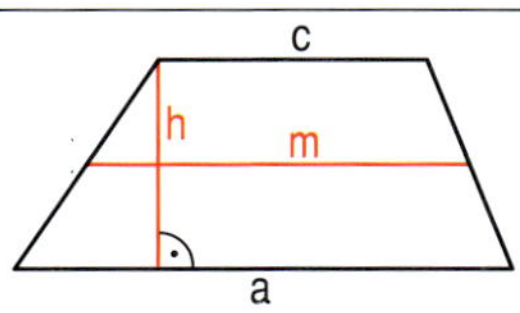	Flächeninhalt: $A = \frac{a + c}{2} \cdot h = m \cdot h$

Körper

Quader	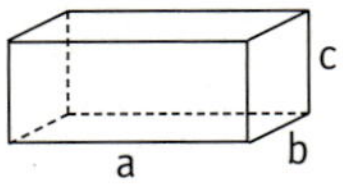	Rauminhalt: $V = a \cdot b \cdot c$ Oberfläche: $O = 2\,ab + 2\,ac + 2\,bc$
Säulen	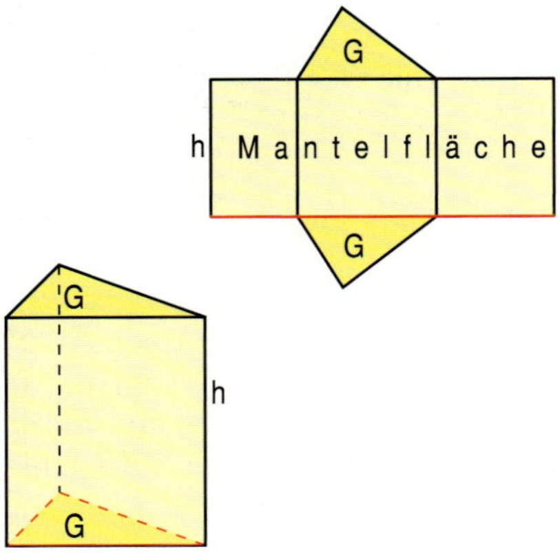	Oberfläche: $O = 2\,G + M$ Rauminhalt: $V = G \cdot h$

Stichwortverzeichnis